Anne CAUCHI
Christian VIGNOLES

Petites Installations d'Assainissement

Editions TECHNIP
25 rue Ginoux, 75015 PARIS

VEOLIA
EAU

Aux Éditions TECHNIP

- 10 questions sur la biodiversité en Île-de-France, *E. Glover*
- Énergie & climat – Réussir la transition énergétique, *A. Rojey*
- Energoscope – Guide de toutes les énergies, connues et inconnues, *Y. de Kerorguen*
- Le plein de biocarburants ? – Enjeux et réalités, *D. Ballerini*
- Biocarburants – 5 questions qui dérangent, *J.-P. Legalland, J.-L. Lemarchand*
- 101 questions sur l'énergie, *S. Furfari*
- Le Monde et l'Énergie – Enjeux géopolitiques, *S. Furfari*
  1. Les clefs pour comprendre
  2. Les cartes en mains
- Le dernier siècle du pétrole ? La vérité sur les réserves mondiales, *Y. Mathieu*

Imprimé en Union européenne

ISBN 978-2-7108-0968-5

« L'avenir,
tu n'as pas à le prévoir,
mais à le permettre. »

Le Petit Prince
Antoine de Saint-Exupéry

Préface

Les critères de modernité d'un pays peuvent évoluer dans le temps et dans l'espace, et notre société de consommation, tendue vers l'immédiat de la satisfaction, a tendance à oublier que le critère premier de la modernité est le caractère durable des acquis.

À y regarder de plus près, le caractère durable porte à la fois sur l'objet, sur la satisfaction qu'il procure et sur son empreinte quant au maintien ou non des ressources naturelles.

Il existe un parallélisme des formes en France dans l'accès aux biens essentiels : électricité, eau puis assainissement, Internet à haut débit avec une forte implication de l'État et des collectivités territoriales, véritables bras armés de la mise en place d'une « ardente obligation du plan ».

L'analyse détaillée de la réalité montre cependant une très grande hétérogénéité des vouloirs, d'une part, de l'approche par les consommateurs, d'autre part.

Le développement de l'électrification du territoire est apparu, d'emblée, comme un accès légitime à un bien de consommation, marqueur de l'entrée en modernité et marqueur aussi d'un droit à l'égalité de fourniture d'un service, quel que soit le coût de l'investissement. À ce titre, toutes les atteintes virtuelles à l'environnement furent considérées comme un dommage collatéral secondaire et la modification du régime naturel des fleuves, sans aucune sensibilité à la notion de débit réservé, comme le prix à payer pour un service public devenu un droit à consommer avec modération.

Le développement de l'accès à l'eau courante ne connut pas le même caractère linéaire et fut d'emblée porté par des acteurs multiples avec une présence utilitaire majeure de l'économie de marché.

Ceci entraîne trois conséquences, aujourd'hui très présentes au cœur des débats politiques nécessaires, et des affirmations idéologiques souvent sans fondement mais toujours très médiatiques, à savoir :

- la bataille permanente sur les vertus supposées ou comparées entre la régie et la délégation de service public ;
- le prix de l'eau souvent affirmé sans tenir compte de l'ensemble des indicateurs à la détermination de son coût ;
- et, pour ce qui concerne directement le sujet de ce livre, la place et le statut du service d'assainissement des eaux usées.

Derrière le vocable permanent « assainissement des eaux usées » se cachent de nombreuses réalités très différentes, des métiers multiples et variés et une grande évolution de la recherche & développement.

Il est paradoxal de constater l'écart entre le message universel porté par la France pour accomplir les objectifs humanitaires posés de façon universelle dans le droit à l'eau et à l'assainissement et sa propre réalité territoriale. Ainsi voit-on revenir sur le devant de la scène le droit à la gratuité pour nous qui avons une ressource abondante, alors que, pour l'essentiel, les pays du tiers-monde militent pour un prix abordable, condition du respect du service et conscience de la valeur de la ressource limitée. Ainsi, oppose encore le droit de propriété pour ceux qui ne bénéficient pas de l'assainissement collectif pour ne pas proposer de service dédié à l'épuration et autoriser de fait un droit à polluer. Ainsi, alors que la France dispose de deux majors mondiaux dans les savoirs et les savoirs-faire pour l'eau et l'assainissement, est-il de bon ton idéologique de saper leurs fondements.

Ici, sous la signature d'Anne Cauchi et de Christian Vignoles, est abordé sous le signe de la science et des techniques le thème des PIA, ces outils complémentaires indispensables à une bonne politique globale de l'assainissement des eaux usées, tant pour l'égalité des citoyens que pour le respect dû par l'homme à la nature.

Si le sujet des PIA n'est pas nouveau en soi, car la fosse d'aisance vidée régulièrement en est l'ancêtre, ce qui est nouveau se caractérise d'abord par le formidable bond qualitatif de la recherche qui devrait reléguer l'arrêté du 6 mai 1996 au magasin des souvenirs nécessaires et des outils obsolètes, ensuite par l'évidence qu'aujourd'hui le service d'assainissement doit être une unité fonctionnelle globale utilisant la technique du collectif ou des PIA, enfin que le contrat qui nous unit à l'environnement comporte des droits et devoirs porteurs de charges financières pour le consommateur devenant « consom'acteur » au regard de la solidarité intergénérationnelle vis-à-vis de la Nature.

J'observe une évolution rapide de la situation intellectuelle et politique de cette thématique depuis le vote de la Loi sur l'Eau et les Milieux Aquatiques grâce à de nombreux acteurs de terrain : collectivités, groupes sociaux, FP2E, entreprises, responsables associatifs...

La crédibilité technique des outils d'assainissements et les urgences humanitaires et environnementales font que cette étude arrive au bon moment tant pour de futures décisions nationales et communautaires que pour développer l'exportation de nos savoirs et nos outils à l'aube du Forum mondial de l'eau de Marseille.

Je suis en effet convaincu de l'urgence humanitaire d'un droit effectif d'accès à l'eau et à l'assainissement comme condition du respect de l'être humain et de la nature, base même d'un développement indispensable d'une politique de santé publique et de l'autonomie.

Si notre pays, dans sa capacité à mettre en place les outils de protection de son environnement et de correction des atteintes à son bon état passait de la théorie à la pratique, il pourrait aussi prendre conscience d'une nécessaire solidarité à l'international donnant ainsi tout son sens au chapitre 14 comme affirmation : « Et maintenant… partout l'assainissement ! »

André Flajolet
Président du Comité National de l'Eau
Député du Pas-de-Calais

Introduction

L'assainissement fait maintenant explicitement partie des objectifs du millénaire issus du Forum de Kyoto qui prévoit de diminuer de 50 % les populations sans eau ou sans assainissement.

Cet objectif d'un assainissement pour tous est une vraie difficulté pour les petites collectivités comme pour toutes celles qui possèdent un habitat dispersé. Si les solutions d'assainissement collectif répondent pour 80 à 90 % des situations, il est important de proposer des solutions fiables et efficaces dans tous les autres cas, dans des conditions économiques raisonnables.

Notre volonté est de proposer en priorité des solutions applicables en Europe ; elles sont décrites dans ce livre.

Une petite installation d'assainissement (PIA) est un équipement de traitement des eaux usées pour des regroupements de moins de 2 000 équivalents-habitants. Le présent ouvrage traite de l'assainissement décentralisé réalisé avec des PIA de taille inférieure à 200 habitants, incluant l'habitat individuel.

Une PIA se caractérise par le souci de présenter une protection performante et pérenne de l'environnement avec un coût global optimisé sur sa durée de vie. Une PIA n'est pas la duplication sur chaque site d'un hypothétique « meilleur produit », car le succès d'une solution d'assainissement c'est avant tout son adaptation à l'environnement qu'elle protège, et au type d'habitat qu'elle équipe.

On utilise souvent une image pour illustrer l'inutilité de l'assainissement à la maison, c'est celui de la ferme au cœur de la nature entourée de prairies où paissent des bovins et la question tombe, brutale : « Pourquoi un assainissement des eaux usées de la ferme alors que les déjections des animaux sont sans traitement ? » De quoi parlons-nous exactement ? D'un côté quatre personnes qui habitent une coquette habitation, de l'autre un troupeau de 50 vaches réparties sur environ 50 hectares. Qui des vaches ou des personnes constituent sans traitement de leurs déjections la plus forte menace environnementale ? La pression polluante des bovins ramenée au mètre carré de nature touchée est 200 fois moins forte que celle des personnes habitant la ferme.

Une PIA est un équipement de protection de l'environnement mis en place pour une durée de vie limitée. Recevant la quantité de pollution pour laquelle elle a été mise en place, une PIA pourra remplir sa mission durant une vingtaine d'années, cette durée pouvant être allongée dans le cadre d'une utilisation moins intense ou réduite, avec sans doute des inquiétudes pour les performances environnementales, pour une utilisation permanente en surcharge. Dans tous les cas, il n'est pas raisonnable d'envisager de faire durer un équipement de traitement des eaux usées au-delà de trente années.

L'évolution des modes de vie fait que de nombreuses habitations ne voient leurs habitants actifs que quelques heures pendant quatre à cinq jours et reçoivent les rejets d'eaux usées liés aux lavages, grands nettoyages et présence continue des habitants pendant deux à trois jours. Ainsi, les flux quotidiens de charge organique voient des pointes de plus de 4, pointes invraisemblables sur des regroupements plus importants d'habitations. La consommation d'eau elle-même par habitant a beaucoup diminué depuis une trentaine d'années passant, d'environ 150 L/pers./j. à moins de 100 L /pers./j., avec des minima journaliers de moins de 50 L et des maxima supérieurs à 150 L.

Une PIA doit donc être évaluée dans son aptitude à faire face à des situations très variables et les conditions de son exploitation seront à adapter à la réalité de la situation existante pour l'ouvrage installé.

Ces conditions de fonctionnement des PIA sont liées aux évolutions de notre mode de vie et peuvent s'avérer très différentes d'une maison à une autre. Toutefois, dans l'ignorance initiale du mode de vie des occupants d'une habitation ou d'un hameau, il est essentiel de s'assurer que les technologies retenues pourront satisfaire à la qualité de traitement exigée dans les conditions de fonctionnement imposées.

Enfin, toute technique est vaine si son coût n'est pas maîtrisé. Le contrôle du paramètre économique est primordial pour un développement harmonieux de ces équipements. L'organisation du marché tant français qu'européen pour une rationalisation des interventions tout au long de la filière, de l'étude à la réception, de l'installation au diagnostic et de l'exploitation à la réhabilitation est fondamentale pour que chacun puisse accéder à un traitement des eaux usées performant, robuste et fiable, à un coût sociétalement acceptable.

Les PIA, dans le monde de l'eau, sont pour les prochaines décennies l'un des derniers grands paris de protection de l'environnement.

Louis Herremans
Directeur technique Veolia Eau

Sommaire

1

Les PIA et l'assainissement

Le besoin d'assainissement

L'assainissement a pour objet d'assurer l'évacuation de l'ensemble des eaux usées pluviales et domestiques, ainsi que leur rejet dans les exutoires naturels, sous des modes compatibles avec les exigences de la santé publique et de l'environnement.

Les eaux pluviales doivent être évacuées pour limiter la submersion des zones urbanisées. Les eaux usées domestiques nécessitent d'être évacuées sans stagnation loin des habitations, car les déchets qu'elles contiennent sont susceptibles de donner naissance à des nuisances ou même engendrer des épidémies. Pluviales ou domestiques, les eaux rejetées doivent satisfaire aux objectifs fixés pour le maintien et l'amélioration de la qualité des milieux récepteurs.

Cette définition générale de l'assainissement s'applique à toutes les tailles de desserte de population, qu'il s'agisse de grandes agglomérations ou de maisons individuelles. Il est essentiel, malgré les immenses progrès réalisés depuis un siècle et demi pour la protection des hommes et de leur environnement, de se souvenir que ce combat contre les inondations et les épidémies n'est jamais totalement gagné. La vigilance est de mise dans notre société où, souvent, l'absence de mémoire collective et l'appât des bénéfices prennent le pas sur les impératifs pragmatiques de la logique technique.

L'implantation de l'assainissement dans le monde répond à une démarche simple : régler en premier l'assainissement des zones où les habitants sont les plus exposés aux dangers de la pollution et équiper progressivement l'ensemble des habitants. Si le constat est que les grandes villes sont assainies depuis plusieurs décennies, la maison isolée est plus en retard. On ne doit pas en conclure que le traitement des eaux usées produites par les occupants d'une maison isolée n'est pas utile, il existe seulement des priorités environnementales sur les territoires, et les PIA sont les derniers équipements d'assainissement à être mis en place.

Collectif versus non collectif

La France depuis plusieurs dizaines d'années entretient un contresens entre la taille des équipements d'assainissement et leur mode de gestion, en parlant d'assainissement collectif pour des systèmes d'assainissement concernant plusieurs habitations, et d'assainissement non collectif lorsqu'il s'agit de la desserte d'un seul immeuble. Ainsi naît une confusion entre une décision de nature politique sur un mode de gestion d'équipements et une réalité technique de l'assainissement. Qu'il soit question de plusieurs millions de personnes pour lesquelles l'assainissement doit être mis en place, ou de quelques individus occupant la même maison, l'assainissement répond à de mêmes obligations et traite les eaux usées avec les mêmes technologies. Le « tout-à-l'égout » collectif n'est en rien supérieur à la PIA décentralisée, installée devant la maison pour en traiter les rejets des eaux usées. Pire sans doute, évacuer ses rejets sans conscience dans l'égout conduit à polluer l'environnement, car les dispositifs de traitement installés au bout des tuyaux d'assainissement ne sont jamais conçus pour traiter toutes les pollutions. Bien au contraire, seule la pollution domestique, c'est-à-dire issue des personnes et de leur vie, peut être traitée par les unités collectives d'épuration des eaux usées.

La pollution est le résultat d'un mélange de déchets dans de l'eau. Le traitement de la pollution consiste à débarrasser les eaux usées de leurs déchets afin de rendre une eau propre au milieu naturel. Une formule simple résume la situation, « moins on mélange des déchets divers avec l'eau, mieux on sépare ces déchets lors de la phase de traitement des eaux salies ». Tout ceci doit se réaliser dans une évaluation attentive du risque sanitaire et du risque environnemental.

Une PIA mise en œuvre pour assurer l'assainissement d'un ou plusieurs immeubles, est l'assurance d'une séparation efficace des eaux usées domestiques qu'elle sait traiter, et des eaux usées pluviales. Dans ces dernières ni les pointes hydrauliques ni les natures des pollutions, ne peuvent être compatibles avec une protection réelle de l'environnement par la filière de traitement des eaux usées choisie.

Ainsi, traiter les eaux usées au plus près de leur point d'émission n'est pas réaliser un assainissement « dégradé », mais constitue une solution responsable et pertinente. Chacun est à même de constater la réalité de son efficacité, voire d'apporter rapidement les corrections nécessaires pour optimiser son fonctionnement.

Ainsi, contrairement à une idée très répandue il y a quelques années, les PIA ne constituent pas une solution transitoire d'assainissement mais un assainissement à part entière, dont le développement sera très important dans les prochaines années. Cet assainissement, situé en immédiate proximité des habitations qu'il dessert, offre une garantie de fonctionnement par l'implication des personnes utilisatrices dans sa surveillance, mais aussi par la simplicité de fonctionnement de technologies utilisées rendue possible par la petite taille des dispositifs et par l'absence de besoin d'énergie, pour des traitements par filtres par exemple. Même si le modèle américain ne saurait constituer la référence absolue de tout ce qui se passera en Europe une décennie plus tard, il faut bien constater le déploiement dans plusieurs zones de l'Amérique du Nord de ces PIA, allant jusqu'à constituer de 20 à 40 % des solutions retenues pour l'assainissement, notamment en périphérie des grandes villes.

L'environnement est un capital pour l'homme, et l'assainissement est un des outils de protection de ce capital. Nous pouvons contribuer à ce que ce capital environnemental produise des intérêts.

Aujourd'hui, les PIA ont atteint un degré d'évolution qui assure une réelle efficacité dans le traitement des eaux usées. Le petit assainissement offre autant de garanties de protection environnementale que son grand frère. Il est même possible d'affirmer qu'en cas de dysfonctionnement, les conséquences sur les milieux sont moins importantes avec des traitements de faible capacité. Le développement actuel de l'assainissement nécessite d'abandonner les schémas traditionnels des grands systèmes ramifiés de transport des eaux usées, aboutissant à de grandes zones de traitement pour rechercher l'optimum de taille. C'est pourtant du simple bon sens que de réaliser des systèmes courts de collecte et de transport des eaux usées dans les couronnes externes des villes, pour aboutir à des unités de traitement des eaux usées de faible capacité qui pourront remplir la mission d'assainissement dans une meilleure pertinence économique. La logique du point unique de traitement et de rejet n'est pas adaptée à un assainissement performant dans des agglomérations très importantes du fait, des contraintes imposées aux canalisations qui voient leur taille croître, aux ouvrages de relèvement dont le nombre augmente, aux ouvrages de traitement dont les conséquences de dysfonctionnement sont d'un impact important pour l'environnement. L'assainissement supporte mal le gigantisme, qui réduit son efficacité globale alors que les PIA constituent des solutions alternatives très adaptées aux croissances rapides des agglomérations.

Les PIA sont aussi la réponse pour l'assainissement des hameaux, des petits villages, et d'autres regroupements dans tous les types de sites. En puisant dans la variété des technologies efficaces proposables, il est possible de trouver des solutions adaptées, quelles que soient les contraintes imposées par les sites à équiper. Il y a matière à identifier les solutions innovantes, comme réduire le diamètre des canalisations de transfert des eaux usées en ne transportant sur de courtes distances que des eaux usées prétraitées. Cette réduction de diamètre peut permettre de supprimer toute contrainte énergétique de traitement ou de relèvement des eaux usées, et de diminuer très fortement la nécessité de curage des canalisations. L'approche PIA permet de réaliser l'assainissement dans des conditions économiques optimisées, tant en investissement qu'en fonctionnement. Le coût d'exploitation est crucial pour les budgets des collectivités démunies de vrais moyens financiers, vu le peu de population concernée par ces équipements.

Ainsi, les PIA concernent un domaine d'agglomération qui va de la maison individuelle jusqu'à des regroupements de personnes d'environ 2 000 habitants. Le choix de ce livre est de s'intéresser aux PIA dimensionnées pour des populations desservies allant jusqu'à 200 habitants, car elles relèvent, pour ces tailles, de dispositifs conçus selon un même modèle. De plus, les extensions d'ouvrages de quelques unités à environ 200 habitants se réalisent souvent à partir de modules associés ou d'une extension de dimensions à partir d'un même produit de base. Pour des dispositifs d'assainissement de taille comprise entre 200 et 2 000 habitants, les technologies utilisées peuvent être différentes et justifient une approche spécifique non prise en compte dans ce livre.

Les enjeux pour les PIA

L'Europe ne nous fournit pas d'estimations fiables sur le chiffrage des dispositifs d'assainissement existant pour les maisons individuelles, et encore moins sur les populations concernées dans des zones d'habitat diffus où l'assainissement reste à réaliser et le sera sans aucun doute grâce à des PIA.

On estime que 25 millions d'habitants européens sont concernés, en 2011, par un assainissement à la maison individuelle. De même, il semblerait que près de 120 millions d'Européens supplémentaires sont concernés par la mise en place prochaine de PIA adaptées aux habitats diffus qu'ils occupent dans des hameaux, des parties de villages ou de bourgs, voire des couronnes urbaines.

Maîtriser de tels besoins, veiller à ce que des solutions adaptées s'installent, s'attacher à satisfaire le double enjeu du résultat environnemental et du coût acceptable, constituent de vrais enjeux pour l'économie européenne. L'heure est venue d'une prise en compte responsable des réalités de nos rejets et de leur impact sur tout ce qui nous entoure dans notre quotidien.

À titre d'exemple, l'examen de la situation de cet assainissement en France est plus précis. On estime à 13 millions d'habitants, le nombre de personnes desservies par des PIA équipant leur maison individuelle. Cela correspond à environ 5 millions de dispositifs sur lesquels n'existent que des supputations pour quantifier la répartition des technologies utilisées. Cette situation est perfectible. Déjà, des initiatives ayant pour origine l'ensemble des professionnels, comme l'OBservatoire International des Petites Installations d'Assainissement (OBIPIA), visent à mettre en place des initiatives techniques pour mieux connaître le parc des PIA en Europe, en débutant par la France.

La France, depuis plus de 30 ans, possède une réglementation structurée applicable. C'est un élément très positif. Depuis près de 15 ans, des Services Publics d'Assainissement Non Collectif (SPANC) ont eu à se mettre en place. Certes, des progrès sont possibles mais il convient de mesurer le chemin accompli. Le traitement primaire des eaux usées s'est généralisé, tout le monde, dès que l'on parle d'assainissement à l'habitation, parle de fosse et de sa vidange, c'est le constat de la bonne évolution de la situation. Bientôt, un traitement biologique des eaux usées sera mis en place derrière la fosse et, si le milieu naturel l'exige, ce seront des traitements complémentaires pour désinfecter les eaux usées traitées ou réduire les quantités d'azote et de phosphore remises dans l'environnement.

En fait, pour que l'assainissement progresse, pour que protéger l'environnement devienne plus qu'un concept vertueux, il faut travailler à son développement. Les solutions adaptées pour les PIA n'arrivent pas du fait du hasard, elles doivent faire l'objet d'investissements sérieux à la hauteur des exigences reconnues. Il ne suffit plus d'afficher ses intimes convictions sur l'efficacité de solutions techniques préconisées, il faut apporter la preuve de ce que l'on affirme. Vouloir pratiquer pour l'homme l'assainissement naturel par le sol des déjections bovines, relève d'une touchante naïveté scientifique ou d'une foi quasi religieuse dans le potentiel de la nature.

Mais les PIA ne s'analysent pas uniquement en termes économiques, qu'il s'agisse de marchés de produits ou de travaux de recherche. La politique nationale retenue est un paramètre déterminant pour l'avancée rapide et efficace de ces PIA dans leur choix pour un site donné, comme dans leur bonne installation ou dans leur exploitation satisfaisante. Tous les acteurs de la chaîne de l'assainissement doivent prendre conscience de l'importance de leur rôle et de l'obligation d'agir en ce domaine avec beaucoup de professionnalisme. Les petites installations d'assainissement ne sont jamais des équipements « sans souci ». Même si une conception semble inutile, même si une installation paraît facile, même si une réception de travaux relève de l'incongruité, même si l'exploitation s'envisage comme non nécessaire, l'expérience montre au contraire que chacune de ces interventions est indispensable pour que l'équipement installé remplisse la mission pour laquelle il a été décidé : traiter les eaux usées domestiques.

Commençons par le propriétaire de l'habitation pour qui, dans sa perception, le dispositif d'assainissement est une obligation et non pas un élément de confort indispensable. Autant aucun propriétaire ne conteste l'implantation d'un chauffage, d'une cuisine intégrée ou de paysager son espace jardin, autant l'assainissement est perçu comme un équipement auquel on pourrait se soustraire. Il est certain qu'il faut voir dans cette réaction la persistance de la logique unique de raccordement à un réseau de canalisations, tout autre assainissement étant, dans la conscience du propriétaire, provisoire, inefficace, et donc inutilement coûteux.

Pour l'installateur local, mettre en place des dispositifs est rarement un métier à part entière. C'est presque toujours une activité occasionnelle pour boucler plus sereinement les comptes de l'année. Comment dans ces conditions obtenir un respect scrupuleux des consignes d'installation autrement qu'en les rendant très simples ? Mais travailler par intermittence à des mises en œuvre d'ouvrages de traitement a deux conséquences inévitables obligatoires : renchérir le coût des installations car l'optimisation des pratiques ne peut pas exister, et augmenter le nombre d'erreurs techniques lors de constructions de filières traditionnelles à la facilité apparente, qui se traduisent par de graves malfaçons aux répercussions majeures lors du fonctionnement des dispositifs. Ces filières enterrées disparaissent à jamais de la vue de leurs contrôleurs et, sauf énorme souci hydraulique, nul ne verra les conséquences d'une absence éventuelle de traitement des eaux usées, alors que le propriétaire aura dépensé plusieurs milliers d'euros pour l'installation de son dispositif.

Pour les élus locaux, la situation de cet assainissement apporte moins de sérénité que la mise en place d'un système unique d'assainissement. En effet, en « branchant » ses électeurs, il s'affranchit de leurs récriminations puisque le traitement des eaux usées est réalisé par postulat de construction. Il suffit de penser à isoler suffisamment l'unité de traitement des habitations au cas où l'exploitation de ces ouvrages produirait quelques nuisances, et le tour est joué. Mais ce faisant, on n'a pas forcément réalisé l'assainissement des eaux usées ! Ainsi, décider de laisser les propriétaires se charger de la responsabilité du choix du dispositif, de la responsabilité du choix de l'installateur, de la responsabilité de l'exploitation de l'ouvrage d'assainissement créé, est au minimum pour l'élu local l'expression d'une forme de report de responsabilité. En 2011, parler d'environnement constitue un discours politique incontournable. Passer du concept d'environnement qui permet de faire vibrer sur le thème « protéger la terre de nos enfants », à la mise en place des solutions pour améliorer effectivement l'environnement sur le terrain, nécessite de cheminer sur une voie souvent inconfortable.

C'est dans ce contexte qu'essaye de s'épanouir toute réglementation nationale tiraillée par des milliers d'avis sincères issus de cas réels, mais dépourvue d'une véritable vision globale. La bonne foi de tous les acteurs des PIA n'est pas à mettre en cause, mais faire la synthèse sur l'assainissement décentralisé en traitant des informations issues de la méthode chère aux peintres de la période de « l'impressionnisme », relève, pour les réglementeurs, d'une action très délicate.

Des orientations pour l'avenir

Une fois réalisé le constat des obstacles à la mise en place des PIA, il faut aboutir à l'instauration d'un assainissement maîtrisé et fonctionnel par la recherche des meilleures orientations afin de progresser vers un environnement mieux protégé.

En premier lieu se pose la question technique exprimée de façon simple : « Avons-nous à notre disposition des solutions techniques robustes, efficaces et durables ? »

Lorsqu'à la fin du XIXe siècle les hygiénistes européens souhaitaient vaincre les épidémies et leurs conséquences, leur action a permis d'engager la bataille de l'eau et de l'assainissement. Cette bataille a été gagnée : avoir l'eau à tous les étages et rejeter ses eaux usées dans les systèmes d'assainissement faisaient partie, dans la conscience des hommes de cette époque, des grands progrès de notre société.

Veiller à ce que cet effort pour l'environnement puisse profiter à chacun de nous quel que soit son habitat semble une évidence. Pour sauver des vies humaines dans l'avenir, il faut réaliser que les risques sanitaires existent, et leur éradication est, partout, une priorité fondamentale.

En effet, en matière sanitaire rien n'est définitivement acquis, les remises en cause peuvent être brutales à la suite d'un accident local qu'une reprise médiatique renverra sur le devant de la scène. À ce titre, le savoir et la certitude scientifiques doivent occuper toujours plus d'espace. Les convictions visionnaires d'hier doivent toujours être confortées par la science pour barrer la route à de brutales prises de conscience. On ne peut savoir tout, tout de suite, mais on ne peut non plus geler le savoir pour ne pas voir la réalité. Rien n'oblige à régler en France et en 4 ans un sujet qui concerne 20 % de la population. Il a fallu plus de 50 ans pour traiter de l'épuration collective des eaux usées concernant 80 % des Français, mais dans un contexte moins compliqué que celui de l'assainissement décentralisé. Sachons donc envisager des solutions complètes efficaces, avec des objectifs raisonnables, de vingt à trente années, nos enfants nous en serons reconnaissants car le résultat sera réel, environnementalement pertinent, aquatiquement efficace.

En 2011, même si d'excellents produits existent, il est possible et indispensable d'aller techniquement plus loin et économiquement moins cher. Mieux traiter, et le faire à un meilleur coût global sur 20 ans, permettront d'installer plus vite les PIA et de faire profiter plus vite à nos concitoyens de leurs bienfaits quotidiens. Les professionnels ont compris ce besoin et ont avancé dans les solutions. L'accompagnement des autorités réglementaires doit se poursuivre dans une sereine concertation avec l'ensemble des acteurs nationaux des PIA.

L'assainissement par les PIA ne peut plus être l'attardé durable du développement des outils de confort des lieux de vie des femmes et des hommes européens. Il est nécessaire d'établir des règles strictes et scientifiquement consensuelles pour séparer, dans les produits proposés, « le bon grain de l'ivraie ». Il est fondamental d'associer pour cela toutes les composantes de la profession, d'écouter tous les avis pour regrouper nos efforts vers l'impérieux objectif de protection durable de l'environnement.

En deuxième lieu, si mettre un bon produit en place est indispensable pour un bon traitement des eaux usées dans un ouvrage adapté, ce n'est que le point de départ pour une mission qui devra durer une vingtaine d'années et souvent plus. L'assainissement, avant le respect des différentes réglementations, vise bien à traiter des eaux usées à un niveau fixé en lien avec la réalité des milieux avoisinants.

Assainir, c'est assurer de performances pour les eaux usées traitées, performances fixées par la réglementation nationale pour une protection équilibrée de l'environnement.

La réglementation n'est pas toujours l'expression de la situation idéale à atteindre au plan environnemental, mais vise à atteindre une réalité possible sur le terrain validée par des retours d'expériences.

Dès lors, des actions claires doivent s'imposer comme évidentes, telle que la disparition progressive des dispositifs pour lesquels il est impossible de vérifier à tout moment la réalité de la bonne exécution de la mission de protection de l'environnement. Avoir à respecter des exigences environnementales précises, pouvoir vérifier que les équipements les respectent, organiser les actions correctives éventuelles constituent la base de l'action collective d'assainissement.

Si, au départ de la mise en place de ces petites installations d'assainissement, l'adoption par la réglementation de l'obligation de moyens est compréhensible, parce que « recopier » un modèle d'assainissement décentralisé peut constituer une forme facile de progression de la protection de l'environnement, il est indispensable que rapidement le relais soit pris par l'obligation de performances ; cette dernière est la seule à permettre pour tous les acteurs du domaine l'indispensable liberté d'innovation, la seule porteuse à long terme de progrès pérennes et continûment améliorés pour l'environnement.

L'assainissement ne doit plus constituer une inégalité entre les hommes, il peut en 2011 offrir une même qualité de service à condition d'être géré professionnellement dans le cadre d'une prise en compte unique sur un même territoire. Nous avons bien compris que pour ne pas aller à pied il fallait prendre la précaution de confier notre automobile à un professionnel.

Dès lors, comment expliquer autrement que par l'absence de prise en compte sérieuse des conséquences de la pollution par les eaux usées, qu'une majorité d'entre nous accepte d'une installation d'assainissement qu'elle soit non opérationnelle, refuse de réhabiliter ses équipements diagnostiqués non conformes, voire cherche à trouver des raisons chiffrées de ne rien faire pour ces équipements non conformes. L'autorité de contrôle, du fait de réalités locales spécifiques, peut parfois se faire l'alliée provisoire de la pollution contre l'environnement...

Le seul avenir enviable pour les PIA passe par une gestion unique de l'assainissement dans une collectivité, qu'il s'agisse de longs systèmes ramifiés ou de PIA individuelles. C'est seulement à cette condition que l'assainissement pourra véritablement être maîtrisé. La redevance d'assainissement unique s'explique aisément par la protection d'un environnement qui ne peut être morcelé au sein d'un territoire.

Le troisième axe pour l'avenir est relatif à la professionnalisation du métier de l'assainissement par les PIA. Le bilan actuel est préoccupant pour l'ensemble des opérations conduites sur ces installations. Dès l'origine, les études sont l'exception pour définir les filières. Lorsque ces études existent, les concepteurs sont en grande majorité à réaction « monofilière ».

Les diagnostics réalisés par les SPANC, qu'ils soient gérés par des personnels en régie ou des personnels en délégation, ne donnent quasiment jamais de constats factuels d'état et de résultats sur le dispositif diagnostiqué, mais croulent de détails non vérifiés et d'impacts infimes sur la mission de traitement des eaux usées.

Les propriétaires sont livrés à eux-mêmes pour choisir, installer et exploiter leur installation. Dans ce contexte, on comprend qu'ils aient le sentiment d'être ballottés, sans vision claire de ce qui est le plus souhaitable pour eux et leur famille, sans vraiment comprendre ni pouvoir réagir. On peut anticiper leur réaction : aller en désespoir de cause au plus rapide et au moins cher.

Les installateurs sont pour la plupart des professionnels non spécialisés, démunis de moyens, de documentation, de formation, et dont le « vouloir bien faire » reste insuffisant.

Quant à l'exploitation de ces PIA, seuls quelques professionnels expérimentés répètent combien elle est indispensable pour leur fonctionnement et leur durée de vie.

Quelle est, sur ce sujet, la conviction vraie des SPANC, des élus et des propriétaires ? La plupart du temps tout est fait pour essayer d'y échapper parce que protéger l'environnement est un concept, pas encore une suite de petites actions individuelles concrètes. Ne pas abandonner ses déchets sans traitement approprié n'est pas une conviction encore majoritairement partagée.

Dans cette vision sans fard de la réalité, est omise la réception des travaux bien que ce soit une opération indispensable, qui est un labyrinthe entre le fabricant du produit, l'installateur de l'ouvrage et le maître d'œuvre de l'opération. Finalement, dans 99 % des cas, si un problème surgit c'est bien le propriétaire qui en assumera la charge totale et ceci n'est pas acceptable.

La chaîne d'acteurs indispensables

Pour tenter d'éliminer ces sources de dysfonctionnements, la professionnalisation de la filière est indispensable.

C'est un bureau d'études présentant les garanties vérifiées de compétence et d'assurances qui doit réaliser une étude préalable réelle et définir les PIA possibles.

Effectuer un diagnostic d'installation ne se résume pas à ne rien voir d'anormal. Tout diagnostic doit répondre à des questions précises et la réponse doit s'accompagner de preuves objectives (définition de mesures de terrain, prise de photos, rapports factuels).

Faire un diagnostic est un vrai métier qui engage une responsabilité et ce métier n'est pas le rôle d'un SPANC, lequel est l'appui technique d'un élu dont la fonction n'est pas d'être juge et parti. Le SPANC peut avoir le rôle positif de conseil des propriétaires destinataires des diagnostics et soucieux de connaître ce qu'ils peuvent faire. Le SPANC conseille, assiste, dédramatise, il peut aider au choix. Le SPANC doit informer sur les financements possibles, il doit jouer le rôle de facilitateur de l'amélioration de l'environnement. C'est un ensemble de professionnels dont les missions doivent être revues et précisées pour une réelle efficacité environnementale.

Installer des dispositifs peut se trouver rapidement très simplifié dans la mesure où l'on acceptera de laisser se développer des PIA compactes « prêtes à l'emploi ». L'installation dans ces conditions se résume à un support stable pour ces « boîtes », permettant une parfaite planéité de l'ouvrage, et à des remblais soignés, deux points aisément vérifiables.

Les véritables soucis d'installation concernent les filières traditionnelles qui, malgré l'existence de documents de mise en œuvre, constituent des ouvrages très délicats à mettre en place du fait de réelles difficultés pratiques. Seule une spécialisation d'installateurs, née d'une activité continue, serait de nature à améliorer la situation, mais cette évolution prendra sans doute beaucoup de temps et pourrait s'avérer, suite aux progrès techniques, très peu pertinente.

Une information argumentée, précise et homogène sur les PIA contribuera à clarifier les idées de tous les acteurs et à crédibiliser ces outils de protection de l'environnement.

Les toilettes sèches, nostalgie du passé ou rêve d'un futur plus écologique ?

Nos aïeux, nos troupes militaires en campagne, ont utilisé depuis des centaines d'années les toilettes sèches, faute de mieux. Il est plus que surprenant de les voir surgir dans des textes règlementaires nationaux en les présentant comme une alternative crédible.

D'ailleurs, ce n'est pas un hasard si cette version « actuelle » des toilettes sèches, née aux États-Unis sous l'action d'un Suédois en 1939, n'a réussi en plus de 60 ans qu'à convaincre 80 000 installations dans le monde entier, soit moins de 1 500 unités annuelles. Le confort moderne a ses exigences réclamées par tous et si des sites touristiques ciblés peuvent satisfaire par ces équipements une particularité environnementale locale, ces cas particuliers constituent plus des ouvertures polémiques que de vrais sujets et solutions généralisables pour l'amélioration réelle de notre environnement. Les toilettes sèches ne pourront faire mouche qu'en matière de marketing touristique, et uniquement dans le cadre d'un usage non permanent.

Mieux communiquer, mieux informer…

Une communication ouverte et détaillée sur l'efficacité de dispositifs, sur leurs avantages et inconvénients dans le cadre d'utilisations diverses est un besoin pour leurs futurs clients. Il n'est pas possible d'avoir confiance en des équipements dont on ignore tout.

Cette communication doit être commune à tous les acteurs qu'ils soient techniques, financiers, garants de la loi, associations ou simples citoyens. L'évolution de l'assainissement avec les PIA passe par l'émergence d'une information responsable, regroupant des savoirs et des réalités reconnus.

Cette information doit émaner de structures européennes, gages d'une largesse de vues sur le domaine et garantes d'une analyse désintéressée. C'est ainsi que peut être interprétée la création de l'Observatoire international des petites installations d'assainissement (OBIPIA), créé en 2008, et dont les statuts associatifs affichent ces ambitions.

Ne pas reproduire les erreurs de dimensionnement des grandes installations d'assainissement

Parmi les orientations pour l'avenir, figure la question du dimensionnement des ouvrages. Aujourd'hui on fait partout en Europe le même constat de surdimensionnement de la PIA vis-à-vis de l'accueil réel de la maison en nombre d'individus et la notion de taille de l'équipement de protection environnementale par rapport à la capacité d'accueil de l'immeuble desservi.

Théoriquement satisfaisante, cette vérité n'en est plus une à l'examen du terrain où le constat est sans ambiguïté : plus de 50 % des équipements installés en France comme en Allemagne, pays où des estimations embryonnaires sont disponibles, ont à traiter une charge organique correspondant à moins de 50 % de la charge organique nominale de l'installation.

Pourquoi s'entêter ainsi à équiper inutilement des immeubles avec un corollaire incontournable d'alourdissement des coûts d'assainissement pour les propriétaires, tant en investissement qu'en exploitation. Par ailleurs, l'adage « qui peut le plus peut le moins » n'est pas en assainissement une réalité toujours démontrée, et la protection de l'environnement peut avoir, avec certaines technologies, à souffrir d'équipements surdimensionnés.

Plusieurs facteurs sont de nature à renforcer une approche de dimensionnement prenant en compte, parmi d'autres paramètres, l'occupation réelle des lieux. En premier lieu, il existe des filières qui offrent de la flexibilité dans leur fonctionnement, qui seraient aptes à accepter des variations de charges sans altération du traitement des eaux usées. Il existe également des filières modulables qui peuvent s'installer hors sol. Enfin, dans le cas de massifs filtrants, il existe une grande capacité d'innovation en termes de matériaux filtrants alliant performance et compacité toujours plus grandes. Ces nouveaux matériaux pourront permettre de pallier les insuffisances de capacité de dispositifs en place, par simple changement du matériau assurant le traitement des eaux usées, lorsque celui-ci se trouve installé dans une « boîte » accessible.

Savoir se donner du temps...

L'assainissement par les PIA ne pourra s'achever, tout autant dans un pays comme la France que chez ses voisins, en quelques mois. D'une part, l'organisation nécessaire ne pourrait se mettre en place et, d'autre part, ce serait faire fi des aspects sociologiques forts qui évolueront lentement vers l'acceptation de cet assainissement.

Remarquons ensemble qu'il a fallu près d'une trentaine d'années pour que l'assainissement par réseaux et unité unique de traitement se mette en place dans les collectivités de quelques milliers d'habitants. Est-il si invraisemblable d'envisager que les PIA pour faire leur implantation complète aient besoin du même laps de temps ?

Associée à la durée de vie potentielle des ouvrages, cette donnée « temps de remise en conformité » est essentielle. En supposant une durée de vie moyenne d'une PIA de l'ordre de 25 ans, hors parties consommables et toutes technologies confondues, il faudrait chaque année réhabiliter en France 4 % des installations existantes. En 2009, le nombre de réhabilitations effectuées reste inférieur à 1 %. Ainsi, le parc des PIA vieillit et la conséquence immédiate est environnementale puisque leurs performances et leur fiabilité se réduisent avec leur âge. Une prise de conscience rapide doit avoir lieu sur cette situation qui, progressivement, entraîne les propriétaires, les agents chargés de leur contrôle et les élus dans une impasse : non seulement il faudra agir plus massivement du fait du nombre de dispositifs à réhabiliter, mais, dans le même temps, l'urgence sera plus évidente encore à mesure que les dysfonctionnements se feront moins discrets.

Les PIA, des solutions pérennes pour un assainissement simple et durable…

En conclusion, les petites installations d'assainissement ne sont pas une solution provisoire faite pour attendre le réseau collectif d'assainissement. Elles sont une solution durable d'assainissement adaptée à des situations nombreuses, allant des maisons individuelles jusqu'à des regroupements d'habitations de plusieurs dizaines d'habitants. La diversité des produits existant sur le marché européen est l'assurance, partout, de la possibilité d'une réponse spécifiquement ciblée à la protection de l'environnement exigée. L'assainissement est un domaine où les nombreux paramètres à respecter sont issus des spécificités du site sur lequel l'ouvrage est installé. C'est pourquoi la duplication aveugle de solutions identiques conduit à des erreurs graves. Concevoir un équipement d'assainissement, c'est instaurer un service pour l'environnement.

Les PIA devenues des solutions durables, il est primordial de mettre en place des conditions réalistes pour que leur durée de vie, soit la plus longue possible. La professionnalisation de l'exploitation des PIA n'est pas une alternative à une exploitation par des propriétaires, c'est une exigence minimale pour protéger les efforts d'investissement réalisés par les propriétaires des habitations. Il faut stopper les discours laissant croire qu'une PIA n'a pas besoin d'exploitation. Il faut veiller particulièrement à ce que des services publics évitent de défendre une telle thèse car cette position ne reflète que de l'ignorance sur ce sujet. Traiter des eaux usées pour les dépolluer au niveau souhaité par les exigences locales est une obligation environnementale qui détermine le confort des citoyens.

Figure 1. **Refuge de la Balme, Savoie, Beaufortain. À 2 009 m d'altitude, les eaux usées des montagnards qui font halte au refuge de la Balme sont épurées par la technologie des filtres à copeaux de coco, en pleine harmonie avec ce site exceptionnel.**

2

Sans assistance, la nature peut-elle se substituer aux PIA ?

Utiliser les ressources de la nature, c'est ce que fait l'homme depuis la nuit des temps. Ceci se vérifie aussi dans le traitement des eaux que l'homme a souillées.

Alors que les agglomérations ont cherché à utiliser le pouvoir auto-épurateur des rivières, les habitats isolés comptaient sur la filtration dans le sol naturel pour faire disparaître les eaux usées et ainsi éviter tout contact avec la population. Lorsque cette exigence sanitaire est satisfaite, l'eau usée est réputée traitée, mais qu'en est-il vraiment ?

Au XXIe siècle, notre société exprime un immense besoin de revenir aux choses simples et naturelles. Tout ce qui touche à la nature devient un excellent outil de marketing. L'assainissement des eaux usées n'échappe pas à cette tendance, et on trouve des solutions de traitement des eaux usées associant des végétaux, les transformant en acteurs de l'épuration. Là aussi la question doit être posée : qu'en est-il vraiment ?

Traiter les eaux usées avec des végétaux

Qui n'a pas été admiratif devant un champ de roseaux à tiges bien dressées ? Qui n'a pas accepté sans questionnement l'idée que les végétaux épuraient, parce que cette épuration paraît écologique, simple et naturelle ?

L'épuration des eaux usées met en œuvre des processus calqués sur le pouvoir auto-épurateur des rivières. Celui-ci repose sur l'activité d'une biomasse microbienne aérobie, et particulièrement celle des bactéries.

Alors, lorsqu'on parle d'épuration avec des végétaux, de quoi parle-t-on ?

Il faut bien lire épuration *avec* des végétaux et non *par* des végétaux. « Avec » signifie que des végétaux peuvent accompagner la dépollution, mais ils n'en assurent pas le processus.

Les bases

Tous les êtres vivants, végétaux et animaux, prélèvent de la matière dans leur environnement. Cette matière constitue leur nourriture. Ils utilisent cette nourriture pour produire leur propre matière, la matière produite est de la matière organique. La matière prélevée est soit de la matière inerte (matière minérale), soit de la matière produite par d'autres êtres vivants, c'est-à-dire de la matière vivante (matière organique).

Le cas particulier des végétaux

Les besoins nutritifs des végétaux sont très différents de ceux des animaux et des bactéries.

Les cellules végétales possèdent des pigments, le plus répandu étant le pigment chlorophyllien. Ces pigments permettent à la cellule de fabriquer sa propre matière organique à partir uniquement de matière minérale : dioxyde de carbone (CO_2), eau et sels minéraux. De l'énergie est indispensable pour que cette production ait lieu, et c'est la lumière qui la donne. Les végétaux sont ce que l'on appelle des producteurs primaires. Ils sont autotrophes pour le carbone, c'est-à-dire que ce sont des organismes qui produisent des molécules organiques et n'ont donc pas besoin d'ingérer d'autres organismes vivants pour obtenir cette matière organique.

Tous les autres êtres vivants sont des producteurs secondaires. Ils se nourrissent en partie de matière minérale, et complètent leurs besoins en matière organique avec de la matière organique provenant d'autres êtres vivants, car ils sont, eux, incapables de la produire. Ils sont dits hétérotrophes ; ce sont des organismes qui n'obtiennent les molécules organiques nécessaires à leur développement qu'en mangeant d'autres organismes, ou des résidus organiques.

Le sol et les végétaux

Les plantes poussent dans le sol, et on sait que la matière organique est bénéfique pour leur croissance. Quelle est donc cette relation plante-sol ?

Le sol est un support physique pour que les racines des plantes puissent s'ancrer et faire tenir la plante lorsque celle-ci a une tige dressée.

Le sol est un milieu qui retient de l'eau, et la plante ne se développe que lorsqu'elle a de l'eau. Il y a différentes catégories de plantes, plus ou moins exigeantes en eau, mais globalement il en faut car comme tous les êtres vivants, une plante est constituée en moyenne d'environ 80 % d'eau. L'eau joue un rôle majeur dans le transport des éléments minéraux vers les feuilles, lieu de synthèse de la matière organique. La sève brute est essentiellement composée d'eau et de sels minéraux et circule du bas vers le haut de la plante, jusqu'aux feuilles. En revanche, la sève élaborée, qui contient en plus la matière organique synthétisée par photosynthèse, peut circuler dans les deux sens pour alimenter toutes les parties de la plante et permettre ainsi sa croissance.

Pour assurer à la plante la quantité d'eau nécessaire à sa croissance, le sol, ou le pseudo-sol, doit avoir une capacité à retenir de l'eau. La réserve hydrique ou réserve utile (Ru) est la quantité d'eau du sol dont la végétation peut disposer pour assurer son alimentation en eau en l'absence d'autre alimentation. Comme l'illustre la Figure 2, cette réserve est la différence entre l'eau présente dans le sol, c'est-à-dire non soumise à gravité (capacité au champ), et l'eau trop fortement retenue par le sol pour être extraite par les racines : cette teneur en eau résiduelle, non disponible, correspond au point de flétrissement de la plante.

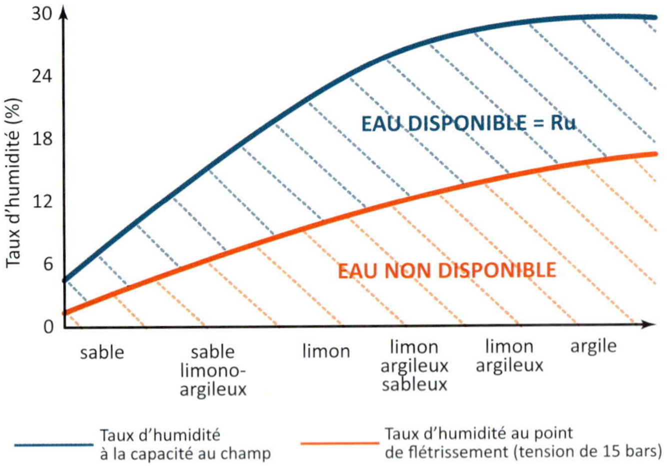

Figure 2. Représentation graphique de la disponibilité de l'eau dans le sol (d'après Buckmann et Brady, *The nature and properties of soils*, 6th edition, Macmillan, New York, 1960).

Le sol contient de la matière organique : celle-ci n'est pas utilisée par la plante, comme il a été signalé précédemment. En revanche, cette matière organique stimule l'activité bactérienne, régule les échanges eau et sels minéraux. Sous l'action des micro-organismes présents dans le sol (bactéries, champignons, levures, autres espèces microscopiques), la matière organique libère des éléments minéraux qui vont devenir disponibles pour la plante. Pour que les micro-organismes s'activent à la minéralisation de la matière organique, de l'eau et de l'oxygène doivent être disponibles.

Pour ce qui concerne l'azote, il ne peut pas être utile à la plante lorsqu'il est sous forme organique. La forme assimilable par la végétation[1] est l'azote nitrique (NO_3), l'azote organique doit donc être préalablement minéralisé. Si l'azote est sous forme réduite, ammoniac, il ne sera pas non plus puisé par la plante. Dans les sols mal aérés, l'azote minéral présent essentiellement sous forme NH_4 n'est pas utile au végétal.

La culture de plantes est possible sans sol. Il s'agit des cultures « hydroponiques » pour lesquelles il suffit de fournir au végétal de l'eau et des sels minéraux, et la photosynthèse fait le reste. C'est sous cette forme que, par exemple, de nombreux plants de tomates sont cultivés sous serre.

Les végétaux ne puisent dans le sol que les éléments minéraux qui leur sont indispensables, et non pas la matière organique qui constitue la pollution carbonée.

Pourtant, on trouve des végétaux dans certaines situations épuratoires et notamment les filtres à sable plantés de roseaux :

- parce qu'ils ont des rôles secondaires dans certaines situations qui permettent de limiter l'intervention humaine d'exploitation des installations de traitement des eaux usées ;

1 Quelques rares espèces sont capables de puiser directement l'azote gazeux de l'air.

- ils peuvent participer pour quelques pourcentages à l'extraction d'un peu de pollution minérale, sous forme d'azote et de phosphore, mais seulement dans des proportions qui sont en adéquation avec leurs besoins. Ces prélèvements sont sans commune mesure avec ce que les bactéries sont capables de traiter dans les dispositifs de traitement des eaux usées. Les végétaux ne permettent donc pas d'éliminer ces éléments de l'eau usée.

Pourquoi planter des roseaux dans des filtres à sable ?

Dans les filtres à sable classiques (cultures fixées sur support fin), le souci premier est d'avoir une bonne répartition de l'eau à la surface du massif. En dehors de cette première difficulté, d'autres problèmes d'exploitations existent.

En fait, ces dispositifs de traitement sont rustiques et préconisés le plus souvent pour de petites collectivités. Pour conserver l'esprit de la rusticité de cette solution, ils ne doivent pas exiger une exploitation importante et fréquente.

Un tel filtre, alimenté en eau usée brute[2] pour limiter les coûts d'exploitation liés à l'entretien des prétraitements, développe rapidement à sa surface une couche de dépôts. Ces dépôts, s'ils ne sont pas régulièrement éliminés, occasionnent un colmatage de surface qui gêne la percolation de l'eau au travers du massif. L'eau ne s'écoulant plus, l'épuration ne se fait plus. Pour rétablir le fonctionnement hydraulique, une intervention humaine est nécessaire, qui consiste en un raclage de la surface. Ce raclage s'accompagne d'une élimination des adventices[3] par sarclage qui, si elles sont trop nombreuses et trop vieilles, sont difficiles à enlever. Cette intervention humaine a un coût, elle n'est pas

2 Alimentation en eau brute : sans aucun prétraitement, notamment pas de dégrillage, ni dessablage, ni déshuilage.
3 Adventices : mauvaises herbes envahissantes.

forcément bien mise en œuvre ni à la bonne fréquence, en conséquence l'installation finit par ne plus fonctionner.

Largement décrite dans la littérature technique, et mise au point par le Cemagref sur la base de travaux allemands, l'utilisation de phragmites (famille des roseaux) a pour objectif d'empêcher que cette couche de dépôts devienne colmatante. Dans la configuration des filtres à sable plantés, le végétal est le plus souvent un roseau car cette espèce est hydrophile, c'est-à-dire qu'elle s'accommode d'un milieu fortement humide. Le roseau contribue au craquèlement permanent de la couche de dépôt de surface, pour permettre l'écoulement de l'eau au travers du dépôt vers le massif. L'air en profite pour pénétrer dans le massif, ce qui est indispensable pour que la biomasse active dans le filtre puisse assurer l'épuration.

L'oxygène est apporté par convection naturelle de la surface vers le cœur du massif. On comprend l'importance de maintenir le contact entre le cœur du filtre et la surface pour renouveler autant que nécessaire l'oxygène consommé par la biomasse épuratrice.

Que se passe-t-il pendant les périodes de repos végétatif ?

Le roseau est un macrophyte pourvu d'un système racinaire qui se présente sous forme d'un ensemble de rhizomes. Les rhizomes sont des tiges souterraines à partir desquelles de nouvelles pousses se développent. La tige aérienne peut atteindre jusqu'à 5 m de hauteur pour les espèces les plus grandes. Elle se fane et meurt à l'automne. Le roseau plonge alors dans sa phase de repos, et les racines n'ont que peu d'activité durant cette période. Le filtre planté de roseaux ne ressemble plus à l'image « verte » qu'il a au printemps et en été.

Cependant, durant cette période de repos végétatif, l'épuration se poursuit dans les mêmes proportions, preuve s'il en est qu'elle n'est pas assurée par le végétal.

Le roseau est essentiellement présent pour son rôle mécanique. Mais ce n'est pas parce qu'il permet de réduire l'intervention humaine qu'il la rend inutile. Un filtre, planté de roseaux ou d'un autre végétal, doit être également exploité pour pérenniser son fonctionnement.

Les filières végétalisées sont sensibles au manque d'eau. L'eau est indispensable à la vie des végétaux. L'eau est le vecteur des substances minérales qui sont utiles à la plante. Ces substances minérales présentes dans le sol, ou dans le pseudo-sol (massif sableux pour notre cas), sont transportées du sol vers les feuilles, lieu où la synthèse de matière organique a lieu. Les plantes sont d'autant plus sensibles au manque d'eau qu'elles sont hydrophiles, c'est-à-dire que leurs conditions de vie sont en milieu humide ou dans l'eau. Les espèces hydrophiles demandent effectivement que l'eau soit facile à absorber, il faut donc que la réserve utile du pseudo-sol soit réapprovisionnée régulièrement. Dans un massif filtrant, si la granulométrie ou la perméabilité favorise un passage trop rapide de l'eau au travers du massif, ce pseudo-sol n'a pas de réserve en eau pour que la plante puisse s'épanouir.

Les filières végétalisées sont également sensibles à l'excès d'eau. Bien que les roseaux soient des plantes communes des marais, il y a certaines périodes de leur vie où paradoxalement un excès d'eau peut leur être fatal. Par exemple, dans les massifs plantés de jeunes pousses de roseaux, si celles-ci se trouvent régulièrement submergées par les eaux usées, elles peuvent mourir d'asphyxie. C'est en partie pour cette raison que parfois le démarrage des plantations est cause de soucis.

Un filtre à sable destiné à l'épuration des eaux usées est planté de roseaux pour maintenir l'écoulement de l'eau et laisser des accès à l'air pour ventiler le massif. L'épuration est réalisée exclusivement par les micro-organismes qui se développent dans le massif de sable.

Parfois, d'autres objectifs sont recherchés avec des végétaux, comme le zéro rejet en milieu hydraulique superficiel. Il s'agit d'utiliser les plantes pour effectuer un rejet en partie dans le sol par infiltration, et en partie vers l'atmosphère par évapotranspiration (ETR). Cette technique est actuellement développée avec des bambous qui sont particulièrement consommateurs en eau. Cependant, pour atteindre le zéro rejet, de nombreux facteurs doivent être pris en compte, à commencer par les données climatiques, la pluviométrie, la perméabilité du sol, etc. Les surfaces nécessaires pour atteindre ces objectifs sont très importantes car elles doivent tenir compte des périodes les plus défavorables, notamment hivernales à forte pluviométrie. Ce sont des dizaines d'hectares qui sont plantés pour répondre à ce type d'objectif (des dizaines de mètres carrés plantés par habitant).

La Figure 3 est un exemple de mesures de l'évapotranspiration (ETR) sur un cycle annuel. On rappelle que l'évapotranspiration est le résultat conjoint de la transpiration des plantes et de

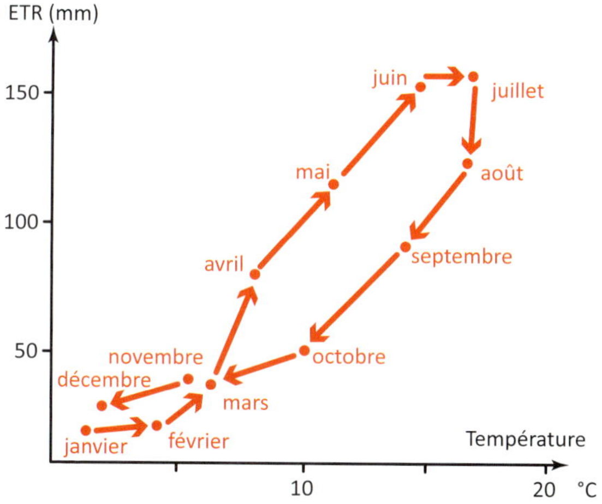

Figure 3. Valeurs moyennes mensuelles de l'ETR mesurée sur une parcelle engazonnée du Sud-Ouest de la France (d'après Lambert, 1996, cité par J. Beauchamp, cours de pédagogie 2006, université de Picardie).

l'évaporation de l'eau contenue dans les sols. L'évapotranspiration dépend d'un certain nombre de facteurs, dont la température est un des principaux. Si en été on peut tabler sur des ETR moyens mensuels intéressants, en hiver ils sont très faibles.

Plus confidentiellement, certains végétaux sont cultivés pour leurs propriétés à extraire des solutions du sol des éléments indésirables, comme certains métaux lourds. Les usages sont très limités, et réservés à des opérations très particulières, comme la décontamination de sols pollués.

On parle aussi des plantes dans le traitement des polluants émergents. Là encore, les plantes font partie du décor pour ce qui est d'éliminer des molécules organiques complexes. En effet, ces molécules, lorsqu'elles sont photosensibles, peuvent subir une première attaque photochimique par le rayonnement solaire lors du cheminement de l'eau en surface pendant plusieurs jours, l'eau étant exposée à l'air et à la lumière naturelle. Une attaque biologique par de la biomasse bactérienne ou fongique pendant ce parcours peut aussi participer à détruire une partie des molécules. Les végétaux qui accompagnent l'eau ne permettent qu'une intégration paysagère de ces traitements complémentaires.

Le cas du lagunage naturel

Le lagunage naturel (ou lagunage à microphytes) est un procédé d'épuration rustique et très extensif. En général, 3 à 5 bassins en série sont mis en œuvre dans ce procédé.

Dans les lagunes naturelles – sans macrophytes[4] – l'épuration de la matière organique des eaux usées est réalisée par une population bactérienne naturelle qui se développe de façon dispersée

4 Macrophytes : grandes plantes d'eau douce qui sont facilement visibles à l'œil nu, y compris toutes les plantes vasculaires aquatiques, les bryophytes, les characées et les colonies macroalgales (voir EN 14184:2003).

dans l'eau (non agglomérée sous forme de flocs comme dans les stations d'épuration à boues activées). Ces bactéries en très grand nombre ont besoin de grandes quantités d'oxygène. Or, la quantité d'oxygène qui s'échange par dissolution entre l'air et l'eau est largement insuffisante au regard de la quantité d'oxygène nécessaire pour assurer la décomposition biologique de matière organique. C'est d'ailleurs ce qui se passe dans les rivières, lorsque les rejets de matières organiques dépassent la capacité d'auto-épuration, c'est essentiellement en raison d'un déficit en oxygène.

Figure 4. Un des bassins du lagunage naturel de Rabastens de Bigorre.

Puisque les lagunes naturelles ne sont pas aérées artificiellement, l'oxygène nécessaire est fourni par des végétaux présents dans l'eau effectuant la photosynthèse : les algues microscopiques ou phytoplancton. Le phytoplancton est d'ailleurs le premier producteur d'oxygène de la planète, car il fournit à lui seul le tiers de l'oxygène terrestre.

Photosynthèse

La photosynthèse est réalisée par les végétaux chlorophylliens. En présence de l'énergie lumineuse du soleil, les végétaux chlorophylliens puisent le CO_2 atmosphérique (carbone minéral) pour produire du carbone organique sous forme de glucose. Ce processus biochimique s'accompagne de libération d'oxygène.

Équation de la photosynthèse :

$$6CO_2 + 12H_2O + \text{énergie lumineuse} = C_6H_{12}O_6 + 6O_2 + H_2O$$

6CO₂	12H₂O		C₆H₁₂O₆	6O₂	H₂O
Dioxyde de carbone	Eau		Glucose	Oxygène	Eau

En l'absence de lumière, les végétaux chlorophylliens respirent. Le processus s'inverse, ils puisent de l'O_2 et rejettent du CO_2.

Le bilan sur 24 heures est positif car la production d'oxygène de jour est supérieure à la consommation globale de la respiration.

Par ailleurs, dans une situation épuratoire, la pollution est essentiellement apportée de jour, lorsque la production d'oxygène est en pleine action.

Le phytoplancton produit plus d'oxygène qu'il n'en consomme, l'excès en oxygène est alors utilisable par les bactéries épuratrices. De plus, l'oxygène produit par les algues planctoniques est à l'état dissous dans l'eau, c'est-à-dire immédiatement disponible pour la biomasse bactérienne qui peut alors s'activer à la dégradation de la matière organique.

Cependant, pour permettre la croissance d'une quantité suffisante de bactéries et d'une quantité suffisante de phytoplancton producteur d'oxygène, les surfaces de lagunage naturel doivent être très importantes : une charge organique exprimée en DBO_5 (demande biologique en oxygène mesurée au bout de cinq jours) de l'ordre de 4,5 g d'O_2 est admise par mètre carré de lagune (soit de l'ordre de 13 m^2 de lagunage naturel par équivalent-habitant).

Le principe épuratoire d'un lagunage naturel repose donc sur un échange de bons procédés : les algues fournissent de l'oxygène aux bactéries qui en retour, grâce à cet oxygène, peuvent minéraliser les matières organiques et fournir ainsi à ces végétaux primaires les sels minéraux qui leur sont indispensables.

Le rôle du végétal microscopique dans un lagunage naturel est bien identifié : c'est le moteur qui fournit l'oxygène.

Le lagunage naturel à macrophytes

Il y a quelques années, on a cherché à implanter des macrophytes dans les derniers bassins de lagunage naturel, avec pour objectif d'assurer une finition dans l'épuration, notamment sur les paramètres azote et phosphore.

Aujourd'hui, ce type de pratique est totalement abandonné. D'une part, aucune preuve d'effet bénéfique des végétaux sur l'épuration n'a jamais pu être apportée, et, d'autre part, les opérations d'entretien indispensables pour éviter l'expansion incontrôlée des macrophytes sur les berges et dans la lagune, n'ont jamais été vraiment menées comme elles auraient dû l'être. Trop de contraintes, difficultés d'accès, besoins d'engins mécanisés pour effectuer le faucardage, importante masse de végétaux à traiter ou évacuer… tout ceci représente une exploitation que les petites communes concernées ont des difficultés à mettre en œuvre correctement ou de façon pérenne.

Les évolutions récentes des filtres plantés de roseaux

Les aménagements particuliers sur les filtres plantés de première génération, mis en œuvre récemment pour éliminer l'azote et le phosphore, mettent en évidence l'absence d'action directe significative des végétaux sur l'exportation de ces nutriments.

La nitrification de l'azote ammoniacal sur les deux premiers étages en percolation verticale n'est possible que si l'aération du massif est suffisante (si la surface dédiée à l'épuration est suffisante, autrement dit si la charge surfacique est assez faible). Ce n'est le cas que lorsque les massifs ont une surface satisfaisante, situation qui peut être rencontrée lorsque l'installation est largement sous-chargée (plus de 50 % des cas).

La dénitrification n'est possible que dans un étage dans lequel les conditions anoxiques (absence d'oxygène libre) se développent au sein du massif, ce qui est le cas dans un massif saturé à écoulement horizontal. Mais si cet étage horizontal est placé en fin de traitement, la nitrification sera limitée par la trop faible quantité résiduelle de carbone biodégradable. En effet, si le dimensionnement du filtre vertical est correct, l'élimination du carbone est efficace et par conséquence la dénitrification manquera de carbone. Le filtre saturé à écoulement horizontal est de ce fait préférablement placé entre deux étages verticaux pour bénéficier d'une quantité adaptée de carbone, mais cette configuration nécessite une recirculation d'eau usée traitée, puisque c'est elle qui est concentrée en nitrates... On obtient un premier degré de complexité de ce type rustique de traitement des eaux usées.

Les filtres plantés de roseaux ne sont pas non plus adaptés au traitement du phosphore.

Pour obtenir une efficacité significative dans l'élimination du phosphore, deux voies sont en cours d'exploration par les spécialistes de filtres plantés :

- des portions de filtres avec des matériaux filtrants adaptés, capables de capter le phosphore ;
- une étape de précipitation chimique du phosphore avec des sels métalliques qui nécessite la mise en œuvre d'équipements, comme des cuves et des pompes.

Filtres plantés. Les chiffres clés du dimensionnement de première génération

Les filtres à sable plantés de roseaux ont deux approches de mise en œuvre et de dimensionnement, selon que l'alternance d'alimentation peut ou non être réalisée. Il faut en effet trouver l'équilibre entre les périodes d'alimentation et les périodes d'arrêt qui permettent le ressuyage du massif et sa réoxygénation. Si les durées d'alimentation sont trop longues, la réoxygénation n'est pas totale et le colmatage du massif est inévitable car les besoins en oxygène ne sont plus couverts.

Dans le cas des installations de grande taille pour de petites collectivités, les concepteurs prévoient deux ou trois filtres alimentés en parallèle, de façon à alterner leurs alimentations, ce qui est représenté dans la Figure 5. L'alternance met un filtre au repos pendant plusieurs jours, ce qui permet une régression de

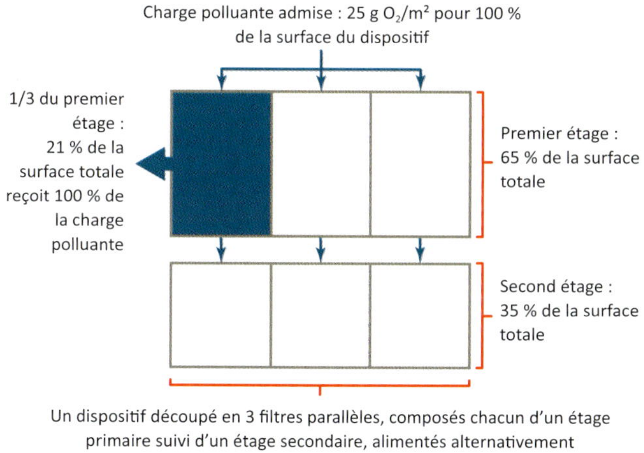

Figure 5. Représentation schématique d'un massif filtrant planté de roseaux à flux vertical à deux étages.

l'épaisseur du biofilm (combinaison entre son séchage et sa consommation par la microfaune du pseudo-sol) qui restaure en partie la capacité d'infiltration.

D'une façon très générale, les surfaces préconisées par le Cemagref sont de 25 g DBO_5/m^2 pour la surface totale du système. Il comprend les deux étages de filtres verticaux. La surface totale du massif filtrant est répartie pour 65 % en premier étage de filtre vertical, et pour les 35 % restants en second étage de filtre vertical. En réalité donc, le premier étage reçoit la totalité de la charge organique soit 38,5 g/m² (c'est-à-dire 25 g sur une surface de 0,65 m²). Si l'on veut être encore plus précis, l'alternance d'alimentation sur trois lits en parallèle augmente la charge surfacique du lit qui est en mode d'alimentation, puisqu'un tiers du premier étage reçoit la totalité de la charge journalière, soit 115,5 g/m² (3 × 38,5 g/m²).

Dans les installations de petite taille, notamment pour la maison individuelle, l'alternance de distribution n'est pas envisageable et le choix de conception se porte sur un surdimensionnement des surfaces pour compenser la non-mise au repos. Les surfaces mises en jeu devraient logiquement différer selon la conception de l'unité de traitement, notamment si l'alimentation se fait en eau brute ou en eau prétraitée (après fosse septique). Cependant, on constate que ce n'est pas forcément le cas. Les deux exemples qui suivent en sont la démonstration concrète :

- en alimentation en eau brute avec deux filtres verticaux, on observe des dimensionnements de l'ordre de 4 m² par habitant, soit une charge surfacique d'environ 15 g DBO_5/m^2 de surface totale de filtre ;
- en alimentation en eau prétraitée (après fosse septique), avec un filtre vertical suivi d'un filtre saturé à écoulement horizontal, on observe également des dimensionnements de l'ordre de 4 m² par habitant, soit une charge surfacique équivalente de 15 g DBO_5/m^2 de surface totale, en version à deux étages (3 m² en vertical suivi d'1 m² en horizontal).

Les filières végétalisées surfent sur la vague du besoin de verdure et de retour à la nature que notre monde moderne exprime.

Il faut retenir que les végétaux n'accomplissent pas de dépollution des eaux usées. Les plantes accompagnent tout au plus le traitement des eaux usées effectué par une biomasse épuratrice active dans les massifs ou substrats qui les supportent.

Traiter les eaux usées avec un sol

Le sol est un milieu vivant très fragile. Il provient de la décomposition et de l'altération des roches mères sous l'action de l'eau, de l'atmosphère et des êtres vivants. Au cours du temps, le sol s'épaissit et se modifie. Il acquiert des constituants (matière organique, argiles...), et des structures (agrégats, horizons...). Le sol se forme très lentement, l'échelle est celle du siècle ou du millénaire. En revanche, les principales propriétés du sol peuvent évoluer très rapidement ; c'est le cas de la structure, de la porosité, de l'activité biologique, notamment.

Le sol est un élément présent au quotidien pour l'homme : il supporte les habitats et les infrastructures, liées aux activités humaines. Il nourrit le monde car les plantes et les animaux dont l'homme se nourrit sont totalement dépendants des sols.

Les sols sont une composante fondamentale du cycle des eaux continentales. Après une pluie, les sols poreux évitent le ruissellement ; ils contribuent ainsi à l'alimentation des nappes phréatiques. La porosité des sols détermine la proportion de l'eau qui ruisselle et de l'eau qui s'infiltre dans les sols. Le sol régule donc le régime des cours d'eau et le remplissage des nappes.

Le sol est aussi un filtre qui épure les eaux qui le traversent. Il en influence la composition chimique et biologique. Cette capacité a toutefois ses limites : les sols pollués transmettent une partie de leur pollution aux eaux qui les traversent, et par suite aux nappes.

Le sol est un milieu de transit, de stockage et de transformation de très nombreuses substances quelle que soit leur nature, inorganique ou organique, résultant de processus naturels ou d'activités humaines.

Caractéristiques essentielles d'un sol pour assurer l'épuration

L'homme a depuis longtemps cherché à utiliser les fonctions épuratrices du sol pour régénérer la qualité des eaux qu'il a souillées. Dans l'Antiquité déjà, les eaux usées étaient répandues sur des prairies. Plus proche de nous, au siècle dernier, Paris comme Berlin ou Londres mettaient en place des champs d'épandage d'eaux résiduaires urbaines de l'agglomération.

Les grandes fonctions épuratrices sont liées aux caractéristiques des sols :

- leurs propriétés physiques régulent les capacités de transfert d'eau. Il existe une limite naturelle à la quantité d'eau qui peut être épandue sur le sol, liée à la capacité d'infiltration (perméabilité, porosité). Les propriétés physiques contrôlent aussi le transfert de gaz, et notamment les quantités d'oxygène nécessaires à l'oxydation de la matière organique par les micro-organismes du sol ;
- les propriétés d'échange du complexe absorbant déterminent les quantités d'éléments minéraux qui peuvent être retenus temporairement ;
- les caractéristiques biologiques déterminent les capacités de transformation et donc d'élimination des matières organiques apportées avec les eaux usées.

Porosité, texture, granulométrie et perméabilité : des grandeurs essentielles

Le sol est un milieu poreux (présence de pores, c'est-à-dire d'espaces entre les particules) qui laisse circuler avec plus ou moins de facilité, l'air et l'eau. La porosité initiale et la structure du sol sont les caractéristiques essentielles qui vont réguler la capacité d'infiltration d'eau dans le sol.

La porosité correspond à la mesure du volume des vides. Elle est exprimée par le rapport entre le volume des vides et le volume des matériaux composant le sol étudié.

La porosité dépend de la texture du sol, qui se réfère à la proportion des différentes particules des sols à l'état initial. Les unités texturales sont le sable, le limon et l'argile.

La mesure de la granulométrie est une façon d'apprécier la texture d'un sol. La porosité dépend aussi de la structure plus ou moins compacte et stable du sol.

Granulométrie et texture

L'analyse granulométrique permet de fractionner les constituants inorganiques des sols en différentes unités et classes texturales. Cette analyse est basée sur la loi de Stokes. Il existe de nombreuses méthodes d'analyse de la granulométrie : l'utilisation de tamis superposés est la plus utilisée dans le cas de la vérification de l'aptitude des sols à l'épuration. La norme Afnor X 11-501 de 1998 indique les classes granulométriques selon les diamètres apparents des particules de sol.

La Figure 6 présente les différentes classes granulométriques que l'on peut rencontrer :

- un sable est une particule de sol dont le diamètre peut aller de 50 à 2 000 µm. On peut le subdiviser en sables fins

(50-100 µm et 100-200 µm) et sable grossier (200-500 µm ; 500-1 000 µm ; 1 000-2 000 µm) ;

- une argile est formée de particules dont le diamètre est inférieur à 2 µm ;
- le limon (silt) est une fraction de sol consistant en particules d'un diamètre de 2 à 50 µm avec des subdivisions possibles en limon fins (2-20 µm) et limons grossiers (20-50 µm).

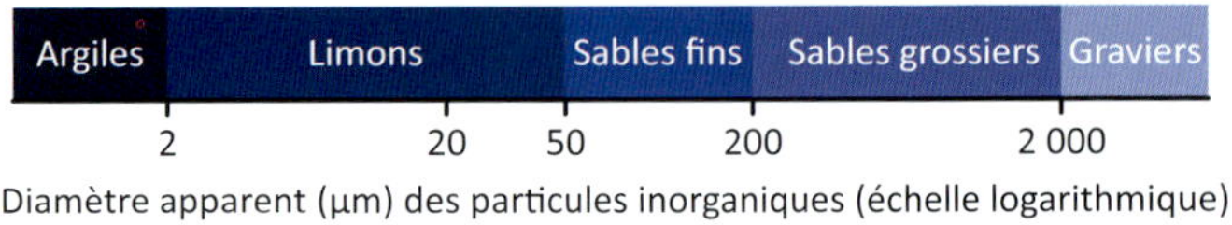

Figure 6. Échelle de granulométrie d'après Afnor, 1998.

Les classes de texture de sol sont décrites dans l'abaque de la Figure 7. L'analyse granulométrique du sol est nécessaire pour l'utiliser. On localise les pourcentages de limon (silt) et d'argile déterminés sur les lignes limon et argile respectivement. On projette ensuite vers l'intérieur parallèlement au côté argile dans le cas du limon et parallèlement au côté sable dans le cas de l'argile. Le casier dans lequel se rencontrent les deux lignes indique la classe texturale en question (exemple : 60 % d'argile et 20 % de limon, les projections se croisent dans la zone D qui donne le verdict : zone imperméable).

Cet abaque fait aussi le lien entre la granulométrie et la perméabilité, sans que ce lien permette de s'affranchir d'une mesure directe de la perméabilité du sol.

CORRÉLATION ENTRE LA TEXTURE DU SOL ET LA PERMÉABILITÉ

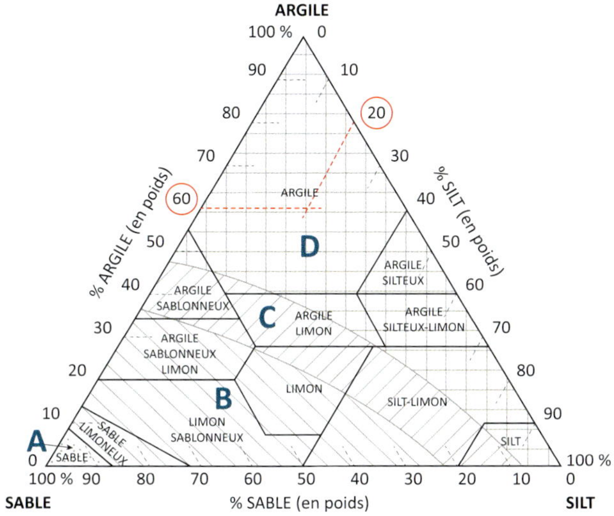

A : Zone très perméable
B : Zone perméable
C : Zone peu perméable
D : Zone imperméable

SABLE : Particules dont le diamètre est compris entre 0,05 mm et 2 mm

SILT : Particules dont le diamètre est compris entre 0,05 mm et 0,002 mm

ARGILE : Particules dont le diamètre est inférieur à 0,002 mm

Figure 7. **Corrélation entre la texture du sol et sa valeur probable de conductivité hydraulique inspirée de Dubé *et al.*, 1996 et de Hantrsche *et al.*,1981 (tirée du *Guide technique – Captage des eaux souterraines et traitement des eaux usées des résidences isolées*. Règlement Q-2, r.8. MDDEP, 2006).**

Perméabilité (vitesse d'infiltration)

On caractérise la capacité du sol à l'infiltration par la mesure de perméabilité selon la loi de Darcy. En fait, il n'est pas simple de mesurer la perméabilité, et il faudrait plutôt parler de vitesse d'infiltration.

La perméabilité K s'exprime généralement en Darcy, ce qui correspond à la dimension d'une surface (m^2) (1 Darcy =

$0{,}98.10^{(-12)}$ m^2). La conductivité hydraulique s'exprime en mètre par seconde (m/s).

Il existe différentes méthodes, non normalisées pour l'épuration, pour accéder au coefficient de perméabilité. Les méthodes les plus connues sont les Porchet, Geolep, Guelph, Muntz..., mais il existe d'autres méthodes, elles aussi non standardisées. Les résultats obtenus ne sont pas tous comparables entre eux, selon que la méthode applique une charge en eau de masse variable, une charge constante ou un choc impulsionnel.

Q = K.s H/h

Légende :
Q = débit
S = section de la colonne de sol
H = hauteur de la colonne d'eau
K = coefficient de perméabilité

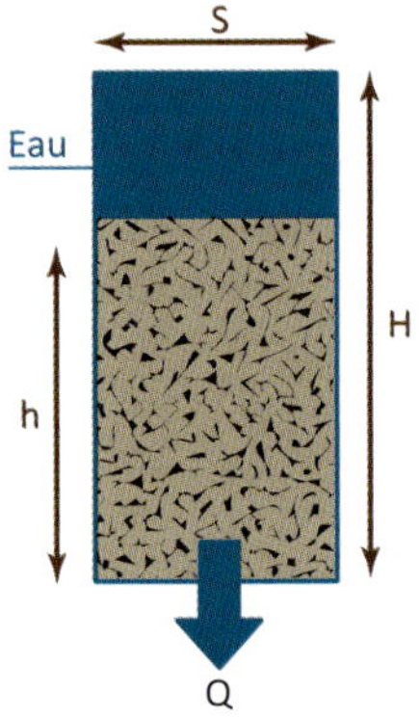

Figure 8. **Vitesse d'infiltration (schéma inspiré de Beauchamp J., 2006).**

Dans les sols, la granulométrie n'est pas très homogène, et donne lieu à plusieurs tailles de pores qui, vis-à-vis du transit de l'air et de l'eau, vont avoir des comportements différents. À noter que les sols liés aux habitations sont rarement naturels, ils ont été au minimum compactés et remaniés au cours des phases de la construction. On peut y trouver notamment des remblais d'épaisseurs variées.

Le Tableau 1 donne des variations de la vitesse d'infiltration (K) exprimée d'après la loi de Darcy.

Si le sol présente une vitesse d'infiltration trop élevée, le temps de contact entre les eaux usées et la biomasse épuratrice sera insuffisant pour assurer une épuration correcte (cas des perméabilités dites « en grand »). Avec une vitesse d'infiltration très lente, le sol sera rapidement saturé en eau, ce qui conduira à des ruissellements superficiels, l'eau polluée non traitée rejoindra les exutoires de surface sans avoir été épurée.

Tableau 1. Variations de la vitesse d'infiltration K en eau claire selon la loi de Darcy.

Vitesse d'infiltration	K (cm/s)	K (mm/h)
Très lente	$< 3.10^{-5}$	< 1
Lente	$3.10^{-5} – 1,5.10^{-4}$	1 à 5
Assez lente	$1,5.10^{-4} – 6.10^{-4}$	5 à 20
Moyenne	$6.10^{-4} – 1,7.10^{-3}$	20 à 65
Assez rapide	$1,7.10^{-3} – 3,5.10^{-3}$	65 – 125
Rapide	$3,5.10^{-3} – 7.10^{-3}$	125 – 250
Très rapide	$> 10^{-3}$	> 250

Limites de l'épuration par le sol

Toutes les fonctions des sols sont décrites en détail par de nombreux spécialistes et scientifiques, et il n'est pas question ici de résumer ou de reproduire la masse d'information détaillée de la littérature sur ce sujet.

En revanche, tous les auteurs qui ont abordé le sujet de l'épuration d'eaux usées par le sol sont d'accord pour dire que l'élément limitant la capacité épuratrice des sols soumis à des apports réguliers de matière organique (eau usée), est l'oxygène.

La porosité du sol qui reçoit des eaux usées doit être en adéquation avec la quantité d'oxygène qui sera nécessaire à l'oxydation par la biomasse microbienne du sol, de la matière organique apportée par les eaux usées.

Pour garantir la pérennité de la circulation de l'oxygène essentielle à la dégradation de la matière organique, la porosité doit être maintenue comme l'illustre la Figure 9. Il ne faut pas d'encombrement des interstices, par de la biomasse par exemple, et le massif ne doit pas être noyé.

En effet, la diffusion naturelle de l'oxygène dans l'eau est largement insuffisante pour assurer l'oxydation de la matière organique et la respiration endogène (respiration de la biomasse lorsqu'elle est au repos, sans activité épuratrice).

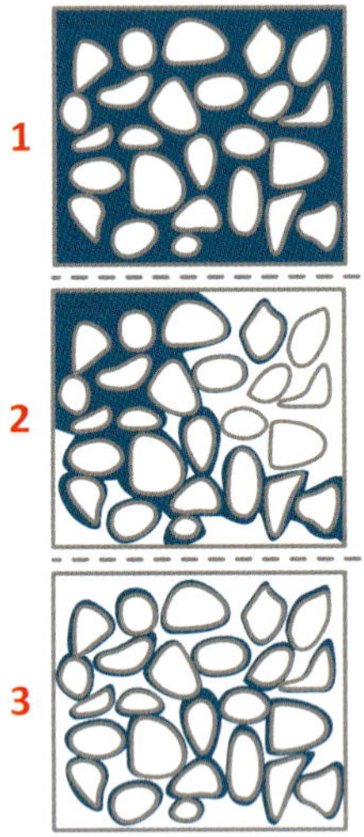

1 : Sol en saturation : l'eau (en bleu) s'écoule, l'air ne passe plus que par diffusion dans l'eau.

2 : Capacité au champ (quantité d'eau retenue après écoulement de l'eau de gravitation) : de l'eau est retenue dans le sol, l'air ne circule pas partout.

3 : Point de flétrissement : les racines ne peuvent plus vaincre les forces de rétention de l'eau. L'air peut circuler.

Figure 9. Schématisation de la circulation de l'eau dans les espaces libres d'un massif filtrant (inspiré de Beauchamp J., 2006).

L'air doit pouvoir circuler librement dans les pores du sol après chaque apport d'eaux usées.

Capacité d'aération du sol

Les mécanismes permettant de renouveler l'air dans un massif sont la convection et la diffusion, illustrés à la Figure 10.

La convection correspond au transport d'oxygène atmosphérique lié aux mouvements de l'eau dans le massif. En fonction de son comportement hydraulique, l'ensemble ou une partie seulement des volumes d'eau qui remplissent les pores au passage de l'eau est remplacé par de l'air en provenance de l'atmosphère.

La diffusion correspond au transfert de l'oxygène de l'air vers l'eau. On sait que ce transfert est environ 10 000 fois plus faible que dans l'air (l'oxygène doit passer de l'état gazeux à l'état dissous). Le phénomène de diffusion est dépendant du contenu en eau des pores du massif.

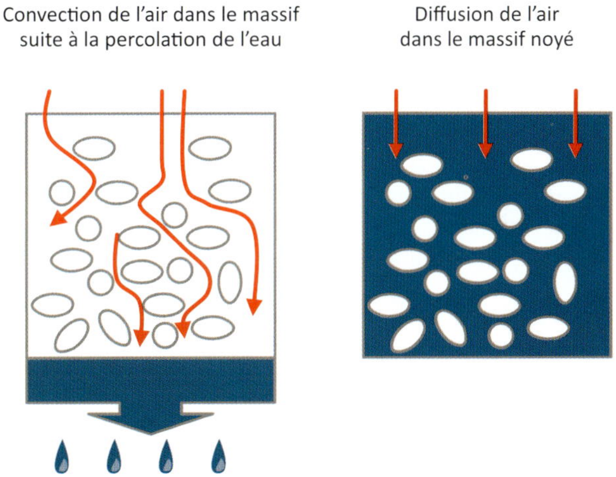

Figure 10. Schématisation des mécanismes de convection et de diffusion de l'air au sein des espaces libres d'un massif filtrant, selon que le massif est saturé en eau ou non.

Le renouvellement en air des massifs par diffusion est très faible par rapport au renouvellement par convection.

Une approche théorique de la capacité d'aération

Dans un sol naturel, les agronomes estiment que la quantité d'oxygène contenue dans la porosité des 30 cm superficiels du sol est de l'ordre de 450 kg O_2/ha lorsque le sol est sec, c'est-à-dire lorsque les pores offrent un volume maximal à la circulation de l'air. Cette quantité décroît jusqu'à environ 150 kg d'O_2 lorsque l'humidité du sol est voisine de la capacité au champ (*cf.* Figure 2).

Partons de cette hypothèse et appliquons-la au cas d'une tranchée filtrante dimensionnée pour 5 EH. Pour une perméabilité moyenne du sol, la norme XP DTU 64-1 propose une surface de filtration de 25 m^2 (50 m de tranchée sur 0,5 m de large). Si l'on suppose que l'épuration peut avoir lieu sur les 30 premiers centimètres du sol, le volume offert à l'épuration est de 7,5 m^3 (25 m^2 × 0,3 m).

Dans ce volume, d'après l'hypothèse d'un sol dont l'humidité est proche de la capacité au champ (on peut dire que c'est le cas d'une tranchée alimenté avec de l'eau usée), on a une quantité d'oxygène d'environ 375 g qui peut se renouveler à chaque ressuyage, ce qui peut avoir lieu plusieurs fois par jour.

Notre tranchée, pour 5 habitants, est faite pour recevoir une pollution exprimée en DBO_5 de 300 gO_2/j. On peut estimer que la quantité d'oxygène nécessaire pour oxyder cette matière organique est d'environ 200 gO_2/j. En conséquence, un sol dont la perméabilité permet un ressuyage correct qui restaure dans la porosité une quantité d'oxygène identique, peut parfaitement assurer l'épuration du carbone tant que la porosité n'est pas altérée (200 g d'O_2 nécessaires face à un potentiel de 375 g d'O_2 disponible).

En revanche, la quantité d'oxygène nécessaire à l'oxydation à la fois du carbone et de l'azote ammoniacal est cette fois de plus de 500 mg/j d'O_2. Pour réaliser cette épuration, on atteint des limites où la nitrification pourrait n'avoir pas lieu ou pas en totalité.

Ce cas idéal n'est toutefois pas durable dans la réalité, car lors de l'épandage d'eaux résiduaires, on voit généralement apparaître, et plus ou moins rapidement, un colmatage. Il se traduit par la présence permanente d'eau à la surface de la zone de traitement, par une chute brutale de la vitesse d'infiltration, par une diminution des performances épuratrices et l'apparition de phénomènes anaérobies.

La couche colmatante est le plus souvent superficielle, et localisée sur les quelques premiers centimètres de la surface épandue. Elle peut être la conséquence d'une accumulation de matières organiques apportées par l'effluent ; elle peut également être consécutive au développement d'une biomasse microbienne épuratrice proliférante. Cette couche colmatante peut aussi être caractérisée par l'accumulation de différents éléments minéraux apportés par les effluents et par la présence de sulfures qui forment, en l'absence d'oxygène (les sulfures sont déjà présents dans les eaux septiques), une couche noire caractéristique.

Ces colmatages, qu'ils soient physiques ou biologiques, finissent inexorablement par altérer les propriétés épuratrices et d'infiltration des eaux du sol.

On comprend que, partant d'une situation correcte avec une capacité théorique en oxygène largement suffisante pour le carbone, on puisse rapidement arriver à des colmatages, s'accompagnant de ruissellement de surface d'eau usée non traitée.

De plus, ce calcul repose sur le postulat que toute la surface du massif est en contact avec l'eau usée pour assurer l'épuration. Or, la très médiocre performance de la distribution des eaux usées à la surface d'une tranchée d'épandage lorsqu'elle est réalisée au fil de l'eau (c'est aussi le cas pour un massif filtrant reconstitué) fait qu'une petite partie seulement de la surface dédiée à l'épuration est mise à contribution. De ce fait, les volumes lacunaires qui vont permettre l'apport d'oxygène dans le massif étant bien plus faibles, on peut comprendre alors comment l'asphyxie de ces massifs est possible.

Par ailleurs, les tranchées d'épandage étant recouvertes de terre végétale, l'air doit d'abord diffuser au travers de cette couche de terre avant de pouvoir diffuser au sein des pores du sol en contact avec l'eau usée.

En faisant la somme de ces contraintes, on peut légitimement se demander pourquoi en France nous faisons du sol la solution de traitement privilégiée des eaux usées de maisons individuelles. À ce jour, aucune étude ne permet de déterminer quelle est la proportion des eaux usées véritablement épurée par ces systèmes. Nous sommes juste capables de constater l'infiltration de l'eau, c'est-à-dire sa disparition dans le sous-sol et l'aquifère souterrain.

Et après l'épuration, que devient le sol ?

Le sol, qui a servi à l'épuration des eaux usées jusqu'à son colmatage, a accumulé des composés inorganiques (du sodium, des chlorures, des métaux lourds...) et des polluants organiques peu ou pas biodégradables. Parmi eux, des substances émergentes... Ce sol va rester en place, comment cette zone doit-elle être considérée ? Comment conserver le souvenir de l'usage qui en a été fait après son abandon ?

À propos des substances émergentes

Les termes « substances émergentes ou polluants émergents » sont utilisés pour décrire un ensemble de contaminants (chimiques ou biologiques), nouveaux ou non, dont les impacts environnementaux et/ou sanitaires sont encore mal identifiés, et pour lesquels peu voire aucune réglementation spécifique n'est mise en place. La liste de ces polluants émergents est très longue :

- résidus de substances pharmaceutiques (RSP) ;
- produits cosmétiques et d'hygiène personnelle (PCHP) ;
- pesticides ;
- sous-produits de désinfection (SPDs) ;
- substances illicites (SIL) ;
- toxines algales ;
- phytohormones…

Toutes ces substances se retrouvent inévitablement dans les rejets des maisons individuelles, en des concentrations variées.

L'occurrence de ces substances émergentes dans l'environnement est maintenant un fait avéré. Les polluants émergents ne sont pas, dans la majorité des cas, des substances nouvelles. Ce sont simplement des polluants dont les effets potentiels néfastes sur la santé et les écosystèmes sont avérés au-delà d'une certaine exposition, et dont les impacts et les risques, aux concentrations habituellement rencontrées dans les matrices environnementales, sont encore mal identifiés.

Lors des processus conventionnels de traitement des eaux usées, certains de ces polluants émergents peuvent être éliminés des eaux usées traitées, et pour une autre fraction, remis dans le milieu récepteur. Des solutions techniques existent (traitement biologique, oxydants, rayons, membranes…). Une optimisation économique est nécessaire pour atteindre des coûts acceptables afin de couvrir les risques ciblés.

3

Rejets des PIA et milieu récepteur

L'assainissement est toujours la succession de quatre missions principales : la collecte, le transport, le traitement et le rejet des eaux usées.

Pour les PIA, toute la partie de collecte et de transport est réduite à quelques mètres de canalisations, tandis que la phase de traitement des eaux usées est suivie avec une très grande attention. Après cette étape, les eaux usées traitées contiennent en général encore certaines pollutions comme la pollution bactériologique. C'est pourquoi la prévention des risques sanitaires doit être effectuée de façon systématique.

Du meilleur usage du sol : traiter de l'eau septique ? Infiltrer de l'eau septique en espérant qu'un traitement aura lieu ? Ou infiltrer de l'eau traitée ?

Le sol est traditionnellement considéré comme l'allié du traitement des eaux usées et parfois même comme un acteur potentiel de ce traitement des eaux usées. Cette confiance en la nature doit être modérée, car le sol est un milieu solide délicat qui s'accommode mal de l'apport de charges organiques régulières. Le sol a, dans certaines conditions, un potentiel d'épuration des eaux usées, mais il ne peut assurer durablement une mission continue de traitement des eaux usées, sauf à multiplier les surfaces utilisées. Ces surfaces sont plus importantes que celles retenues pour dimensionner des filtres à sable par exemple.

La dépollution des eaux usées nécessite des conditions qui ne laissent rien au hasard, comme on le décrit au chapitre 4. La quantité d'oxygène nécessaire pour traiter une pollution organique reste la même, que l'outil de traitement soit un sol naturel ou une installation construite par l'homme. Par ailleurs, toute action de traitement des eaux usées conduit à une production de boues. Ces boues, selon le procédé utilisé pour traiter les eaux usées, devront être extraites régulièrement ou resteront dans le milieu de traitement jusqu'à sa saturation, état dans lequel le sol, ou tout autre massif filtrant, deviendront inopérants pour continuer leur mission.

La capacité de traitement du sol est souvent évaluée grâce au paramètre de perméabilité. Pour intéressant qu'il soit, ce paramètre ne sert à définir qu'une capacité du sol à accepter une charge hydraulique. Ainsi, dès lors qu'une charge hydraulique est absorbée par le sol en place, l'assainissement est considéré comme réalisé. Les indicateurs courants de bon fonctionnement des systèmes de cette nature sont de simples constats d'absence d'odeurs et d'absence de reflux liquides... mais jamais des indicateurs issus de mesures directes de la qualité des eaux traitées par le sol.

Or, traiter une pollution n'est pas un souci hydraulique mais bien une aptitude à éliminer la pollution, une charge organique notamment. Traiter, c'est partir d'un état initial pour arriver à un état final fixé par des exigences environnementales. Ce traitement ne peut se réaliser sérieusement sans une possibilité de vérification.

Par ailleurs, souhaiter utiliser un sol pour traiter les eaux usées nécessite d'en connaître les caractéristiques vraies essentielles pour qu'il remplisse la fonction souhaitée. La règle est de supposer que le sol voisin est identique à celui dont on a déterminé les caractéristiques. Dans la réalité, un sol est par nature généralement très hétérogène, et ce point explique pourquoi des erreurs très importantes dans l'appréciation de son usage sont régulièrement commises. En effet, la variabilité spatiale du sol autant horizontale que verticale doit être prise en compte lors de toute évaluation de site. Dans de telles conditions, il faut affirmer clairement que l'utilisation généralisée d'un sol pour la filtration d'eaux usées n'est pas durablement raisonnable.

Filtration ou infiltration ?

« Filtration » signifie une action de dépollution dans laquelle les bactéries, alimentées en oxygène, vont assurer, fixées sur un média support, le nettoyage des eaux usées à traiter. Plus ces eaux usées auront été débarrassées d'une partie de leur pollution avant de circuler dans le média de filtration et moins de boues seront produites au sein de ce média. La durée de vie de ce média s'en trouvera allongée et le remplacement de ce milieu filtrant sera repoussé dans le temps.

« Infiltration » signifie une action de transfert hydraulique vers les milieux aquifères du sous-sol d'une eau traitée au niveau souhaité par les exigences environnementales. La perméabilité du milieu est la donnée majeure, et l'objectif est de rendre aux nappes phréatiques ces volumes d'eaux traitées pour une réutilisation future plus à l'aval.

L'usage inapproprié de ces deux actions fonctionnelles précises et successives constitue une source permanente d'ambiguïté dans le domaine des petites installations d'assainissement.

Pratiquer la filtration-infiltration est une duperie dont l'environnement est la victime connue, car l'efficacité de cette pratique n'est jamais vérifiée.

Le sol s'impose comme un allié d'infiltration dès lors que sa perméabilité le permet puisqu'il restitue à la nature une eau traitée à un niveau de qualité répondant aux exigences environnementales de chaque site où il est utilisé.

Le sol ne pourra être que très occasionnellement un allié de filtration, par exemple si ses caractéristiques sont à la fois très homogènes dans une zone donnée et très favorables à une fonction de filtration. Dans ce cas, le sol est une solution de traitement dont la mission est de satisfaire aux exigences environnementales d'abattement de la charge organique contenue dans les eaux usées à traiter. Il restera à vérifier que cette solution est la plus performante au plan technico-économique, lors d'une analyse prenant en compte tout ce qui devra être fait sur une période de 20 ans (durée de vie minimale à considérer pour tout outil de traitement des eaux usées) pour assurer à ce dispositif un fonctionnement satisfaisant vis-à-vis de la protection de l'environnement.

Une infiltration par le sol est durable, une filtration mal maîtrisée par le sol n'est que provisoire.

Généralités sur les modes d'évacuation des eaux usées traitées

Évacuer les eaux usées traitées est l'ultime fonction de l'assainissement. Cet acte d'évacuation constitue pour le milieu naturel un retour de la ressource hydrique, en fonction des exigences environnementales, à la fois indispensable et peu pris en compte sur le terrain malgré des exigences réglementaires fortes dans de nombreux territoires.

La tendance des acteurs de la chaîne de cet assainissement décentralisé est de trouver la solution la plus simple et la moins coûteuse. Le fossé est une solution qui répond très souvent à ces critères.

L'assainissement avance et les petites installations d'assainissement devenues grandes grâce à leurs performances doivent, elles aussi, se mettre en situation d'assumer la totalité des fonctions de l'assainissement, dont celle d'une évacuation des eaux usées traitées fiable, pérenne et responsable.

Plusieurs modes d'évacuation des eaux usées traitées peuvent être envisagés, parmi lesquels :

- les retours directs au milieu hydraulique superficiel ;
- les retours au milieu hydraulique souterrain ;
- l'évapotranspiration ;
- les utilisations nouvelles de ces eaux disponibles et régulières.

Ces quatre familles de solutions pour l'évacuation des eaux traitées doivent permettre de couvrir toutes les situations rencontrées sur le terrain.

L'évacuation au milieu hydraulique superficiel

Pour des unités de traitement des eaux usées depuis quelques centaines d'habitants jusqu'au maximum jamais réalisé, cette évacuation au milieu hydraulique superficiel, *via* des rivières, des fossés permanents voire des collecteurs, est la solution de base. Et c'est bien logique puisque la création de zones d'habitations est directement liée à la présence d'eau naturelle qui coule en abondance. Pour ces raisons, les grandes villes font bon ménage avec les grands fleuves et l'évacuation directe des eaux usées traitées en profite directement. L'eau disponible existe au sein de la majorité des villages qui possèdent leurs rus ou rivières. Les fermes isolées sans source d'eau sont l'exception sur le territoire national et sont souvent proches de fossés en général à écoulement non permanent.

Dans un tel contexte, rien d'étonnant à ce que cette solution vienne la première à l'idée pour assurer l'évacuation des eaux usées traitées de notre PIA. Le principe de précaution commande de choisir une évacuation superficielle vers un système à écoulement permanent pour minimiser les risques sanitaires qui sont liés à ces eaux usées traitées par une simple action de dilution. Cependant, lorsque ces eaux usées traitées sont laissées dans un fossé sec à proximité de l'habitation, elles ne sont pas désinfectées et le risque sanitaire est bien présent. En cas d'impossibilité d'une autre solution d'évacuation, on se rappellera qu'il est toujours possible de créer une barrière physique active entre l'eau usée traitée remise dans un fossé et les humains vivant à proximité, en créant un volume de matériaux de type graviers par exemple, assurant la diffusion liquide des eaux usées traitées sous quelque 5 ou 10 cm de profondeur, prévenant de la sorte les risques bactériologiques de contact vers l'humain (Figure 11).

L'infiltration vers les nappes phréatiques

L'infiltration est une opération essentiellement hydraulique qui permet de rendre à une nappe souterraine des eaux d'une qualité qu'elle est capable d'accueillir. Cependant, une eau usée traitée n'est pas une eau potable débarrassée de toutes les matières en suspension ou de toute charge organique ou

Figure 11. Pour supprimer le risque de contact avec les eaux usées traitées, l'aménagement du point de rejet avec un massif de gravier est toujours possible. Ici, la sortie des eaux usées traitées est noyée dans un carré de gravier juste en amont du fossé, le contact physique est impossible, le risque sanitaire est ainsi contrôlé.

d'autres polluants. Plus une eau contient des MeS (matières en suspension) et de la DBO_5, plus le milieu de diffusion hydraulique mettra en œuvre ses capacités de filtration. La conséquence immédiate est que la pérennité du milieu n'est garantie qu'en infiltration, car la filtration est un acte de traitement dont le résultat essentiel est de produire des boues se déposant dans le milieu, ce qui réduira la valeur du paramètre de perméabilité et donc la capacité hydraulique d'infiltration.

Pour le concepteur, une démarche salutaire sera de veiller, dans le cas d'une infiltration dans un terrain peu propice, à dimensionner la surface de terrain avec un coefficient de sécurité important pour assurer à la zone d'infiltration une longévité en ligne avec celle de l'équipement de traitement des eaux usées mis en œuvre.

L'évapotranspiration

L'évapotranspiration correspond à la quantité d'eau totale transférée du sol vers l'atmosphère par l'évaporation au niveau du sol et par l'élimination de la vapeur d'eau en excès des plantes, leur transpiration. Cependant, utiliser les plantes qui ont les pieds dans l'eau usée traitée pour évacuer par évapotranspiration est un concept original qui ne peut recevoir sous nos latitudes qu'une application très saisonnière. Toutefois, cette solution ne doit pas être totalement ignorée. En effet, certains sites présentent des difficultés techniques pour l'évacuation des eaux usées traitées, pour lesquels cette solution peut être examinée. Cette pratique rend obligatoire le à des bureaux d'études spécialisés pour pouvoir être envisagée.

Il paraît difficile de parler de moyenne pour une évapotranspiration entre différentes plantes, à différentes saisons ou à différents stades végétatifs. Certaines plantes peuvent avoir des coefficients culturels très faibles et, même pour des plantes émergentes des zones humides (roseaux, saules...), l'influence des saisons est particulièrement forte sous nos latitudes. En hiver, l'évapotranspiration peut être très faible. Les valeurs journalières et mensuelles doivent se limiter à la saison estivale.

La variation de l'évapotranspiration est d'autant plus forte que sa période de référence est courte ; une variation journalière est plus importante qu'une variation mensuelle, laquelle est aussi plus importante qu'une variation annuelle.

On considère que l'évapotranspiration pour des plantes très exigeantes en eau (donc à fort coefficient cultural) se situe en Europe dans une fourchette de 1 000 à 1 500 mm/an, avec en période estivale des valeurs moyennes mensuelles pour la France métropolitaine de 200 mm et, dans les cas les plus favorables, d'un maximum de 500 mm par mois. Les maxima journaliers sont estimés autour de 20 mm, avec des moyennes journalières se situant plutôt autour de 10 mm/j dans le Sud et de 5 mm/j dans le Nord de la France.

Utilisation des eaux traitées

Qui ne parle pas, en 2011, d'utiliser les eaux usées traitées ? Et pourtant, la France n'accepte pas cette solution de façon courante. Réutiliser les eaux usées n'est pas impossible, mais doit faire l'objet d'une autorisation spécifique délivrée après examen d'un projet par l'autorité locale compétente, en l'occurrence le maire de la collectivité.

Au plan technique, il semble aujourd'hui opportun d'associer utilisation des eaux traitées et désinfection pour limiter les risques sanitaires. Des technologies émergentes avec les membranes permettent de satisfaire des critères de présence de moins de 100 unités bactériennes par 100 mL. D'autres plus anciennes, comme le lagunage de finition, sont basées sur les temps de séjour de l'eau traitée d'au moins 20 jours en faible profondeur. Des solutions d'injection sous quelques dizaines de centimètres de graviers à un demi-mètre de haies arbustives autorisent une utilisation pour faire pousser des plantes sans réel risque sanitaire, mais une autorisation au coup par coup reste encore indispensable.

Quoi qu'il en soit, l'utilisation des eaux usées traitées est forcément une solution d'avenir appelée à devenir prioritaire en complément de l'infiltration aujourd'hui.

Les critères à prendre en compte pour l'infiltration

L'infiltration des eaux usées traitées, totale ou partielle, n'est pas possible dans tous les sols.

Dans les situations de sols où cette évacuation des eaux usées traitées par infiltration est possible, la qualité des eaux usées traitées est un facteur directement déterminant de l'efficacité et de la pérennité de l'infiltration. Ainsi, une eau usée traitée présentant des concentrations en MeS/DBO_5 exprimées en milligrammes par litre (mg/L) de 10/10 assurera au sol une pérennité d'infiltration supérieure à celle obtenue avec une eau usée traitée de qualité 30/35.

L'aptitude d'un sol à constituer un ouvrage d'infiltration satisfaisant dépend de plusieurs paramètres dont sa nature, sa texture, son coefficient de perméabilité, la topographie des lieux et le choix du meilleur site d'implantation.

L'étude de faisabilité de l'infiltration donne un ordre de grandeur des surfaces nécessaires pour infiltrer. Ainsi, il convient de vérifier dès l'origine de l'examen du projet que les terrains d'implantation des PIA aient des surfaces disponibles suffisantes.

Enfin, une petite installation d'assainissement va traiter des eaux usées tout au long de l'année et, à ce titre, il est essentiel de s'assurer que les paramètres examinés sur le sol sont sans variation saisonnière notable. Dans tous les cas, il est important de tenir compte de la situation saisonnière la plus défavorable pour l'infiltration lors du dimensionnement du système.

La proximité au niveau du sol de la nappe phréatique est un paramètre majeur de détermination de la pertinence ou pas d'une infiltration des eaux usées traitées. Sauf cas particulier faisant l'objet d'une étude spécifique et montrant que cette infiltration est le meilleur compromis, on bannira toute infiltration d'eaux traitées lorsque la nappe est à moins de 35 cm du niveau du terrain naturel. Ce paramètre important de profondeur de la nappe permet notamment de choisir et de positionner le type de dispositif à implanter en fonction de l'épaisseur de couche non saturée disponible pour assurer l'infiltration.

La qualité des eaux usées traitées

L'infiltration est un mode de rejet qui se définit comme une action restituant une eau usée traitée à un milieu en respectant des exigences réglementaires de protection de l'environnement.

L'eau infiltrée rejoint les nappes phréatiques qui peuvent être pompées pour une utilisation alimentaire. L'infiltration fait partie de la boucle d'utilisation et de restitution de la ressource en eau : c'est l'outil de base pour respecter l'équilibre du cycle de l'eau. Il est pour ces raisons indispensable de connaître la qualité de l'eau usée traitée qui sera infiltrée, et de choisir des process de traitement robustes et fiables permettant une forme de garantie sur la qualité de l'eau usée traitée à infiltrer.

La qualité de l'eau peut être évaluée par deux principaux paramètres qui sont la DBO_5 et la concentration en MeS.

La DBO_5 permet de quantifier la charge polluante organique de l'eau usée traitée à infiltrer. En cas de réhabilitation, un prélèvement de l'eau à infiltrer est nécessaire pour que puisse être réalisée l'analyse en laboratoire. En installation neuve, on se référera aux données du constructeur sur la qualité des eaux usées traitées en sortie de son dispositif.

La concentration en MeS permet de mesurer le taux de macropolluants ou autrement dit, la proportion contenue dans l'eau de résidus ou particules qui pourront venir colmater l'interface d'infiltration. Diverses méthodes de mesures existent, de la simple observation visuelle de turbidité à la mesure avec des appareillages plus ou moins complexes.

Tableau 2. Seuils de qualité des eaux usées traitées pour l'infiltration.

DBO_5 (mgO_2/L)	MeS (mgO_2/L)	Observations
> 35	> 30	Conditions ne permettant pas une infiltration
Comprise entre 35 et 10	Compris entre 30 et 10	Infiltration possible mais avec des risques de production de boues
< 10	< 10	Infiltration efficace et pérenne

Source : Assises ANC, Lons-le-Saunier, octobre 2008, Christian Vignoles.

Le Tableau 2 présente un exemple de seuils en matière de qualité des eaux usées traitées et les conséquences pour l'infiltration.

Une eau usée présentant des concentrations MeS/DBO_5 en mg/L de 45/45 et une eau à 10/10 ne s'infiltreront pas durablement avec la même vitesse et n'appliqueront pas les mêmes contraintes au sol. Le Tableau 3 présente le volume d'eau que l'on peut infiltrer par jour et par mètre carré sans risques pour le système d'infiltration, pour un sol de type sablo-limoneux en fonction de la qualité des eaux à infiltrer.

Tableau 3. Charge hydraulique acceptable en fonction de la qualité des eaux usées traitées pour un sol sablo-limoneux.

DBO_5/MeS (mg/L)	150/60	45/45	10/10
Charge hydraulique acceptable (L/m²/jour)	15	22	29

Source : Sewerage system, Standard practice manual, Ministry of health, GB, septembre 2007.

On remarque donc que plus l'effluent traité à infiltrer est de bonne qualité, plus la quantité d'eau acceptable à infiltrer est grande. La qualité de l'eau traitée est donc une contrainte qui détermine le dimensionnement et le potentiel de bon fonctionnement du système.

Le type de sol

La nature du sol est déterminée notamment par sa fraction en sable, limon, argile et graviers. Elle est le paramètre déterminant de l'aptitude d'un site à infiltrer ; sa connaissance peut permettre de conclure directement sur l'impossibilité d'infiltrer, auquel cas, les différents tests suivants sont inutiles. Par exemple, un sol argileux ne permet pas l'infiltration car il est imperméable. Au contraire, un sol trop grossier constitué de graviers ou de sable grossier n'est pas apte à l'implantation d'un système de filtration, car il est trop perméable pour assurer le moindre traitement par filtration, mais serait apte à assurer l'action hydraulique d'infiltration d'eau usée traitée de bonne qualité. Ces deux types de sols sont facilement reconnaissables à l'œil nu et quelques carottages (trois minimum) permettent de les identifier.

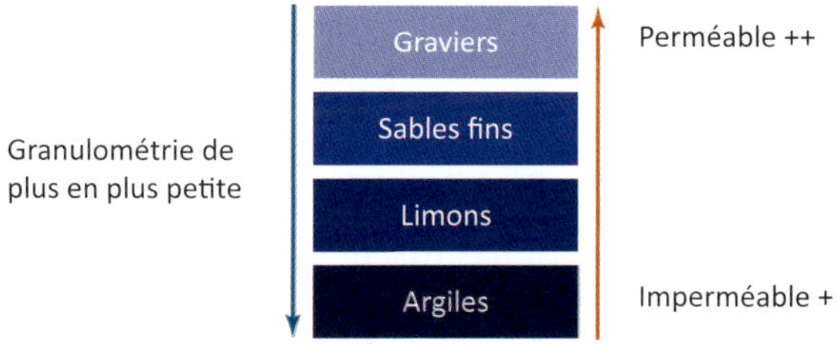

Figure 12. Représentation schématique de la relation entre granulométrie et perméabilité.

En revanche, des tests supplémentaires sont obligatoires pour les autres types de sol, pour vérifier leur réelle aptitude à l'infiltration.

Parfois, il existe plusieurs approches possibles de systèmes d'infiltration pour un même site ; il s'agit de choisir la meilleure solution en fonction de la facilité de mise en œuvre. Par exemple, un sol à dominante sableuse peut, entre autre, accueillir des tranchées ou des lits d'infiltration, mais on choisira d'implanter des lits car ils sont plus faciles à installer. En effet, dans ce type de sol, la réalisation de tranchées d'infiltration est difficile du fait du risque d'éboulement du terrain à dominante sableuse.

Coefficient de perméabilité ou vitesse d'infiltration K

Pour permettre l'infiltration dans le sol, il faut en maintenir la perméabilité. Tous les sols n'évacuent pas l'eau avec la même vitesse, la vitesse d'infiltration est directement liée à la nature du sol.

Il est important de réaliser des tests de perméabilité, à la bonne profondeur, par exemple de type test de Porchet, afin de calculer l'infiltrabilité potentielle. Cet indice, fort variable dans l'espace, est appelé « coefficient de perméabilité » K il indique la capacité d'infiltration, souvent exprimée en millimètres par heure (mm/h).

La connaissance de K couplée à la connaissance de la nature du sol permet de calculer la charge hydraulique maximale que l'on peut appliquer au système, en fonction de la surface disponible et du type de système implanté.

Bien que la méthode de Porchet soit donnée comme référence nationalement, elle n'est pas très pratique à mettre en œuvre et les 4 heures nécessaires à la saturation du sol sont souvent réduites par l'expérimentateur, ce qui remet en question les résultats obtenus.

Il existe d'autres méthodes plus simples et plus rapides que la méthode de Porchet et qui permettent des répétitions de

Tableau 4. Corrélation entre les coefficients de perméabilité et les types de sol.

Valeur de K (mm/h)	500 à 50	50 à 20	20 à 10	10 à 6
Valeur de K (m/s)	10^{-4} à 10^{-5}	10^{-5} à 5.10^{-6}	5.10^{-6} à 3.10^{-6}	3.10^{-6} à 2.10^{-6}
« Perméabilité »	Sol très perméable	Sol moyennement perméable	Perméabilité médiocre	Très peu perméable
Type de sol	Sol à dominante sablo-graveleuse	Sol sablo-limoneux	Sol à dominante limoneuse	Sol à dominante argileuse

Source : circulaire du 22 mai 1997 sur les arrêtés du 6 mai 1996 sur l'ANC en France.

mesures dans un temps acceptable en parallèle des autres investigations de site. Dans ce cadre, nous proposons de retenir la méthode dite de Guelph.

Le perméamètre de Guelph consiste à maintenir le niveau d'eau constant dans un trou cylindrique par un dispositif de Mariotte et de mesurer le volume consommé pour en déduire le coefficient de perméabilité. Le principal avantage de ce dispositif par rapport à la méthode de Porchet est qu'il mesure le coefficient de perméabilité dans un sol non saturé, ce qui permet d'économiser le temps de saturation du sol, paramètre qui peut fausser la mesure par Porchet. Ce test ne dure qu'une demi-heure ; il est facile à mettre en œuvre (3 L maximum d'eau et matériel léger) et permet d'obtenir des résultats fiables. Cette facilité de mise en œuvre favorise la répétition du test, réduisant l'erreur sur la mesure et facilitant une vérification rapide du résultat. Le perméamètre de Guelph trouve sa limite dans les sols concentrés en argile, mais c'est le cas de la plupart des tests de perméabilité dont le test de Porchet.

On considère que l'infiltration n'est pas envisageable pour des vitesses d'infiltration inférieures à 10^{-6} m/s. Dans ce cas-là, mieux vaut privilégier une évacuation des eaux traitées par une solution différente de l'infiltration.

Dès lors que l'on parle de perméabilité des sols, diverses unités sont employées. Le Tableau 5 propose les conversions pour passer d'une unité à une autre.

C'est en général la méthode du test de Porchet qui est la plus connue en France, à trois emplacements différents, de manière à calculer ensuite une moyenne de perméabilité, utilisée pour dimensionner la surface d'infiltration si celle-ci s'avère possible. Il convient d'être très prudent avec les résultats obtenus qui peuvent s'avérer très hétérogènes. La règle retenue pour le coefficient de perméabilité pris en compte est, dans le cas où trois mesures ont été faites, de réduire la moyenne des trois valeurs de 25 % et dans le cas où seules deux mesures ont été faites, de réduire la moyenne des deux valeurs de 50 %. Cette règle sur les moyennes est appliquée si les valeurs obtenues sont à peu près homogènes, c'est-à-dire avec des écarts de plus ou moins 20 %. Pour le cas où les valeurs obtenues sont très hétérogènes, il faut sans doute se poser d'autres questions, comme le choix de l'emplacement, ou la qualité de la mesure.

Tableau 5. Tableau de conversion pour les principales unités utilisées.

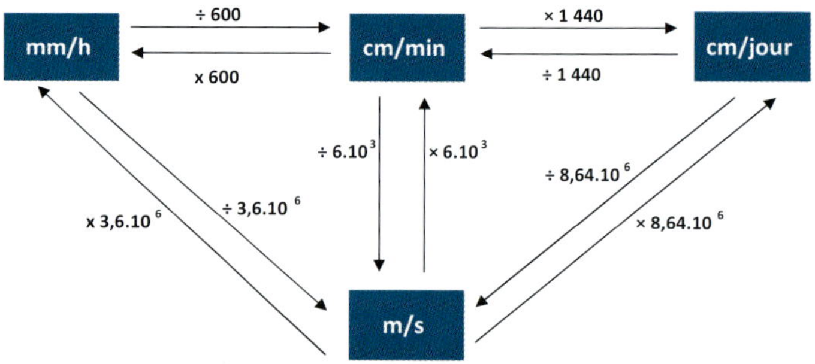

Il est très important que le test soit non seulement réalisé sur le lieu de la future infiltration, mais aussi à sa future profondeur. Ainsi, il faut vérifier la pertinence des valeurs dont on dispose en fonction du lieu de l'infiltration et de sa profondeur estimée. En cas de décalage entre le niveau réel du rejet et son estimation antérieure, une nouvelle mesure de la perméabilité doit être réalisée.

La topographie du site

La topographie du terrain a pour objet de connaître les formes et les détails visibles sur le terrain tels que les reliefs ou les bâtiments. Dans notre évaluation, nous devons plus particulièrement nous intéresser à la pente du terrain et aux différents ouvrages présents sur le site d'implantation.

La pente du terrain

Par définition, une pente exprime le taux d'inclinaison de la surface d'un terrain récepteur. Ce paramètre permet entre autres de faciliter le choix et l'implantation du dispositif d'infiltration.

La pente du terrain ne constitue pas directement un élément lié à la capacité d'infiltration, mais plutôt à la capacité d'évacuer les eaux par le sol sans provoquer de résurgence. Ce paramètre influence aussi la facilité de réalisation des travaux.

Un terrain ayant une pente supérieure à 10 % ne peut pas accueillir des tranchées ou des lits d'infiltration sans aménagements spéciaux.

Mesurer la pente d'un terrain consiste à calculer la différence de hauteur qu'il y a entre deux points du terrain. Cette opération peut être effectuée par mesure d'altimétrie ou simplement à l'aide d'une règle graduée (Figure 13).

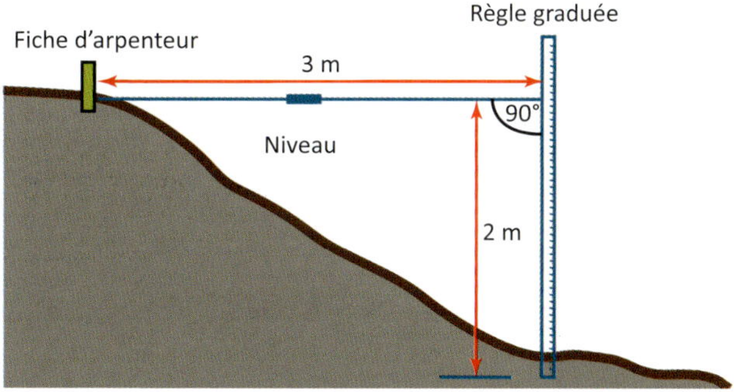

Figure 13. **La mesure d'une pente, inspiré d'un schéma du *Guide technique – Traitement des eaux usées des résidences isolées*, Québec, janvier 2007.**

On obtient ensuite la pente grâce à la formule ci-dessous :

$$\text{Pente (\%)} = \frac{\text{Distance}}{\text{Différence d'élévation}} \times 100$$

Les ouvrages et la végétation présents sur le site

La présence d'ouvrages sur le terrain est une contrainte pour la mise en œuvre et le choix du dispositif car elle délimite des surfaces disponibles pour son implantation. Il est recommandé de dessiner un schéma représentant la situation du site avec les différentes distances caractéristiques.

La localisation des systèmes d'infiltration doit respecter une distance minimale par rapport à d'autres infrastructures ou éléments naturels existants afin de garantir une sécurité vis-à-vis de l'ouvrage ou de l'environnement.

On rappelle que l'infiltration est interdite dans un périmètre de protection rapprochée ou immédiat d'un captage d'eau potable. Le Tableau 6 représente les distances de sécurité courantes à prendre envers les ouvrages existants.

Il est important de prendre en compte les contraintes associées aux types et à la distribution de la végétation présente sur le site. Les racines de certaines plantes ou arbres peuvent être fatales pour le système d'infiltration. De plus, la disposition des végétaux sur le terrain peut limiter la surface disponible pour l'implantation.

Le système d'infiltration ne peut pas être implanté dans les zones de circulation et de stationnement des véhicules ou dans les zones de stockage.

Après avoir déterminé ces différents paramètres, on peut calculer la surface disponible pour l'implantation du système.

Tableau 6. Principales distances de sécurité à respecter vis-à-vis de l'ouvrage d'infiltration.

Points de référence	Distance de sécurité minimale au point de référence (m)
Point de captage à alimentation humaine	35
Lac, cours d'eau ou marais	15
Conduite d'eau de consommation	3
Limite de propriété	3
Résidence	5
Arbres ou végétaux développant des racines	3*

** Cependant dans certains cas, l'infiltration le long des haies et des arbres est possible, voire souhaitable.*
Source : arrêté français ANC du 6 mai 1996.

La charge hydraulique

La charge hydraulique est la quantité d'eau que l'on applique au système dans un intervalle de temps donné. Dans notre contexte, elle provient de deux sources : les eaux usées traitées et l'eau de pluie qui tombe sur le terrain. Ce paramètre est pris en compte pour dimensionner le système à installer, une fois l'aptitude du site déterminée. La charge hydraulique à infiltrer dépend du nombre d'habitants, de la fréquence d'occupation et du nombre de chambres, mais aussi de la surface du système que l'on implante. Il est évident que pour une perméabilité donnée, la surface nécessaire pour évacuer 3 000 L/j est plus grande que pour évacuer 1 000 L/j.

La charge hydraulique doit intervenir dans l'évaluation du site, car elle permet de calculer la surface minimale nécessaire à l'implantation.

En France, on estime par convention qu'une personne produit une charge hydraulique de 150 L/j. Toutefois, ce dimensionnement hydraulique doit être considéré comme une hypothèse haute puisque les valeurs courantes de consommation d'eau par personne sont plutôt comprises entre 70 et 130 L/j en 2011.

Les eaux pluviales ne sont jamais prises en compte dans les calculs de dimensionnement des systèmes d'infiltration. Pourtant, elles constituent une charge hydraulique à évacuer au même titre que les eaux usées traitées. Dans certaines régions, ce paramètre peut modifier notablement le dimensionnement du système qui doit être revu pour éviter notamment tout risque ponctuel de ruissellement.

Pour estimer la charge hydraulique supplémentaire apportée par l'eau de pluie, il faut se renseigner sur le site de Météo France quant à la pluviométrie sur la région d'implantation. Pour information, il tombe entre 700 et 1 000 mm de pluie par an en France. En général, on arrive aisément à obtenir la pluviométrie mensuelle, et le système doit être dimensionné en prenant en compte le mois où il pleut le plus.

La profondeur de la nappe

La mesure du niveau des eaux souterraines est un paramètre indispensable dans l'évaluation du site destiné à infiltrer. Elle permet d'évaluer l'épaisseur de sol utile servant de milieu intermédiaire pour conduire l'eau jusqu'à la nappe.

Une épaisseur de sol non saturé de 0,35 m à 1 m, suivant la nature du sol, doit être conservée entre la base du système d'infiltration et la hauteur maximale de la nappe souterraine, car l'infiltration régulière d'eau dans le sol peut modifier localement et durablement le niveau de la nappe, induisant une remontée qui pourra altérer le système d'infiltration. Les facteurs pouvant modifier sensiblement le niveau de la nappe sont la configuration du système d'infiltration, la nature du sol et les caractéristiques de la nappe. Il est donc important d'évaluer le niveau et l'impact de la remontée de la nappe avant d'implanter le système d'infiltration et d'assurer son suivi dans les cas critiques.

Les différentes techniques pour évaluer la profondeur de la nappe

La première approche consiste à observer les traces d'hydromorphie si une coupe de sol est accessible à l'endroit de l'implantation du système. La connaissance des remontées du niveau d'eau dans un puits de la parcelle, par exemple, pourra aussi être une information intéressante. Ces observations simples permettront d'écarter directement pour certains sites la possibilité d'implanter un système d'infiltration.

Généralement, la remontée de la nappe est très faible dans le cas d'une maison d'habitation (5 EH), car la charge hydraulique appliquée au système est faible. Dans le cas de systèmes d'infiltration plus importants et plus compacts, il est nécessaire de prendre en compte cette remontée.

Lorsque le matériel est disponible et que le site s'y prête, on peut effectuer un sondage de 2 m ou plus, à l'aide d'une pelle mécanique, pour savoir à quel niveau la nappe est présente au lieu d'implantation. Ce sondage permet aussi d'avoir une idée du type de sol en place, d'estimer le temps de réalisation du chantier et de préparer le matériel nécessaire aux travaux.

Présentation des différents dispositifs d'infiltration

Quel que soit le dispositif d'infiltration, le principe de base et les mécanismes sont les mêmes. Ce qui diffère entre les différents dispositifs est la manière avec laquelle les eaux usées traitées seront distribuées, la fonction de distribution devant permettre d'assurer une répartition homogène des eaux à infiltrer à la surface de l'aire d'infiltration. Une mauvaise distribution aurait pour conséquence notamment de colmater une partie de cette aire. Le choix du dispositif de distribution est donc essentiel au bon fonctionnement d'un système d'infiltration ; c'est lui qui va entre autre influencer la durée de vie du système. Dans la conception, le choix de la géométrie du système est également important ; ce choix dépend principalement de la surface disponible et de la nature du sol.

Les modes de distribution les plus connus se répartissent en deux grandes familles :

- le système à distribution gravitaire (contrôlée ou pas) ;
- le système de distribution à pression faible.

Les systèmes d'infiltration peuvent être conçus selon plusieurs géométries qui sont :

- les tranchées ;
- les lits ;
- les voûtes ou chambres ;
- les tertres ;
- les puits.

Les différents systèmes de distribution

Les systèmes de distribution gravitaire

Les systèmes de distribution gravitaire sont les modes les plus utilisés pour l'infiltration car ils sont moins coûteux et plus faciles à installer. Ces systèmes répartissent l'eau sur la surface d'infiltration selon la quantité d'eau produite. Bien que très utilisés, ces systèmes présentent des inconvénients tels que la répartition inégale de l'effluent et la lenteur de la distribution. Ces systèmes sont utilisables pour les habitations individuelles mais trouvent leurs limites dès que l'on veut créer un système pour infiltrer les eaux traitées d'un ensemble de logements. En effet, plus il y a de personnes raccordées au système et plus la charge hydraulique est importante, induisant une surface d'infiltration plus grande et des risques de surcharges locales. Ce phénomène peut diminuer l'efficacité du système surtout dans les sols granulaires fins où le risque de colmatage est plus grand. Il existe deux sortes de systèmes de distribution gravitaire qui diffèrent par la fréquence d'alimentation. D'une part, les systèmes à alimentation continue qui restituent le même débit que l'alimentation. D'autre part, les systèmes à alimentation par chasse qui restituent des volumes instantanés plus grands par séquences.

À alimentation au fil de l'eau

Les systèmes de distribution gravitaire à alimentation au fil de l'eau sont implantés dans des endroits où la pente entre la filière de traitement et le système d'infiltration est suffisante pour permettre l'écoulement des eaux usées traitées à travers le système d'infiltration par gravité. Par définition, le système par alimentation gravitaire au fil de l'eau distribue l'eau sur la surface d'infiltration par des conduites selon le rythme d'arrivée de l'eau.

Ce système est composé d'une conduite d'amenée, d'une boîte de répartition ou d'un tuyau de répartition et de tuyaux de distribution. Les tuyaux d'amenée d'eau et de répartition doivent être pleins et de diamètre 100 mm. Une pente de 2 % minimum est nécessaire pour installer le tuyau d'amenée d'eau. Les tuyaux de distribution sont des tuyaux de diamètre 100 mm avec des orifices de 5 mm de large minimum.

La répartition des eaux usées traitées doit se faire de la manière la plus égale possible entre les différents tuyaux de distribution. Il faut éviter les divisions successives qui augmentent le risque de mauvaise répartition.

Ce système n'assure pas une répartition équilibrée, il est évident que le début du système est la partie la plus sollicitée. Son efficacité est limitée surtout lorsque le débit est important et continu, période où le risque de colmatage du système est fort. On lui préférera donc des systèmes où l'alimentation est faite par intermittence dans ces cas-là.

À alimentation par chasse d'eau

Ces systèmes fonctionnent sur le même principe que les systèmes à alimentation au fil de l'eau, mais la distribution est réalisée par intervalle de temps défini à l'aide d'une pompe, d'un siphon ou d'autres ouvrages permettant de stocker puis de distribuer l'eau. Les systèmes à chasse d'eau favorisent une répartition plus homogène dans le temps de la quantité d'eau à infiltrer ; il est conseillé dès lors que la pointe hydraulique est forte. Un des inconvénients des systèmes à chasse d'eau est la non-pérennité du réglage de la chasse d'eau qui conduit à des déficiences dans la distribution des eaux à infiltrer.

Ces systèmes comprennent un tuyau d'amenée d'eau, un poste de stockage et de répartition (pompes, siphons, augets ou autres...) ainsi que des tuyaux de distribution.

Les critères de dimensionnement sont les mêmes que pour l'alimentation au fil de l'eau.

Les systèmes de distribution ne nécessitant pas d'apport d'énergie sont à privilégier. Cependant, les postes de pompage (souvent appelés postes de dosage) présentent des bons résultats surtout lorsqu'ils sont utilisés avec des eaux usées traitées. De plus, les postes de pompage permettent de piloter les apports du système selon des modes définis et éventuellement rectifiables.

Les systèmes de distribution sous faible pression

Les systèmes de distribution sous faible pression, alimentés par des pompes, permettent une répartition homogène de l'eau de la surface d'infiltration à travers les orifices calibrés présents sur les canalisations et autres accessoires de distribution.

Les différents systèmes d'infiltration

Les tranchées d'infiltration

Description

Ce système est constitué de canalisations de dispersion placées à faible profondeur dans des tranchées gravillonnées qui permettent l'infiltration lente des effluents traités sur une importante surface. Il est réalisé au moyen de tranchées parallèles au nombre de 5 maximum (source XP DTU 64.1 P1-1). Les eaux usées traitées sont acheminées par le tuyau d'amenée d'eau depuis le système de traitement jusqu'au système d'infiltration. La boîte de répartition distribue l'eau dans les drains posés dans les différentes tranchées pour permettre leur infiltration.

Dimensionnement

Le dimensionnement proposé est issu de plusieurs documents :

- *Sewerage System Standard Practice Manual* (septembre 2007), Grande-Bretagne ;
- projet d'arrêté du gouvernement Wallon fixant les conditions intégrales relatives aux unités d'épuration individuelle et aux installations d'épuration individuelle (fin 2008), Wallonie ;
- guide technique *Traitement des eaux usées des résidences isolées* (janvier 2007), Québec ;
- guide pour l'étude des technologies conventionnelles de traitement des eaux usées d'origine domestique (février 2001), Québec ;
- convention d'étude de méthodes et d'outils d'aide à la décision pour la planification et la mise en œuvre de systèmes d'épuration individuelle ou groupée (février 2004), Wallonie.

À partir des différentes données des auteurs spécialisés et expérimentateurs extraites de ces textes, nous concluons que :

- les dimensionnements sont du même ordre de grandeur lorsque nous prenons en compte les mêmes paramètres. Par exemple, pour un sol sablo-limoneux, nous obtenons une longueur de tranchées minimale de 39 m pour le document 1, 42 m et 43 m pour les deux autres documents, en prenant comme hypothèse que 5 EH équivalent à une charge hydraulique de 150 L/j ;
- les charges hydrauliques maximales applicables sur un système d'infiltration sont du même ordre de grandeur pour les documents analysés.

Tableau 7. Charges hydrauliques maximales applicables au système d'infiltration pour des effluents provenant d'un système de traitement secondaire.

Type de sol	Doc. 1. Charge hydraulique maximale GB ($L/m^2/j$)	Doc. 4. Charge hydraulique maximale Québec ($L/m^2/j$)	Doc. 5. Charge hydraulique maximale Wallonie ($L/m^2/j$)
Sableux	49	40	50
Sablo-limoneux	34	24	32
Limoneux	24	16	19
Limon-argileux	15	Infiltration déconseillée	8,5

Les tranchées

Les tranchées sont réalisables dans les sols très perméables, perméables ou peu perméables, c'est-à-dire avec un coefficient de perméabilité compris entre 4.10^{-3} m/s et 10^{-6} m/s. Dans le cas d'un sol limoneux (10^{-6} m/s < K < 6.10^{-6} m/s), peu perméable, le niveau de la nappe souterraine ou de toute couche imperméable doit être supérieur à 90 cm par rapport au sol, et l'implantation de tranchées dans ce type de sol est déconseillée même si elle est réalisable. Le système doit être implanté de sorte qu'il y ait une distance minimale de 0,60 m qui sépare la nappe et le lieu d'évacuation des eaux usées traitées.

Le dimensionnement des tranchées est donné dans le Tableau 8.

Tableau 8. Dimensionnement des tranchées à retenir pour 5 EH.

Type de sol	K (m/s)	Longueur de tranchées nécessaires	Longueur de tranchées supplémentaires par EH
Sableux	$2.10^{-5} < K < 4.10^{-3}$	28	5
Sablo-limoneux	$6.10^{-6} < K < 2.10^{-5}$	42	8
Limoneux	$10^{-6} < K < 6.10^{-6}$	70	13

En France, les critères de mise en œuvre retenus les plus courants sont :

- un écartement des tuyaux de distribution de 1,50 m minimum ;
- une longueur de distribution de 30 m maximum ;
- une largeur de tranchées comprise entre 0,50 m et 0,70 m ;
- la profondeur du lit ou des tranchées supérieure à 0,60 m et inférieure à 1 m ;
- 5 tuyaux de distributions en parallèles au maximum.

En général, les paramètres pris en compte sont la qualité de l'effluent, la charge hydraulique qui sera appliquée sur le système, la nature du sol et la profondeur de nappe.

Certains guides utilisent l'équivalent-habitant (EH) et d'autres le nombre de chambres à coucher ou le nombre d'habitants, ce qui fausse les données car il est difficile de donner une relation entre ces différentes unités (on notera toutefois que nombre d'EH et nombre d'habitants représentent la même chose dès lors que l'on parle d'eaux usées domestiques).

La définition des types de sol n'est pas la même pour tous les documents, il faut se référer à la valeur du coefficient de perméabilité.

Mise en œuvre

La mise en œuvre doit suivre les recommandations suivantes :

Matériel nécessaire

- Un regard de répartition.
- Des tuyaux de répartition pleins en PVC de diamètre 100 mm.
- Un tuyau PVC 100 mm pour l'amenée d'eau.
- Des tuyaux de distribution PVC 100 mm avec des fentes de 5 mm de large minimum.
- Du gravier de granulométrie 10 à 40 mm.
- Des tuyaux de bouclage.

Raccordement entre le tuyau d'amenée d'eau et le regard de répartition

Repérer le tuyau d'amenée d'eau et vérifier qu'une pente minimale de 2 % a été respectée lors de son installation.

Exécution de la fouille pour le regard de répartition et les tuyaux de répartition (non perforés)

La profondeur de la fouille doit tenir compte du climat, du profil de sol, de la hauteur d'arrivée des eaux traitées, de la profondeur minimale des tranchées qui est de 0,60 m, et de la profondeur minimale pour poser les tuyaux de répartition. Le fond de la fouille doit permettre de poser un lit de pose en graviers de 0,30 m d'épaisseur. Le fond de la fouille doit être horizontal et débarrassé de tout élément caillouteux.

Pour tous travaux en tranchées étroites (profondeur supérieure à 1,30 m et largeur inférieure aux deux tiers de la profondeur), mettre en place un blindage.

Réalisation des tranchées

Les tranchées doivent être perpendiculaires à la pente et parallèles les unes par rapport aux autres. Elles doivent satisfaire les critères de dimensionnement expliqués dans le paragraphe précédent. Leur écartement d'axe en axe ne doit pas être inférieur à 1,5 m.

Pose du regard de répartition en tête des tranchées et des tuyaux de répartition

Le lit de pose du regard de répartition en tête d'épandage doit permettre d'assurer une jonction horizontale avec les tuyaux pleins de répartition. Après vérification de la profondeur, un lit de pose horizontal en graviers de granulométrie 10/40 mm de diamètre est réalisé sur une épaisseur de 0,30 m. Après avoir vérifié l'horizontalité du lit, on pose le regard de répartition que l'on raccorde au tuyau d'amenée en faisant attention au sens. On pose ensuite les tuyaux de répartition et on les raccorde au regard.

Pose des tuyaux de distribution (perforés)

Un lit en gravier (de granulométrie 10 à 40 mm) est posé au fond des tranchées afin d'accueillir les tuyaux d'épandage. Chaque tuyau de répartition (tuyaux pleins) est raccordé à un seul tuyau de distribution (tuyaux perforés). Les tuyaux de distribution doivent être disposés sur le gravier avec les fentes vers le bas. On remblaie les tuyaux avec une couche de gravier d'une épaisseur de 0,10 m.

Pose du géotextile

Les tuyaux d'épandage et le gravier sont recouverts d'une couche anticontaminante (ouverture de filtration < 125 µm et résistance mécanique > 12 kN/m). Ce matériau anticontaminant doit empêcher les particules fines du sol de pénétrer dans la pierre, il doit être perméable à l'eau et à l'air. La couche anti-contaminante doit dépasser de chaque côté des parois de la fouille de 0,10 m. Plusieurs feuilles pourront être utilisées bout à bout, en prévoyant un recouvrement d'au moins 0,20 m. Il s'agit en général d'un géotextile non tissé.

Pose des tuyaux de bouclage

Le bouclage des tranchées est réalisé à l'aide de tuyaux pleins raccordés aux tuyaux d'épandage par des regards de bouclage ou des tés posés directement sur le lit de gravier. La jonction doit être horizontale et stable.

Remblaiement du système

Pour le remblaiement, on utilise la terre végétale, débarrassée de tout élément caillouteux de gros diamètre. On l'étale par couches successives directement sur le géotextile. Le remblayage doit tenir compte des tassements du sol afin d'éviter tout affaissement ultérieur au niveau des tranchées, sans compactage du sol. L'épaisseur de cette couche doit être d'au moins 0,20 m.

Les chambres d'infiltration

Description

Les voûtes (ou chambres ou dômes sans fond) sont des équipements de protection de la zone d'infiltration souterraine, peu connus en France. Ces systèmes sont conçus pour recevoir, stocker temporairement et infiltrer lentement les eaux usées traitées. Ils ont une capacité de stockage des eaux usées traitées qui leur permet d'infiltrer une plus grande quantité d'eau que les systèmes classiques. Plus faciles à mettre en œuvre que les graviers et autres pierres, ils contribuent à l'amélioration de la performance d'infiltration (surface utile améliorée). Ils sont particulièrement adaptés aux sites où la perméabilité est peu propice à l'infiltration ou lorsque la surface disponible est faible, en présence de végétation, pour des accès difficiles. Les voûtes peuvent être alimentées de façon gravitaire ou par un système de distribution sous pression.

Dimensionnement

Le dimensionnement de la surface d'infiltration se fait en utilisant la même approche que celle retenue pour les systèmes d'infiltration conventionnels. Il doit être tenu compte du sol, de la qualité et de la quantité des eaux usées traitées à infiltrer.

Mise en œuvre

Les consignes de mise en œuvre sont données dans les guides des fabricants. Le sol qui accueille ces voûtes doit être scarifié.

Figure 14. Les voûtes d'infiltration.

Les lits d'infiltration

Description

Ce système est constitué de canalisations de distribution placées à faible profondeur, dans une fouille unique à fond horizontal, sur un lit de graviers qui permet l'infiltration lente des eaux usées traitées.

Dimensionnement

Le dimensionnement proposé est issu de plusieurs documents :

- *Sewerage System Standard Practice Manual* (septembre 2007), Grande-Bretagne ;
- projet d'arrêté du gouvernement Wallon fixant les conditions intégrales relatives aux unités d'épuration individuelle et aux installations d'épuration individuelle (fin 2008), Wallonie ;
- guide technique *Traitement des eaux usées des résidences isolées* (janvier 2007), Québec ;
- guide pour l'étude des technologies conventionnelles de traitement des eaux usées d'origine domestique (février 2001), Québec ;
- convention d'étude de méthodes et d'outils d'aide à la décision pour la planification et la mise en œuvre de systèmes d'épuration individuelle ou groupée (février 2004), Wallonie.

On remarquera à la lecture de ces textes que pour les mêmes types de sol, sol perméable et sol très perméable, les documents 1 et 3 donnent les mêmes ordres de grandeur pour la surface du lit, c'est-à-dire 27 m^2 en moyenne pour une charge hydraulique de 800 L/j. En revanche, le dimensionnement proposé par le document 2 est plus contraignant que les deux autres documents, pour un sol sableux, les Wallons proposent un lit de 35 m^2 alors que les Britanniques dimensionnent le lit à 22 m^2.

Cependant, nous choisirons le dimensionnement le plus contraignant, à savoir celui des Wallons, car le risque de remontée de nappe est plus élevé dans le cas de l'implantation de lit que pour des tranchées.

Les lits d'infiltration

Les lits sont réalisables dans des sols très perméables, perméables ou peu perméables, c'est-à-dire avec un coefficient de perméabilité compris entre 4.10^{-3} m/s et 10^{-6} m/s. Lorsque la profondeur de nappe est faible, c'est-à-dire inférieure à 0,90 m, nous privilégierons les tranchées aux lits. Le dimensionnement des lits est donné dans le Tableau 9.

Tableau 9. Dimensionnement des lits d'infiltration.

Type de sol	Surface minimale du lit (m^2)	Surface supplémentaire par EH (m^2)
Sableux	35	6,5
Sablo-limoneux	55	11
Limoneux	75	16,6

Les lits doivent être installés dans des sites où la pente n'excède pas 10 %. En France, les critères retenus les plus courants sont :

- une profondeur de lit de 0,60 m à 0,80 m suivant le niveau d'arrivée des eaux usées traitées ;
- une épaisseur de graviers sous l'épandage de 0,30 m ;
- un écartement de 1 m à 1,50 m d'axe en axe des tuyaux ;
- une distance de la paroi au tuyau d'épandage de 0,50 m ;
- une largeur maximale de 8 m et une longueur maximale de 30 m.

Note : le calcul des surfaces de lits ou longueurs de tranchées d'épandage, selon les modèles décrits ci-dessus, donne des résultats comparables à ceux issus de la norme expérimentale XP DTU 64-1. Il est important de signaler que les surfaces obtenues avec le DTU correspondent à de la filtration d'eaux prétraitées et non de l'infiltration d'eaux traitées. Ainsi, dans l'attente de travaux engagés par Veolia Eau pour améliorer les connaissances et affiner les dimensionnements dans ce domaine, nous retiendrons que la surface obtenue selon le « modèle » DTU peut être divisée par 5 pour infiltrer des eaux traitées de bonne qualité.

Mise en œuvre

Le matériel nécessaire est le même que pour la mise en œuvre des tranchées d'infiltration. La seule différence dans l'installation avec les tranchées d'infiltration est la réalisation d'une fouille unique à la place des tranchées.

Une fouille unique est réalisée en tenant compte de la hauteur d'arrivée des eaux traitées, de la profondeur de lit maximale qui est de 0,80 m, et de la profondeur minimale de pose des tuyaux de distribution de 0,60 m. Une fois la fouille réalisée, un lit de pose en graviers de granulométrie 10/40 mm est posé sur l'ensemble de la fouille. Son horizontalité est vérifiée avant d'y installer le regard de répartition, les tuyaux de répartition, les tuyaux de distribution et les tuyaux de bouclage et de raccorder les éléments entre eux.

On procède ensuite au remblaiement par du gravier puis on pose la couche anticontaminante et on remblaie avec de la terre végétale.

Les tertres

Le tertre hors sol au sens du « filtre à sable hors sol » est un système qui est installé lorsque la perméabilité est trop faible pour accueillir un autre système ou lorsque l'épaisseur de sol non saturé n'est pas assez grande pour assurer le transfert de l'eau. Ces systèmes sont déconseillés car ils ne sont installés que dans des conditions limites où la garantie d'absence de risques est impossible et on lui préférera d'autres modes de rejet. Dans le cas où d'autres rejets ne sont pas envisageables, il est conseillé de demander l'avis d'un expert.

Cependant, tous les types de tertre ne sont pas à exclure du choix ; dans des conditions particulières, nous pouvons envisager les « tertres d'infiltration ». La différence avec les tertres hors sol « ordinaires » est qu'ils n'utilisent pas de sable et que le rejet des eaux usées traitées se fait au niveau du sol ou à très faible profondeur. Ces tertres peuvent être hors sol (distribution de l'eau au niveau du sol) ou semi-enterrés (distribution de l'eau à très faible profondeur). Ils sont notamment utilisés dans les cas où l'épaisseur de sol perméable n'est pas assez grande pour accomplir l'infiltration mais l'est assez pour ne pas devoir implanter le tertre ordinaire. Pour permettre une infiltration par le sol en place, il faut laisser un minimum de 35 cm, pour un sol perméable voire peu perméable, entre la surface du sol et la couche imperméable ou la nappe à son plus haut niveau. Ces tertres ne peuvent pas être implantés dans des sites où la pente excède 25 %. Pour ce type d'infiltration, il est conseillé d'utiliser un dispositif de distribution sous faible pression. Pour faciliter l'infiltration, on peut implanter le tertre le long de haies qui vont évacuer une partie de l'eau par évapotranspiration.

Mise en œuvre

La mise en œuvre consiste à scarifier le sol en place sur les dimensions permettant une infiltration pérenne. Un lit de gravier est posé sur une hauteur minimale de 15 cm. Après avoir vérifié son horizontalité, on y pose les tuyaux d'épandages que l'on raccorde au tuyau d'amenée des eaux usées traitées, on remblaie avec du gravier sur une hauteur minimale de 5 cm. Une fois l'horizontalité du système vérifié, on recouvre avec un géotextile du même type que pour les tranchées et on remblaie avec de la terre végétale sur 15 à 35 cm.

Remarque : on peut réaliser un tertre qui ne dépasse pas du sol en creusant une fouille de faible profondeur pour installer le système, si on s'est assuré que l'épaisseur de sol utile pour l'infiltration est suffisante.

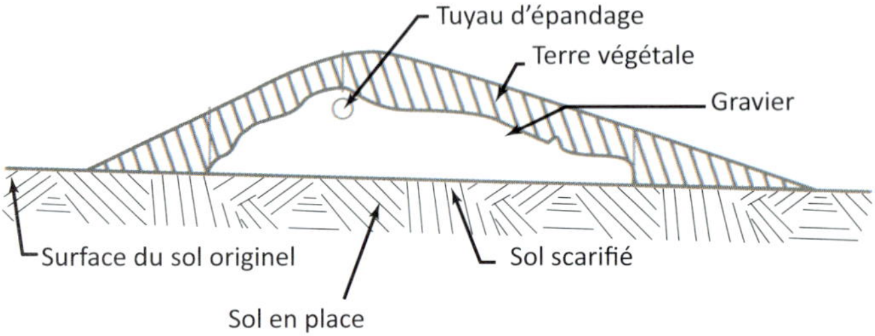

Figure 15. Un exemple de tertre d'infiltration, vue en coupe.
Source : Sewerage System - Standard Practice Manual Version 2, septembre 2007.

Les puits d'infiltration

Le puits d'infiltration est un système à mettre en œuvre dans des conditions très particulières et demande une dérogation pour son installation. Veolia Eau recommande une utilisation parcimonieuse et prudente de cette technique qui constitue cependant parfois « la solution ultime » pour permettre à une habitation en place de bénéficier d'un assainissement. En effet, ce système peut être installé notamment pour évacuer les eaux usées traitées dans les couches profondes perméables lorsque les couches sus-jacentes sont imperméables.

Toutefois, les risques possibles liés à ce système sont nombreux et doivent être pris en compte lors de la réalisation de ce système :

- risque de pollution du sol et de la nappe ;
- rejet non maîtrisé ;
- nécessité d'entretien spécifique régulier ;
- capacité de stockage limitée, dépendante de la hauteur et de la fluctuation de la nappe phréatique.

4

Les mécanismes de l'assainissement

À quoi sert l'assainissement

Il ne faut pas confondre le traitement des eaux, qui a pour fonction de puiser dans les ressources en eau et de la rendre potable, et l'assainissement des eaux usées qui sont rejetées par le consommateur après utilisation. L'assainissement des eaux usées a pour objectif de collecter puis d'épurer les eaux usées afin de les débarrasser de la pollution dont elles sont chargées avant de les rejeter dans le milieu naturel.

L'assainissement vise donc à assurer l'évacuation et le traitement des eaux usées et des excrétas, de façon à minimiser les risques qu'ils présentent pour la santé humaine et pour l'environnement.

C'est l'évacuation qui a d'abord été utilisée pour assainir les villes. L'objectif était de rejeter les eaux usées dans la nature, loin des lieux de vie, pour éviter les contaminations fécales des populations. Le plus ancien égout est le fameux Cloaca Maxima qui, à Rome, déversait les eaux usées de la ville dans le Tibre. À Paris, c'est à la fin du XIXe siècle que les eaux usées ont été collectées et rejetées dans la Seine, en aval du centre-ville.

Il y a à peine trente ans, la plupart des eaux usées, qu'elles soient domestiques ou non domestiques, étaient encore pour bon nombre d'entre elles rejetées telles quelles dans les cours d'eau, comptant sur la nature et notamment sur le fameux pouvoir auto-épurateur des rivières.

En 1960, seulement 12 % des Français étaient assainis, c'est-à-dire reliés à ce que l'on nommait alors le « tout-à-l'égout ». Mais à cette période, on constatait déjà une forte détérioration de la qualité des eaux superficielles.

La première loi sur l'eau, parue en 1964, a permis aux grands programmes d'équipements de se multiplier, et l'institution des six agences de l'eau (agences financières de bassin à l'époque de leur création) a amplifié les actions en faveur de la préservation des ressources.

L'assainissement, un impératif pour sauvegarder les milieux naturels

Le développement des activités humaines s'accompagne inévitablement d'une augmentation de rejets polluants d'une grande variété, tant en qualité qu'en quantité. La mise en place des réseaux d'assainissement communaux, le développement de grands sites industriels, ont fortement concentré les rejets polluants aux points de déversement dans les rivières. De rejets diffus et dilués, nous sommes passés à des rejets concentrés particulièrement dommageables pour les écosystèmes aquatiques qui les reçoivent.

On parle de pollution, il est important d'en donner une définition. La pollution correspond à la diffusion dans l'environnement, généralement comme sous-produit involontaire d'une activité humaine, de polluants. Sont considérés comme polluants des produits directement toxiques pour l'homme et les organismes vivants, où venant perturber l'équilibre biologique d'un milieu naturel.

Pollution, un exemple concret

Nitrates et phosphates sont des éléments nutritifs minéraux naturels et essentiels au développement des végétaux. Leur excès dans les rivières conduit à l'eutrophisation du milieu aquatique (un milieu eutrophe est un milieu trop riche). L'eutrophisation se traduit par une croissance anarchique de micro-algues (phytoplancton), début d'une chaîne de processus qui vont avoir des conséquences très néfastes pour l'édifice biologique.

La notion de pollution est liée à la nature du rejet, bien sûr, mais d'abord à la quantité qui est rejetée. Les matières ne sont polluantes que si elles s'accumulent, c'est-à-dire si elles ne sont pas puisées et transformées dans des proportions équivalentes à leur quantité rejetée, pour la survie ou le développement d'organismes vivants.

C'est le dépassement des capacités auto-épuratoires des rivières qui conduit à l'accumulation (l'excès) de matières, qui sont alors considérées comme polluantes.

Où et comment sont traitées les eaux usées ?

Les eaux usées domestiques collectées sont en grande partie assainies dans les stations d'épuration dites collectives.

En 2004, la France comptait environ 17 300 stations d'épuration pour une capacité totale de plus de 89 millions équivalent-habitant (EH). L'une des particularités françaises est le grand nombre d'installations de petite taille : 50 % des stations ont une capacité théorique inférieure à 500 EH. Seules 2 % des stations ont une capacité de plus de 50 000 EH, mais elles concentrent à elles seules 57 % de la capacité totale de traitement.

Le parc des stations d'épuration françaises est assez ancien. La majorité des installations a été construite après les années 1970, et plus de 45 % après 1995 comme le montre la Figure 16. Le territoire national est maintenant équipé pour les stations de plus de 2 000 EH, conformément à la directive européenne de 1991, et on constate un ralentissement des mises en service de nouvelles stations. Les projets visent actuellement à rénover ou à mettre les stations d'épuration aux exigences européennes. Les communes de moins de 2 000 EH non équipées à ce jour sont à présent concernées par la mise en place de solutions de traitement des eaux usées.

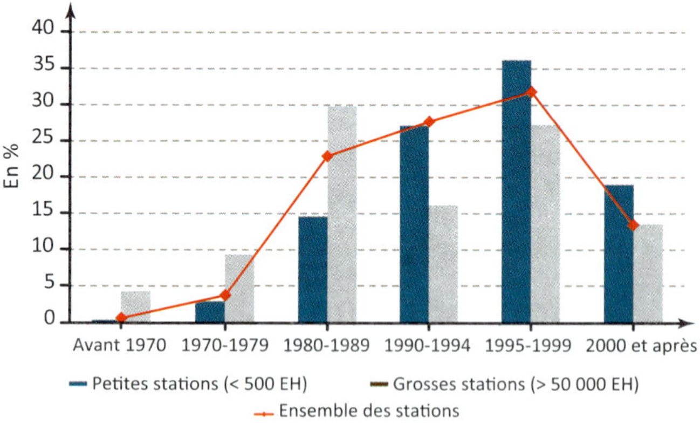

Figure 16. Station d'épuration en France : année de mise en service et capacité théorique (source : Ifen, enquête 1998-2001-2004).

L'équipement collectif unique ne peut pas toujours répondre aux besoins des petites communes, ni à ceux d'un habitat rural dispersé.

Dès 1925, les équipements dits « autonomes » se sont mis en place, avec déjà des obligations de traitement primaire et de traitement secondaire. Souvent, c'est pour « attendre le réseau » et dans l'espoir d'être un jour raccordé aux grandes unités que ce petit assainissement est installé.

Mais ce que l'on constate aujourd'hui, et pas seulement en France, c'est un recul des grands équipements collectifs au profit du développement d'un assainissement raisonné au plus près des lieux de production des eaux usées. La maison individuelle, le petit regroupé, autant de petites installations qui permettent d'économiser du réseau et son entretien, et qu'il faut en contrepartie bien choisir en fonction des contraintes locales, et entretenir.

Les eaux usées domestiques et les fondamentaux de leur traitement biologique

Les eaux usées domestiques produites pas une habitation sont désignées pas des codes couleurs selon leur lieu de production :

- les « eaux ménagères » sont dites « grises » et viennent de la cuisine et de la salle de bain ;
- les « eaux-vannes » sont dites « noires » et proviennent des toilettes ;
- les « eaux pluviales » sont dites « vertes » et sont issues des toitures et surfaces imperméabilisées lors des épisodes pluvieux.

Notions d'habitant (hab.) et d'équivalent-habitant (EH)

La directive européenne sur les eaux usées de 1991 définit l'équivalent-habitant comme la pollution équivalente à celle produite par un habitant. L'équivalent-habitant (EH) est exprimé en charge organique (DBO_5) égale à 60 g O_2/j.

Les paramètres qualifiant la « pollution »

La pollution est caractérisée par des paramètres dont les rejets en masse constituent les dommages les plus importants au milieu aquatique. De façon très résumée, le premier impact de ces rejets porte sur une surconsommation de l'oxygène des rivières, soit directement, soit indirectement. Manquant d'oxygène, les espèces aquatiques meurent, les rivières se désertifient. Un autre impact concerne le risque sanitaire lié au déversement de germes dont certains peuvent être pathogènes pour l'homme et l'animal, pour autant que les usages de l'eau mettent l'homme à son contact.

On ne parle pas ici des composés toxiques qui ont bien entendu des effets dévastateurs dans les milieux naturels, terrestres, aquatiques ou atmosphériques.

Le carbone organique

Sur Mars ou sur Jupiter, on n'en est pas certain, mais sur Terre, au commencement des temps, tous les constituants organiques se sont élaborés à partir de l'atome carbone, l'atome le plus abondant de la planète. Basées donc sur la chimie du carbone, les molécules organiques terrestres sont toutes constituées d'un squelette carboné.

Naturellement, le premier paramètre qualifiant la pollution est le carbone organique. Il est mesuré par deux types d'analyses :

- une analyse chimique, qui correspond à l'oxydation chimique des molécules organiques : c'est la **DCO** (demande chimique en oxygène). Cette oxydation est quasiment totale, il s'agit donc de la demande en oxygène maximale ;
- une analyse biologique, qui correspond à l'oxydation biologique des molécules organiques : c'est la **DBO_5** (demande biochimique en oxygène), cette analyse étant, en France, réalisée sur 5 jours (elle est de 7 jours en Allemagne, par exemple). La DBO_5 correspond à la quantité d'oxygène nécessaire aux micro-organismes aérobies de l'eau pour utiliser les substances qu'elle contient ; il s'agit bien de la quantité de pollution biodégradable potentielle.

On n'obtient évidemment pas de résultats équivalents entre l'une et l'autre méthode de mesure dans les eaux résiduaires urbaines. La quantité de DCO est obligatoirement plus importante que la DBO_5. Dans le cas des eaux domestiques, le degré de biodégradabilité du carbone s'exprime par le ratio DCO/DBO_5 qui se situe aux alentours de 2,2. Au-delà de ce chiffre, on considère que les molécules carbonées sont moins biodégradables ; c'est souvent le cas de rejets d'eaux résiduaires industrielles (chimie, pétrochimie, laboratoires pharmaceutiques, etc.). En dessous de 2, la pollution carbonée est particulièrement biodégradable ; c'est par exemple le cas d'eaux résiduaires de l'industrie l'agroalimentaire.

Une partie de ce carbone organique se trouve sous forme particulaire (matières décantables), une autre fraction sous forme dissoute.

Notion de DCO dure

Parmi les rejets de nos activités humaines, certaines molécules sont particulièrement peu biodégradables, du moins dans des durées compatibles avec les systèmes de traitement des eaux usées. Une approche de la mesure des concentrations en ces molécules réfractaires à la dégradation microbienne est l'analyse de la DCO dure. Elle consiste simplement en la mesure de la DBO de l'échantillon pendant non plus cinq jours mais une vingtaine de jours, temps nécessaire à l'épuisement de la fraction biodégradable qui se traduit par l'obtention d'un palier, pour lequel plus aucune dégradation biologique n'est observée. Ce « talon dur » peut être relativement concentré, y compris pour des rejets domestiques.

Dans le cas des petites installations d'assainissement pour lesquelles les rejets sont réputés être purement domestiques, il peut s'agir d'un usage abusif de produits de nettoyage, de décapage, de désinfectants…

Les matières en suspension

Les matières en suspension (MeS) sont les particules minérales ou organiques présentes dans les eaux usées. Elles comprennent les matières décantables et les colloïdes[1], mais pas les matières dissoutes. Le seuil de coupure de l'analyse correspond à des particules dont la taille est supérieure à 0,45 µm (analyse par filtration).

Une partie de MeS sont des matières organiques biodégradables, qui sont aussi analysées dans les mesures de DCO et de DBO_5.

1 Les colloïdes sont des particules dont la taille est inférieure à 0,2 µm et supérieure à 2 nm.

L'incidence du déversement excessif de MeS dans les milieux aquatiques est triple :

- surconsommation d'oxygène lorsque la particule est biodégradable ;
- turbidité de l'eau qui ne permet plus la transmission de la lumière (diminution des mécanismes vitaux de la photosynthèse qui permet aux végétaux aquatiques de produire de l'oxygène) ;
- et enfin, enfouissement des végétaux et animaux aquatiques sous une pellicule de dépôts sédimentés.

Les éléments nutritifs

Sont essentiellement visés les éléments nutritifs qui ont un impact direct sur une surconsommation en oxygène des rivières (azote ammoniacal), ou indirecte en permettant une croissance incontrôlée des algues ou plantes aquatiques comme conséquence de l'eutrophisation (nitrates, phosphates) :

- l'azote nitrique, sous ses deux formes minérales oxydées : NO_3^- et NO_2^-. À noter que l'azote nitreux (NO_2^-) est une forme instable qui, de ce fait, ne doit pas être retrouvée en grande quantité. Si c'est le cas, c'est souvent signe d'un désordre biologique lié à une toxicité ou une inhibition ;
- l'azote ammoniacal, qui est une forme d'azote minérale réduite : NH_4^+ ;
- l'azote « Kjeldahl » ou NK (du nom du chimiste ayant mis au point l'analyse) qui mesure à la fois l'azote organique et l'azote ammoniacal. L'azote organique contenu dans les eaux usées est pour une grande part présent sous forme d'urée (CON_2H_4) et pour une autre part contenu dans les acides aminés constituant les protéines ;
- le phosphore total (Pt), ou plus particulièrement les orthophosphates (H_3PO_4) qui sont les formes assimilables par les végétaux et les micro-organismes.

Relation entre poids moléculaire et unités d'azote

Les poids moléculaires entre les diverses formes de l'azote étant différentes, par convention on exprime les charges et concentration des formes azotées en unité d'azote (notées N-Nxx). Les correspondances entre les poids des formes azotées et les unités d'azote sont rappelées ci-dessous :

- 1,29 mg NH_4^+ = 1 mg de N-NH_4^+
- 3,29 mg NO_2^- = 1 mg de N-NO_2^-
- 4,43 mg NO_3^- = 1 mg de N-NO_3^-

Les éléments microbiologiques

Le risque sanitaire, qui est la résultante du danger que représente la présence dans les rejets de germes pathogènes, et de l'exposition des hommes et des animaux à ce danger, est parfois pris en compte.

Les germes témoins de contamination fécale sont les premiers recherchés. Ils regroupent les coliformes totaux, les coliformes fécaux et les streptocoques fécaux. Ces germes banaux ne sont pas directement pathogènes. Ils sont présents dans les intestins des animaux à sang chaud, et leur présence dans l'eau en grand nombre révèle souvent une contamination par des excréments, ainsi que la présence possible d'autres germes pathogènes porteurs de maladies. *Escherichia Coli* est la seule bactérie que l'on trouve exclusivement dans les matières fécales des humains et des animaux.

On peut aussi rechercher directement les bactéries ou virus pathogènes, des parasites : salmonelles, entérocoques, nématodes, cryptosporidium, giardia, etc.

D'autres polluants, dits émergents, qui préoccupent la communauté internationale

Après avoir décrit les pollutions « communes », celles qui présentent des dommages visibles et bien connus à l'environnement aquatique, et pour lesquelles sont mis en place les dispositifs d'assainissement, il est possible d'établir d'autres listes de polluants moins courants, moins concentrés, mais sans doute bien plus nocifs pour l'environnement. Ces polluants, dont on ne sait pas forcément très bien comment les éliminer ou réduire leur caractère nocif, font l'objet de diminution de leur production – voire d'interdiction – à la source. Cependant, d'autres composés, d'usage médical notamment, sont inévitables et ne peuvent pas ne pas se retrouver dans les eaux usées domestiques. Les résidus médicamenteux et autres produits émergents font aujourd'hui l'objet de surveillance.

Les chiffres clés de la pollution

Un habitant produit une charge organique exprimée en DBO_5 de 60 gO_2/j. Ce paramètre correspondant à la matière organique carbonée biodégradable en présence d'oxygène, en 5 jours de temps.

Ce chiffre, qui fait l'objet de certaines contestations, est pourtant la seule référence officielle de la pollution rejetée par un habitant. Il est admis par la Communauté européenne et institué par la Directive européenne sur les eaux usées de 1991[2]. Pour atteindre cette charge organique, avec un volume d'eau

2 Directive européenne 91/271/CEE du Conseil, du 21 mai 1991, relative au traitement des eaux urbaines résiduaires.

rejeté par habitant de 150 L/j (par convention), la concentration idéale de la DBO_5 doit être de 400 mgO_2/L. Notons au passage que s'il s'avérerait que les volumes d'eaux rejetés par habitant soient plus faibles, par exemple de l'ordre de 75 L/j, la concentration en DBO_5 passerait à 800 mgO_2/L.

Outre les matières organiques carbonées biodégradables mesurées par la DBO_5, les eaux usées sont caractérisées par les autres éléments chimiques décrits précédemment.

Quels sont les ordres de grandeur des concentrations de ces paramètres ?

Le Tableau 10 compare les gammes de concentrations qui sont usuellement retrouvées dans des stations d'épuration domestiques d'agglomérations françaises, avec les concentrations récemment mesurées dans des eaux brutes de maisons individuelles (recueil de la totalité des rejets sur 24 heures, puis constitution d'un échantillon moyen).

Tableau 10. Valeurs moyennes d'eaux usées domestiques de réseaux urbains et de maisons individuelles (source : Veolia Eau 2010).

Paramètre	Réseau domestique *		Maison individuelle **	
DCO (mgO_2/L)	Mini	108	Mini	246
	Maxi	11 850	Maxi	5 817
	Moyenne	*730*	*Moyenne*	*1 569*
	Médiane	678	Médiane	1 399

DBO$_5$ (mgO$_2$/L)	**Mini**	**54**	**Mini**	**120**
	Maxi	**4 132**	**Maxi**	**3 380**
	Moyenne	***294***	***Moyenne***	***701***
	Médiane	**269**	**Médiane**	**600**
MeS (mg/L)	**Mini**	**57**	**Mini**	**67**
	Maxi	**1 914**	**Maxi**	**2 300**
	Moyenne	***345***	***Moyenne***	***583***
	Médiane	**318**	**Médiane**	**500**
NH$_4$ (mg N-NH$_4$/L)	**Mini**	**3**	**Mini**	**41**
	Maxi	**147**	**Maxi**	**250**
	Moyenne	***48***	***Moyenne***	***102***
	Médiane	**46**	**Médiane**	**84**
PO$_4$ (mg P-PO$_4$/L)	**Mini**	**2**	**Mini**	**0**
	Maxi	**205**	**Maxi**	**42**
	Moyenne	***10***	***Moyenne***	***17***
	Médiane	**9**	**Médiane**	**14**

** Parc des stations d'épuration exploitées en France par Veolia Eau, pour des capacités de 2 000 EH à 1 000 000 EH, données compilées sur l'ensemble des années 2002-2004-2006-2008 pour un total de 1 222 valeurs.*

*** Données en cours d'acquisition* in situ, *résultats sur 49 bilans eau brute 24 heures comprenant tous les jours de la semaine (du lundi au dimanche), réalisés sur des maisons individuelles.*

Un simple constat : les eaux usées domestiques qui transitent dans un réseau d'assainissement sont bien plus diluées que celles qui sont recueillies à la source du rejet d'une maison individuelle.

On observe également que si les valeurs minimales et maximales des eaux usées brutes de réseau d'assainissement domestique montrent des variations importantes, il en va de même avec les eaux usées brutes issues de maisons individuelles. Les rejets au quotidien peuvent éminemment varier, tant en pollution qu'en volume. Les mesures pour l'instant remontées du terrain attestent d'un ratio de 1 à 28 pour le seul paramètre DBO_5.

La courbe de la Figure 17 ci-dessous résume ces informations : on constate que 85 % de la DBO_5 mesurée dans les réseaux domestiques est inférieure à la valeur théorique de 400 mgO_2/L avec une moyenne à 283 mgO_2/L. Dans le même temps, 75 %

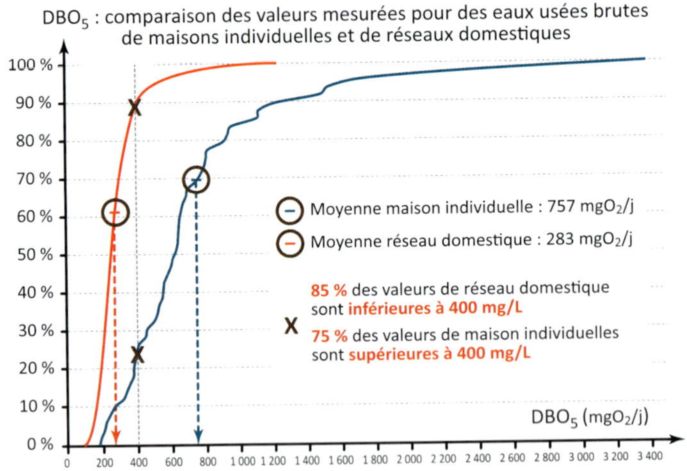

Figure 17. Courbes percentiles des valeurs moyennes en DBO_5 des eaux usées domestiques de réseaux urbains et de maisons individuelles (source : Veolia Eau 2010).

de la DBO_5 de maisons individuelles est supérieur à ces 400 mgO_2/L , avec une moyenne à 757 mgO_2/L.

Prenons les informations du focus ci-après, maintes fois recopié hors de son contexte, sans qu'il ne soit jamais remis en cause, élaboré à l'origine par les Agences de l'Eau et qui permettait de fixer les redevances assainissement. Ce document proposait des valeurs de charge journalière d'une personne utilisant 150 à 200 L/j d'eau. Très vite, ces chiffres ont été attribués par erreur à l'équivalent-habitant qui, outre de produire officiellement une DBO_5 de 60 gO_2/j, s'est vu attribuer abusivement une valeur en azote, en MeS, en phosphore...

Valeurs de référence pour le calcul de la redevance d'assainissement

La pollution journalière produite par une personne utilisant de 150 à 200 L d'eau est évaluée à :

- 60 à 70 g de matières organiques (MO = 2/3 DBO_5 + 1/3 DCO) ;
- de 70 à 90 g de matières en suspension ;
- de 15 à 17 g de matières azotées ;
- 4 g de phosphore ;
- plusieurs milliards de germes pour 100 mL.

(source : C.I. eau)

Le principe du traitement biologique des eaux usées

Les eaux usées contiennent une pollution organique qui est traitée par voie biologique, en reproduisant, artificiellement ou non, les phénomènes d'auto-épuration existant dans la nature. L'auto-épuration regroupe l'ensemble des processus par lesquels un milieu aquatique parvient à retrouver sa qualité d'origine après un apport d'éléments en quantité excessive.

L'importance des bactéries

Les bactéries contiennent environ la moitié du carbone organique sur terre, et près de 90 % de l'azote et du phosphore contenu dans les cellules vivantes.

Les bactéries constituent le principal recycleur de la matière organique morte. Elles sont le maillon crucial de toutes les réactions biogéochimiques, c'est-à-dire de la transformation de la matière organique morte en éléments minéraux consommables ensuite par les végétaux.

L'épuration biologique est réalisée principalement grâce à l'activité de bactéries qui sont naturellement présentes dans l'eau usée, et qui dégradent les matières organiques présentes. Pour arriver à un niveau de traitement poussé, on utilise essentiellement la voie de la biodégradation aérobie, c'est-à-dire en présence obligatoire d'oxygène, car les mécanismes biologiques anaérobies sont beaucoup plus longs.

En fait, les bactéries utilisent les matières organiques – essentiellement du carbone qui constitue le squelette de nos molécules – comme substrat pour croître et se multiplier. La transformation de la matière organique, qui s'accompagne nécessairement d'une consommation d'azote et de phosphore, ainsi que d'autres éléments en moindre quantité, se traduit alors par la fabrication de bactéries, ou biomasse. **En langage d'épuration, cette production de biomasse est désignée par le terme de « boues ».**

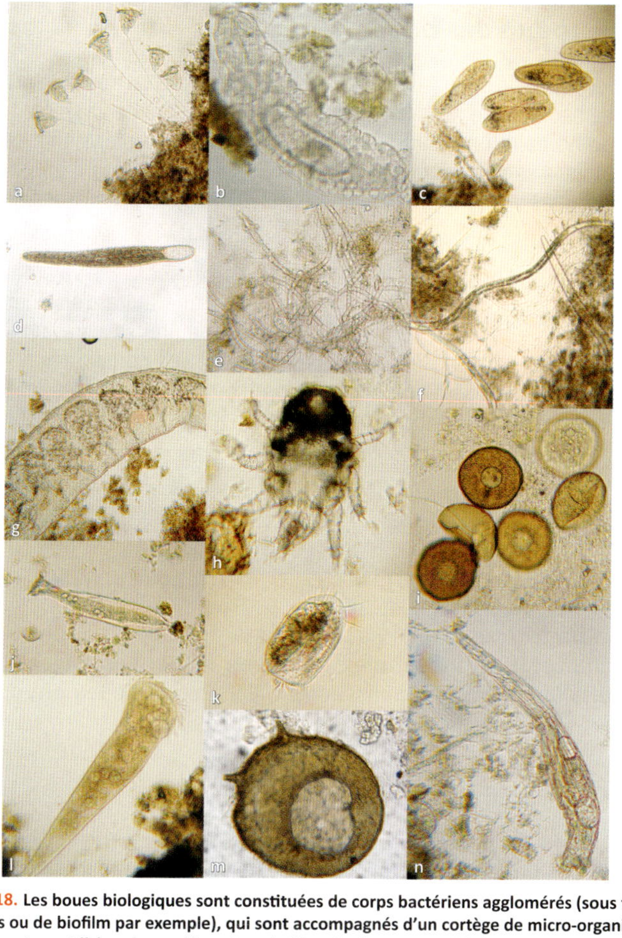

gure 18. Les boues biologiques sont constituées de corps bactériens agglomérés (sous forme e flocs ou de biofilm par exemple), qui sont accompagnés d'un cortège de micro-organismes ont la nature et l'abondance dépendent de l'âge des boues considérées. Quelques exemples protozoaires et métazoaires couramment rencontrés dans un édifice biologique épuratoire nt ici reproduits. L'épuration est réalisée par la biomasse bactérienne, les bactéries étant les roducteurs primaires de matière organique vivante « animale ». La population bactérienne est régulée car consommée par des espèces prédatrices, producteurs secondaires, elles-mêmes consommées par des prédateurs de plus grande taille...

Vorticelles, b. Tardigrade, c. Paramécies, d. Spirostosum, e. Mycélium, f. Nématodes, g. Aelosema, h. Arachnide, i. Arcella, j. Vaginicola, k. Euplote, l. Stentor, m. Centroptix, n. Rotifère

Tout procédé d'épuration biologique produit des boues

La production de boues est une résultante obligatoire du travail de la biomasse bactérienne. Comme l'a si bien dit Anaxagore de Clazomènes : « Rien ne naît ni ne périt, mais des choses déjà existantes se combinent, puis se séparent de nouveau ». Effectivement, nos « pollutions domestiques », au travers des processus épuratoires biologiques aérobies, se transforment en biomasse bactérienne, gaz carbonique et eau.

Quelle que soit la filière de traitement des eaux usées, elle va produire des boues, qu'il conviendra d'une façon ou d'une autre d'éliminer du système à un moment donné. Un lagunage naturel se cure, un filtre à sable ou un sol se colmate et doit être refait, les compartiments de stockage des boues d'une microstation, comme une fosse septique, sont régulièrement vidangés.

Quand on parle de boues, parle-t-on toujours de biomasse bactérienne ?

Les experts diraient qu'il y a plusieurs dizaines de types de boues différentes. Restons simples, même en utilisant le langage des professionnels de l'assainissement, il y a essentiellement deux natures de boues.

Les boues biologiques

Les boues biologiques que l'on vient d'évoquer, qui sont en fait des corps bactériens vivants ou morts, agglomérés, en concentration plus ou moins importante selon l'endroit d'où on les extrait (boues diluées dans un bassin d'aération, boues plus concentrées dans un clarificateur, encore plus concentrées dans un silo de stockage). Ces boues sont dites boues biologiques ou boues secondaires car elles sont produites au cours d'un traitement biologique secondaire et sont directement la résultante de la croissance bactérienne (excès de corps bactériens). Les bactéries qui décomposent la matière organique contenue dans les eaux usées ont un métabolisme aérobie, c'est-à-dire qu'elles ne sont actives qu'en présence d'oxygène.

Les boues primaires

Les boues primaires sont, elles, produites dans les processus de traitements primaires. Il s'agit de matières fraîches décantées, qui n'ont rien à voir avec un excès de biomasse bactérienne. Dans le domaine des PIA on trouve ces boues dans les fosses septiques, les décanteurs primaire ou les décanteurs-digesteurs. On les appelle aussi, dans le cas des fosses septiques, les matières de vidange. Selon les durées de stockage, ces boues très organiques vont subir une fermentation qui correspond à une lente minéralisation. Cette minéralisation est la conséquence de l'activité de bactéries dont le métabolisme est anaérobie. Les boues perdent peu à peu leur caractère organique, et, globalement, la quantité de matière stockée diminue avec le temps. C'est la digestion des boues. On comprend l'importance de laisser à ces boues du temps pour que la réduction naturelle de la matière organique ait le temps de s'exprimer. Ceci sous-entend qu'il ne faut pas vidanger trop souvent une fosse septique sous peine d'anéantir les bénéfices de leur digestion anaérobie. Ce mécanisme peut avoir lieu dans des décanteurs primaires ou décanteurs-digesteurs, dont la géométrie et le volume permettent le stockage des boues fraîches sur plusieurs mois, au cours desquels les mécanismes de digestion anaérobies peuvent se mettre en place.

Les besoins en oxygène

La transformation de la matière organique carbonée correspond à une oxydation, c'est-à-dire une consommation en oxygène. Pour être précis, tout n'est pas transformé en biomasse. Une partie de la matière organique carbonée est totalement oxydée et évacuée sous forme de carbone minéral : le CO_2.

La transformation de l'azote organique en azote minéral oxydé consomme également de l'oxygène. L'azote organique est contenu dans les protéines et les acides aminés.

Enfin, les processus épuratoires sont réalisés par une biomasse qui respire, une fraction de l'oxygène global consommé l'est donc pour l'entretien naturel des cellules.

La quantité d'oxygène nécessaire au processus épuratoire dans sa globalité se calcule à partir des équations suivantes.

Oxydation de la matière organique

La quantité de carbone organique est évaluée par la mesure du paramètre DBO_5. La quantité d'oxygène nécessaire à l'oxydation poussée de la matière organique correspond à 65 % de la DBO_5 éliminée. En d'autres termes, 1 kg de DBO_5 consomme 0,65 kg d'oxygène. En prenant comme hypothèse un rendement épuratoire de 95 % sur la DBO_5, l'équation s'écrit :

$DO_{MO} = 0,65 \times 0,95 \times DBO_5$

DO_{MO} = demande en oxygène de la matière organique (kg/j d'O_2)

DBO_5 = masse journalière de DBO_5 à traiter (kg/j)

Oxydation de l'azote (nitrification)

L'azote, dans une eau usée domestique, se trouve essentiellement sous forme d'urée et d'acides aminés. La nitrification ne concernant que l'azote sous sa forme ammoniacale (NH_4^+), il faut que les formes organiques de l'azote subissent préalablement une minéralisation, c'est l'ammonification. Cette opération est rapide (quelques heures), se réalise sans consommation d'oxygène, par hydrolyse enzymatique bactérienne. L'ammonification a directement lieu dans les réseaux d'assainissement domestiques, et **pour ce qui concerne les PIA, elle se réalise pleinement dans la fosse septique.**

Après l'ammonification, l'azote total peut être à plus de 90 % sous forme ammoniacale (NH_4^+). La nitrification peut avoir lieu, elle correspond à l'oxydation du NH_4^+ en azote minéral oxydé : NO_3^-. Cette opération est exécutée par des bactéries spécialisées, dites nitrifiantes, qui n'ont pas besoin de consommer du carbone pour ce travail, mais, en revanche, elles ont besoin de beaucoup d'oxygène pour assurer cette transformation : la nitrification d'un gramme de N-NH_4 consomme 4,2 g d'oxygène.

Respiration endogène des boues

La biomasse consomme de l'oxygène pour oxyder la matière qu'elle transforme et utilise pour produire de nouvelles cellules vivantes. Mais elle consomme aussi de l'oxygène pour ses besoins vitaux propres : c'est ce qu'on nomme la respiration endogène. La quantité d'oxygène utilisée pour la respiration endogène est estimée à 0,07 % en poids de la masse bactérienne vivante. En général, la masse bactérienne vivante est évaluée au travers du paramètre MVS (matières volatiles en suspension).

Respiration endogène (en kg/j d'O_2) = 0,07 × MVS (en kg dans le volume contenant de la biomasse du système épuratoire considéré).

Pour évaluer les besoins globaux en oxygène, on doit cumuler ces différentes équations. Selon que l'on a des objectifs de traitement sur l'azote, l'équation de nitrification (totale ou partielle en lui attribuant un coefficient) sera prise en compte.

Dans certains cas, à l'issue de la nitrification, on réalise l'élimination ultime de l'azote, c'est la dénitrification. La dénitrification transforme l'azote nitrique NO_3 en azote gazeux N_2 qui rejoint l'atmosphère. Cette opération est effectuée par des bactéries moins spécialisées, elle se réalise en l'absence d'oxygène libre, mais en présence de l'oxygène lié dans les molécules nitrates, c'est ce qu'on appelle les conditions anoxiques. Au cours de cette étape, la biomasse consomme du carbone, elle ne peut donc se réaliser en fin de traitement secondaire, sous peine d'en manquer.

Le passage des nitrates en azote gazeux libère l'oxygène lié initialement à l'azote. Ce sont alors 2,85 g d'oxygène qui sont ainsi produits par gramme d'azote nitrique dénitrifié. Lorsque l'on totalise les besoins en oxygène alors que la dénitrification est réalisée au sein du processus d'épuration, on doit tenir compte de cet apport « naturel » en oxygène.

À quoi cela sert-il d'estimer les besoins en oxygène ?

Dans les stations d'épuration traditionnelles, qu'elles reposent sur le principe de la culture libre ou la culture fixée, l'aération artificielle de la biomasse qui vit totalement immergée est absolument nécessaire. Le calcul des besoins en oxygène aide à dimensionner la puissance des systèmes d'aération.

Dans les systèmes où les besoins en oxygène sont apportés de façon naturelle, il faut s'assurer que leur dimensionnement permet une diffusion spontanée de l'oxygène en quantité adéquate.

Application aux massifs filtrants

Dans les dispositifs d'épuration qui utilisent la filtration sur support fin (sable, sol), ou de granulométrie plus importante (graviers, matériaux fibreux), l'aération est naturelle. Elle n'est possible que si le milieu présente une porosité suffisante. La porosité du matériau doit être adaptée à la quantité d'oxygène nécessaire à l'oxydation de la matière organique à traiter.

L'aération naturelle des massifs procède du renouvellement en air des volumes libres de la porosité. C'est essentiellement un phénomène de convection qui permet ce renouvellement, obtenu par un effet d'aspiration lié au ressuyage après que l'eau usée a percolé au travers du massif. La diffusion (solubilisation de l'oxygène de l'air dans l'eau) peut également intervenir, lorsque de l'eau persiste dans les volumes de pores, mais elle est bien moins efficace (elle apporte environ 10 000 fois moins d'oxygène), ce qui a des conséquences que nous décrirons dans les chapitres correspondants.

Performances attendues pour de simples traitements secondaires

Les dispositifs de traitement des eaux usées ont pour objectif de réduire la pollution à des niveaux acceptables, compatibles avec ce que les milieux récepteurs peuvent recevoir.

Nous verrons dans le chapitre « Technologies » les performances qui sont attendues pour des petites installations. Mais juste un mot sur ce que les installations de traitement peuvent faire, et leurs limites.

Les installations de dépollution sont capables de traiter correctement la pollution carbonée. Sauf présence de composés réfractaires dans les rejets des habitations, qui ne permettrait pas au paramètre DCO d'être réduit à un faible niveau, la fraction biodégradable peut atteindre des réductions très importantes, jusqu'aux limites de détection de la mesure analytique (de l'ordre de 3 à 5 mgO_2/L pour le paramètre DBO_5).

La pollution azotée peut également être traitée. Selon la disponibilité en oxygène, après l'élimination de la pollution carbonée qui est prioritaire dans les processus biologiques, le stade de la nitrification (oxydation du NH_4 en NO_3) peut être atteint, avec un résultat partiel ou total.

Lorsque la nitrification a produit des nitrates, il est possible de démarrer le processus de dénitrification, s'il est recherché.

Comme précédemment décrit, la dénitrification transforme les nitrates en azote gazeux. Il est ainsi possible d'atteindre des niveaux de rejet très faibles sur les formes minérales de l'azote, et le résiduel azoté des rejets d'eaux traitées consistent essentiellement en azote organique. Il n'est pas possible d'atteindre une élimination totale, mais des niveaux inférieurs à 10 mg/L d'azote global (NG) peuvent être obtenus.

La pollution phosphorée peut également être traitée. Ce peut être par voie biologique au travers de processus complexes d'alternance de phases d'anaérobiose et d'aérobiose qui stressent la biomasse présente, qui va alors stocker plus de phosphore que de coutume. La précipitation chimique avec ajout de sels métalliques est aussi pratiquée, avec pour résultante le passage du phosphore à l'état particulaire, qui se retrouve donc dans les boues. Dans les deux modes de traitement du phosphore évoqué, c'est l'évacuation régulière des boues biologiques en excès qui permet d'éliminer le phosphore du système.

S'agissant des paramètres microbiologiques, il faut garder à l'esprit qu'une station d'épuration n'est pas conçue pour traiter les éléments biologiques. Les eaux usées domestiques brutes contiennent de l'ordre de 10^7 à 10^9 germes par mL (de 10 à 1 000 milliards de germes par mL). Sans traitement spécifique de désinfection, les eaux usées traitées contiennent encore de l'ordre de 10^6 à 10^8 germes par mL. La réduction n'est que d'une unité log, autant dire nulle (*cf.* Tableau 11).

Les massifs filtrants ont pour réputation d'assurer une bonne réduction des germes, pourtant peu de justifications existent dans la littérature scientifique, et des campagnes de mesure réalisées récemment montrent que ces réductions ne sont pas significativement supérieures à celles d'autres technologies. Elles ne permettent de toute façon pas d'atteindre des niveaux compatibles avec les usages d'utilisation des eaux traitées.

Les résultats aux Figures 19 et 20 suivantes illustrent les potentialités de quelques technologies testées sur plateforme. Ces résultats ont été obtenus sur les technologies testées au cours de l'étude Veolia Eau[3] au CSTB à Nantes.

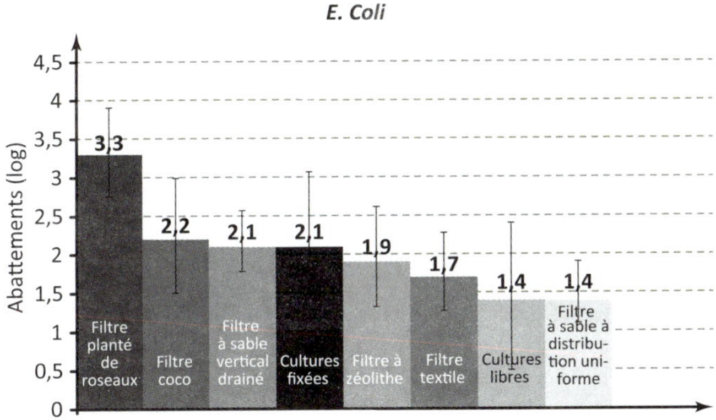

a

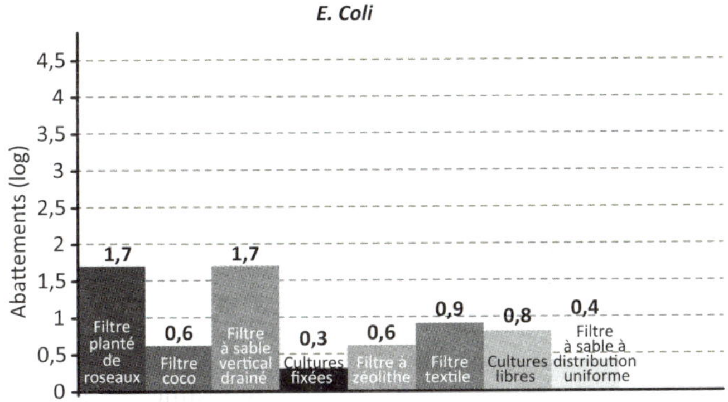

b

Figure 19. a. Abattements moyens d'*E. Coli* obtenus sur les 8 filières installées sur le site du CSTB de Nantes lors de l'étude Veolia Eau de comparaison des filières pendant les 40 premières semaines de test (*protocole en conditions sollicitantes*®) ; b. abattement moyen d'*E. Coli* sur les mêmes filières sur trois années de test.

---

3 Étude des performances de huit petites installations d'assainissement dimensionnées pour traiter une charge organique de 300 g de DBO_5/j et testées ensemble selon le *protocole en conditions sollicitantes*®.

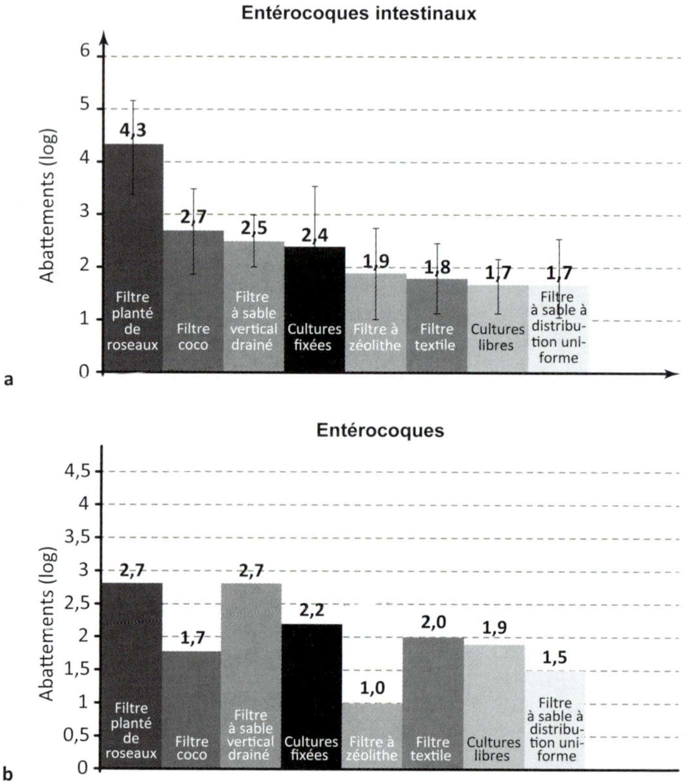

Figure 20. a. Abattements moyens pour les entérocoques intestinaux obtenus sur les 8 filières installées sur le site du CSTB de Nantes lors de l'étude Veolia Eau de comparaison des filières pendant les 40 premières semaines de test (*protocole en conditions sollicitantes*®) ; b. abattement moyen d'Entérocoque sur les mêmes filières sur trois années de test.

L'examen de la figure 19 met en évidence que les abattements obtenus sur les *E. Coli* ne permettent jamais d'atteindre un niveau réel de désinfection quelle que soit la filière. Le filtre à sable planté de roseaux et le filtre à sable vertical permettent des abattements sur les *E. Coli* plus importants (de l'ordre d'une unité log) que les autres filières. Toutefois, il semble que le vieillissement des filières entraîne une dégradation de la performance sur le paramètre bactériologique.

Pour les autres germes, comme le montre la figure 20 pour les entérocoques intestinaux, les résultats sont semblables.

Concernant les entérocoques, le même constat est fait : si quelques différences peuvent être observées sur des filières jeunes, ces différences s'estompent avec le temps. Ici, les filières extensives ne sont pas significativement différentes des autres.

Rendements sur les paramètres microbiologiques

Attention à ne pas tomber dans le piège qui consiste à exprimer des rendements sur des concentrations en germes microbiens. Ces germes sont présents en très grand nombre, car les eaux usées en contiennent des milliards par millilitre d'eau. Pour simplifier l'écriture de ces grands nombres, on utilise le logarithme. Ainsi, un million de germes qui s'écrit 1 000 000 (1 suivi de 6 zéros) correspond à 6 unités log (le 6 exprime le nombre de zéro).

Où est le piège ?

Le piège consiste à se satisfaire d'un abattement de 99 % alors que cela ne correspond qu'à diviser par 100 le chiffre de départ. Or, la division par 100 ne fait baisser la concentration en germes que de 2 unités log. Lorsqu'on part d'une concentration de 8 unités log (soit 100 millions de germes par mL), la pseudo-performance de 99 % est largement insuffisante. En effet, pour considérer une eau usée traitée comme acceptable biologiquement, il faut viser des concentrations finales de l'ordre de la centaine de germes pour 100 mL, ce qui correspond à un abattement de 6 unités log si l'on part de 8 unités log, c'est-à-dire avoir divisé par un million le chiffre initial de 100 millions.

Le Tableau 11 propose l'exemple de trois niveaux d'abattement recherchés, exprimés soit en pourcentage à partir d'une concentration en germes (des germes par mL), soit en unité log éliminée pour la même concentration de départ mais écrite sous forme de log. Un abattement de

99 %, considéré comme excellent pour les paramètres usuels de pollution (petits nombres), est en fait très médiocre vu la grandeur des nombres.

Tableau 11. Relation entre des unités bactériennes par millilitre et leur logarithme.

Concentration/ log	Eau brute	Eau traitée	Abattement recherché
Bactéries/mL	100 000 000	10 000 000	90,00 % (diviser la concentration par 10)
→ unités log (bactéries/mL)	→ 8	→ 7	→ 1 unité log
Bactéries/mL	100 000 000	1 000 000	99,00 % (diviser la concentration par 100)
→ unités log (bactéries/mL)	→ 8	→ 6	→ 2 unités log
Bactéries/mL	100 000 000	10 000	99,99 % (diviser la concentration par 10 000)
→ unités log (bactéries/mL)	→ 8	→ 4	→ 4 unités log

Sensibilité des milieux récepteurs : niveaux de rejet

Les eaux souillées ne peuvent rejoindre les milieux récepteurs sans avoir fait l'objet d'une réduction de leur caractère polluant. Ce point fait aujourd'hui l'unanimité pour qui veut protéger l'environnement. Reste à déterminer, en fonction du mode de rejet, le degré de réduction du caractère polluant souhaitable pour la protection des milieux.

De façon générale, il existe quatre modes de rejet des eaux usées traitées :

- le rejet au milieu hydraulique superficiel ;
- le rejet au milieu hydraulique souterrain ;
- le rejet à l'atmosphère (évapotranspiration) ;
- l'utilisation de l'eau traitée pour des usages particuliers (arrosage espaces verts, cultures).

Les exigences européennes fixent des valeurs seuils (ou des objectifs de rendement) pour les paramètres de pollution : DBO_5, DCO, MeS, azote et phosphore, selon les tailles d'installation d'épuration et les sensibilités des milieux récepteurs (sensibilité à l'eutrophisation, eaux utilisées pour la production d'eau destinée à la consommation humaine, la conchyliculture, la pêche à pied, les usages récréatifs et notamment la baignade). À ces valeurs seuils réglementaires que les États membres doivent prendre en compte dans leurs réglementations nationales, peuvent venir s'ajouter des contraintes locales qui se traduisent par l'imposition de niveaux de rejets plus sévères.

Les communes dont les eaux usées sont collectées et traitées dans une station d'épuration collective, rejettent majoritairement leurs eaux usées traitées dans des eaux de surface.

Dans les rivières où l'écoulement de l'eau est permanent, l'effet de dilution au point de rejet est pris en compte pour juger de l'impact du rejet. Le taux de dilution est calculé sur la base du débit d'étiage de la rivière (période de l'année où le débit est le plus faible). Est également prise en compte dans l'évaluation de l'impact, la pression des autres rejets sur le bassin-versant. Les usages de l'eau déterminent les objectifs de qualités des rivières, et le croisement de toutes ces contraintes aboutit à fixer un niveau de rejet.

Dans certains cas, l'écoulement de surface est intermittent, et dépend des saisons : période de nappe haute et de forte pluviométrie en hiver pendant laquelle l'écoulement est pérenne, et période de nappe basse avec peu de pluie en été pour laquelle l'écoulement peut être interrompu sur une période plus ou moins longue. Les rejets d'eaux usées traitées sont, dans ces cas, conditionnés à des autorisations particulières des services de l'État.

Les fossés de pluvial (ou les réseaux de pluvial) n'hébergent pas de vie aquatique, du moins permanente. L'écoulement est intermittent et dépend des alternances temps de pluie et temps sec. La question de leur usage comme lieu de rejet d'eaux usées traitées se pose d'un point de vue sanitaire. S'il n'est pas question de l'envisager pour de grosses unités de traitement des eaux usées, il est possible, dans le cas des installations de petite taille, d'aménager le point de rejet pour admettre le rejet d'une PIA tout en limitant l'exposition des hommes et des animaux au rejet d'eau usée traitée. C'est une façon intelligente de gérer le risque sanitaire.

Le rejet dans le milieu hydraulique souterrain fait appel à l'infiltration des eaux usées traitées ; est décrit dans le chapitre 3, tout comme le rejet par évapotranspiration.

5

Les familles de technologies

On a vu au chapitre précédent que l'épuration des eaux usées était la conséquence d'une croissance bactérienne aérobie aux dépens de la matière organique carbonée constituant la « pollution ». Les bactéries sont cultivées dans des conditions qui favorisent leur assimilation de la charge organique contenue dans les eaux usées. Ces bactéries sont initialement présentes dans les eaux usées. Aucun ajout de souche quelconque, ni aucune présélection ne sont effectués par la main de l'exploitant. La sélection des bactéries les plus adaptées à la pollution présente s'opère naturellement lorsque les populations bactériennes sont au contact de la pollution. Un très large spectre enzymatique permet à la diversité bactérienne autochtone de s'attaquer à la dégradation d'à peu près n'importe quelle molécule carbonée, pourvu qu'elle ne soit pas toxique, ni complètement réfractaire à la dégradation.

Les technologies de traitement des eaux usées se distinguent essentiellement par le mode de culture bactérienne – croissance libre ou croissance fixée – et par le mode d'aération – elle est naturelle ou mécanique –, car la dépollution biologique se réalise en aérobiose pour des raisons de vitesse d'assimilation. L'aération naturelle est possible lorsque les bactéries sont dans un milieu non saturé en eau. L'aération naturelle est insuffisante lorsque le milieu est saturé d'eau.

Présentation synthétique des familles de technologies

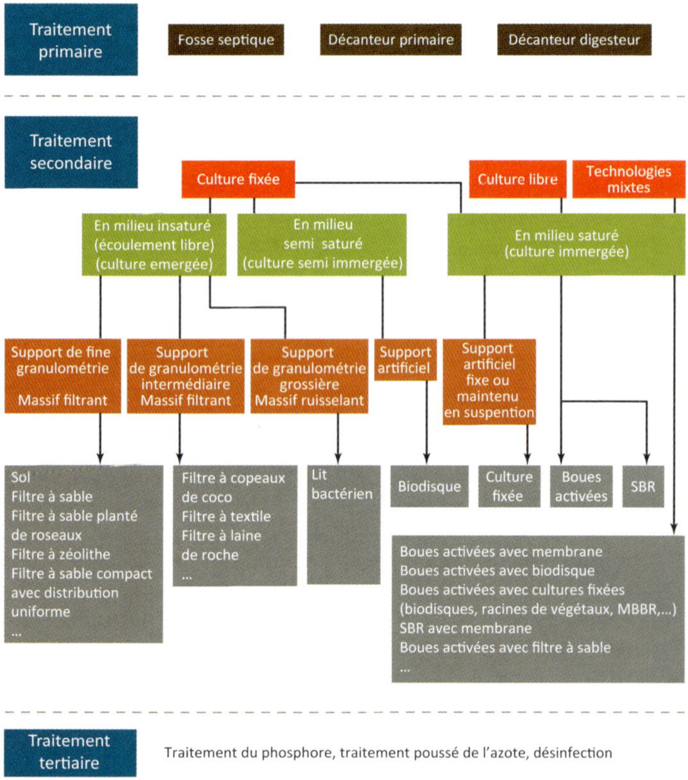

Figure 21. Organigramme présentant les grandes familles de technologies utilisées en traitement des eaux usées.

Le mode d'aération

Il y a évidemment une relation entre le mode de culture bactérienne et le mode d'aération.

Ainsi, certains réacteurs biologiques peuvent bénéficier d'une aération naturelle, mais pour que la quantité d'oxygène soit suffisante, ils doivent offrir de grandes dimensions. Il s'agit des procédés dits extensifs, comme le sont par exemple les filtres à sable. Dans le cas des massifs filtrants, que le matériau soit du sable, des graviers ou du sol en place, l'aération naturelle n'est possible et efficace que si une porosité[1] minimale au sein du matériau peut se maintenir au cours du temps. En effet, dans les procédés où les bactéries sont au contact de l'air, elles puisent directement l'oxygène contenu dans l'air. Il sera alors important, dans la technologie considérée, que l'air circule convenablement pour renouveler l'oxygène aussi souvent que nécessaire afin de permettre aux bactéries de perpétuer leur travail de dépollution.

Les réacteurs biologiques très compacts, dans lesquels la biomasse épuratrice se trouve dans l'eau à épurer, nécessitent un apport d'oxygène mécanisé. Les transferts passifs d'oxygène à partir de l'air vers l'eau existent bien, mais les rendements sont trop faibles en regard des besoins de la biomasse épuratrice pour consommer la matière organique des eaux usées. Dans ces procédés où les bactéries sont immergées, l'oxygène doit passer de l'état gazeux à l'état dissous. Ce changement d'état n'est pas immédiat et lors du transfert air vers eau, une faible fraction seulement de l'oxygène passe dans l'eau.

Il existe différents types d'aérateurs mécaniques : les aérateurs de surface comme les turbines ou les brosses, et les aérateurs par diffusion d'air dans l'eau à l'aide de compresseurs ou

1 La porosité est l'ensemble des interstices (connectés ou non) d'une roche ou d'un autre matériau pouvant contenir des fluides (liquide ou gaz).

surpresseurs. La taille des bulles d'air influence le rendement du transfert de l'oxygène de l'air vers l'eau, ainsi que la hauteur d'eau traversée par les bulles. Les valeurs usuelles de rendement utilisées pour les grandes stations d'épuration ne sont pas totalement extrapolables aux PIA, car les conditions d'utilisation sont différentes, et notamment les hauteurs d'eau qui sont bien plus faibles dans les PIA.

La dissolution de l'air dans l'eau claire

Exemples de rendement selon les tailles de bulles, la profondeur des bassins et de la température.

Le Tableau 12 donne, pour les aérateurs mécaniques les plus courants, les apports spécifiques bruts (ASB) mesurés en eau claire. Les premières colonnes concernent des résultats issus de mesures en eau claire dans les conditions standard. La dernière colonne contient des résultats de mesure « en eaux usées et boues » estimés (ASB').

Tableau 12. ASB des principaux systèmes d'aération (kg O_2/kWh) (Duchène Ph et Cotteux E (2002) « Insufflation d'air fines bulles. Application aux stations d'épuration en boues activées des petites collectivités ». Document technique *FNDAE* n° 26).

	Moyenne générale des résultats	Fourchette extrême	Fourchette usuelle	Valeur couramment atteinte avec les bons dispositifs	Soit en ASB' (conditions réelles)
Turbines lentes	1,50	0,80 – 2,20	1,35 – 1,75	1,65	1,15
Turbine rapides	1,05	0,60 – 1,45	1,05 – 1,35	1,20	0,84
Brosses	1,55	0,80 – 2,30	1,50 – 1,80	1,70	1,2
IA* : Moyennes bulles	1,00	0,70 – 1,50	0,90 – 1,10	1,10	0,77

IA* : Fines bulles	**2,50**	**1,80 – 3,40**	**2,20 – 3,20**	**2,50**	**1,25 – 1,55**
IA* : Fines bulles en chenal avec agitation	**2,80**	**1,20 – 4,25**	**2,50 – 3,80**	**3,00**	**1,50 – 1,85**
IA + « *statics mixers* »	**1,50**	**0,60 – 2,10**	**0,80 – 2,00**	**1,40**	**0,95**
Système déprimogène (pompe + prise d'air)	**0,60**	**0,02 – 1,10**	**0,60 – 0,80**	**0,70**	**0,40**

IA : insufflation d'air.*

Complément : en présence d'eau usée et de boues, les coefficients de transfert sont moins performants. Rarement mesurés directement car c'est une opération difficile, des coefficients correcteurs sont utilisés. C'est le cas de la colonne de droite, pour estimer l'apport spécifique brut en conditions réelles (c'est-à-dire en bassin contenant des boues), terme ASB' ; elle présente le résultat de la multiplication de la colonne qui la précède par un facteur correctif.

Le mode de culture bactérienne

Les cultures fixées

Les cultures fixées correspondent aux technologies qui favorisent le développement de la biomasse bactérienne épuratrice sur un support solide. Le développement bactérien sur un support donne lieu à la formation d'un biofilm[2], c'est-à-dire une couche plus ou moins épaisse de bactéries emprisonnées dans un complexe organique synthétisé par elles-mêmes :

2 Un biofilm est un ensemble complexe vivant. Les biofilms bactériens sont constitués de corps bactériens et d'exopolysaccharides (EPS). Lorsque les conditions de vie du milieu favorisent la production d'EPS par les bactéries, leur adhésion sur le support devient irréversible ; il est alors impossible, par une simple attaque mécanique, de les décrocher totalement de leur support.

mucilage ou exopolymères. Les bactéries sont statiques dans ces réacteurs, c'est l'eau usée contenant la matière organique à dégrader qui vient à leur contact.

Dans les procédés à cultures fixées, on distingue :

Les cultures fixées émergées

Dans cette configuration, le support du biofilm bactérien n'est en contact avec l'eau usée que lors des phases d'alimentation. L'eau ruisselle verticalement dans l'espace intergranulaire. Les supports du développement bactérien sont de nature et de granulométries variées. L'aération est totalement naturelle, l'air circule dans les interstices libres du support (la porosité) dès que l'eau usée a fini de ruisseler, et que le ressuyage est obtenu.

Dans cette famille des cultures fixées émergées, on distingue deux types de support.

Des supports fins à moyens, aussi appelés « massifs filtrants »

On précise que le terme « filtration » associé aux « massifs filtrants » doit se comprendre comme une étape de traitement de la pollution carbonée (dissoute et particulaire) et non seulement comme une simple rétention des matières particulaires.

Plusieurs types de matériaux sont utilisés dans ces systèmes épuratoires : par exemple le sol en place (souvent de granulométrie hétérogène), du sable, de la zéolithe, des matériaux organiques (tourbe, copeaux de coco, compost, etc.) et d'autres matériaux, parfois synthétiques ou recyclés.

Il faut souligner qu'il existe un grand potentiel d'innovation en termes de nature de matériau à utiliser pour garnir ces massifs.

La distribution de la granulométrie et la porosité qui en résulte sont des paramètres essentiels pour garantir la diffusion de l'eau et de l'oxygène partout dans le massif. Il faut aussi que

Figure 22. **Exemples de matériaux utilisés comme supports de croissance bactérienne dans des massifs filtrants à écoulement insaturé (cultures bactériennes émergées). a. Textile, b. zéolithe, c. copeaux coco (photos VEOLIA).**

la vitesse de transit de l'eau soit adaptée au temps nécessaire à la dégradation bactérienne des matières organiques. Il est enfin indispensable que les séquences d'alimentation en eau soient suffisamment espacées pour répondre à la nécessité de recharger en oxygène les pores du massif.

Ces massifs filtrants sont, pour la plupart, alimentés en eau par un réseau de distribution disposé à la surface du massif. Idéalement, la distribution doit être homogène et concerner la totalité de la surface du massif à chaque période d'alimentation. Ainsi, la totalité du massif peut participer à l'épuration.

Les massifs filtrants sont dimensionnés sur la base d'une charge organique à traiter ramenée à une surface dédiée à la filtration. Ce sont donc des grammes de DBO_5 par mètre carré.

Dans l'esprit de conserver un caractère rustique aux plus anciens d'entre eux, la distribution sur les massifs filtrants (type tranchée d'épandage sur sol en place, ou filtre à sable à écoulement vertical) se fait souvent par voie gravitaire et au fil de l'eau. Cependant, il est illusoire de vouloir distribuer de cette façon de très petits volumes (une chasse d'eau des toilettes par exemple) sur une grande surface, avec des tuyaux de section inadaptée.

Ainsi, au lieu d'intéresser la totalité de la surface du massif, les petits volumes n'arrivent qu'aux premiers centimètres du tuyau de distribution ; de ce fait, la charge surfacique n'est pas respectée, et le système biologique ne peut atteindre un équilibre. La conséquence de cette surcharge localisée est le colmatage biologique[3].

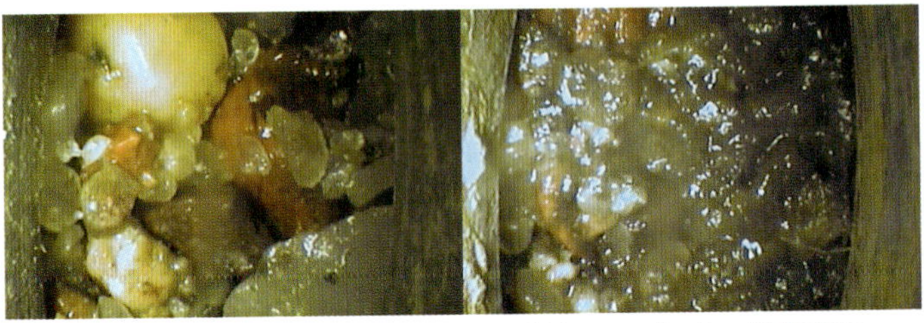

Sable propre
Image obtenue avec INVESTIG'+®

Sable avec colmatage biologique
Image obtenue avec INVESTIG'+®

Figure 23. Au cœur d'un filtre à sable à flux vertical, à gauche : sable propre sans colonisation bactérienne, à droite : sable colonisé par une biomasse épuratrice, au stade du colmatage biologique (photos VEOLIA).

Dans les systèmes dits traditionnels en France, dont les mises en œuvre sont décrites dans la norme XP DTU 64-1 version 2007, la mauvaise distribution conduit jusqu'à présent à des surdimensionnements des massifs, dont l'objectif est d'assurer une durée de vie suffisante aux systèmes. Le colmatage est même intégré à la conception et à la vie normale d'un massif, preuve de l'inefficacité de la distribution.

3 Colmatage biologique : obturation des pores du massif par la croissance excessive d'un biofilm bactérien. Le colmatage biologique empêche l'écoulement de l'eau.

Tout en conservant le caractère naturel de l'aération, des massifs filtrants peuvent voir leur surface réduite grâce à l'optimisation de deux paramètres clés :

- le couple granulométrie/porosité : plus on augmente la taille des pores, plus l'aération naturelle peut être importante et assurée dans la durée. La perméabilité ne doit pas être excessive sans quoi l'eau circule trop rapidement et l'épuration n'a pas le temps d'être opérée dans sa totalité ;
- la distribution des eaux à traiter à la surface de ces massifs. Elle peut être optimisée en utilisant des augets ou des chasses de volumes calibrés et adaptés à la surface du massif, couplés avec des tuyaux de faible diamètre. La section des tuyaux ne doit toutefois pas être trop faible sous peine d'obturation pouvant nécessiter des interventions de curage, particulièrement malaisées à réaliser. L'alimentation des massifs par pompage est aussi un gage de performance de la distribution qui compense sa consommation d'énergie.

Le principe défendu par le Cemagref est d'arriver à maîtriser la croissance bactérienne pour éviter le colmatage biologique, en assurant des périodes de repos qui permettent la dessiccation et la prédation de la biomasse limitant ainsi naturellement son expansion. Dans la pratique, et pour les petites installations d'assainissement qui sont enterrées avec une alimentation au fil de l'eau, ou même par bâchées, mais en tout cas sans périodes de repos comme pour les grandes (voir Figure 5), le surdimensionnement est requis. Avec une distribution aussi mauvaise que celle que l'on connaît, la surface réellement en activité reçoit une charge polluante bien supérieure à ce qu'elle devrait être et la limitation naturelle de l'expansion du biofilm n'est pas réalisée. Le colmatage biologique est inévitable et constaté.

La charge volumique d'un système à cultures fixées s'exprime en gramme ou kilo de DBO_5 par mètre cube de matériau. Or, il faudrait parler en gramme ou kilo de DBO_5 par mètre carré de surface, et il faudrait préciser surface développée (ou surface spécifique) par la porosité du matériau puisque c'est sur cette surface que s'accroche la biomasse. De ce point de vue, les matériaux n'offrent pas tous la même surface spécifique, et il faut également distinguer ceux qui sont dotés d'une porosité intragranulaire en plus de la porosité extragranulaire.

Par ailleurs, tous les systèmes n'exploitent pas la totalité du matériau qui est offert à l'épuration. Pour les plus courants comme le filtre à sable, seuls les premiers centimètres (tout au plus 10 cm) participent à l'épuration, le filtre fonctionnant toujours à la limite du colmatage biologique.

Dans ces systèmes, étant donné que la biomasse épuratrice reste au sein des massifs, il n'y a pas d'ouvrage de décantation secondaire associé (clarificateur).

Colmatage physique et colmatage biologique

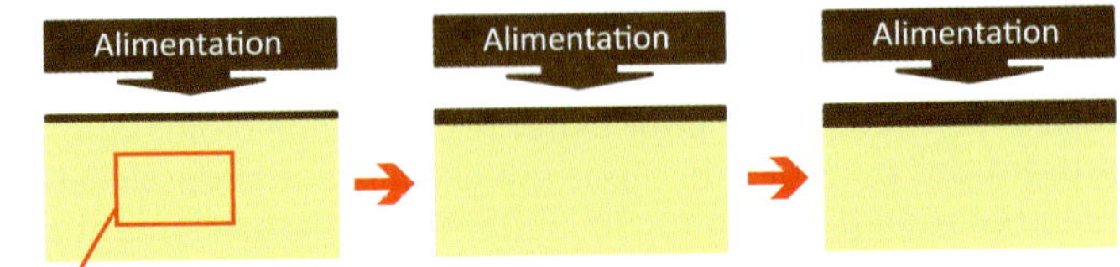

Colmatage physique : au fil du temps, une couche de dépôts se forme le plus souvent à la surface des massifs, jusqu'à former une couche imperméable, colmatante (définition simplifiée).

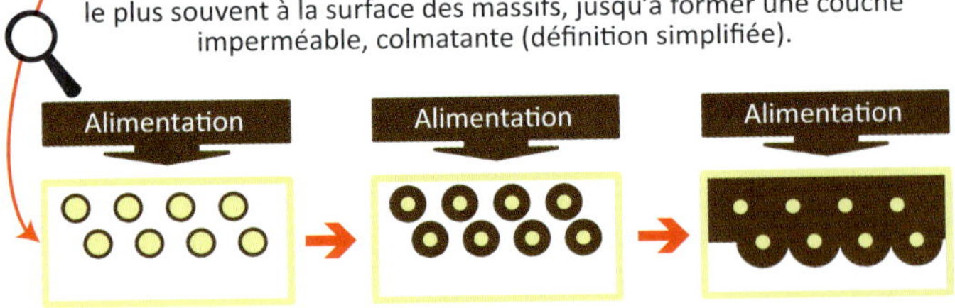

Colmatage biologique : au fil du temps, un biofilm bactérien se forme à la surface des grains, support de croissance de la biomasse dans le massif, jusqu'à envahir les pores, et former une couche imperméable, colmatante.

Figure 24. **Représentation schématique du colmatage physique et du colmatage biologique.**

Filtre à sable : deux modes d'alimentation en fonction de la taille du filtre

Un filtre à sable, pour une station d'épuration collective, est dimensionné traditionnellement à 25 g DBO_5/m^2, avec les conditions suivantes : au moins 3 lits permettant des alimentations alternées (par exemple 1 jour sur 3, ou 3 jours d'alimentation puis 6 jours de repos ou 1 semaine d'alimentation et 2 semaines de repos…), un traitement primaire de type décanteur-digesteur en tête protège le filtre des matières particulaires qui le colmateraient prématurément, et garanti un premier abattement de la pollution dissoute, une distribution par bâchée pour atteindre une lame d'eau théorique afin que la distribution soit homogène sur l'ensemble du massif. Ce filtre est à l'air libre et peut faire l'objet d'une opération de scarification à sa surface pour enlever la couche de dépôt colmatante qui ne manque pas de se former (colmatage physique).

Un filtre à sable, pour la maison individuelle, est dimensionné plus largement pour compenser la non-alternance d'alimentation, à 12 g DBO_5/m^2, avec les conditions suivantes : un traitement primaire par fosse septique pour piéger les particules et éviter (limiter) le colmatage physique, et assurer un abattement d'une partie de la pollution dissoute. Il n'y a pas d'obligation d'alimenter par bâchées (bien que ce soit préférable), il n'y a pas de possibilité de scarifier la surface si un colmatage physique ou biologique intervient puisque le filtre est enterré, il n'y a pas d'alternance d'alimentation pour gérer l'apparition du colmatage biologique en mettant le filtre au repos… ces conditions expliquent, en partie, la raison de son surdimensionnement par rapport à son équivalent « collectif ».

Des supports grossiers, plus communément appelés « massifs ruisselants » ou lits bactériens

Les matériaux utilisés dans ces procédés rustiques sont des pierres de lave, de la pouzzolane, des graviers de grosse granulométrie, mais aussi des matériaux plastiques. Ces massifs ruisselants sont moins efficaces que des filtres à matériaux fins en termes de rétention des matières particulaires.

Figure 25. **Pouzzolane, matériau support de croissance bactérienne utilisée par exemple dans les lits bactériens (photo VEOLIA).**

La granulométrie de ces systèmes est grossière, un taux de vide d'environ 50 % permet d'assurer largement l'aération. En revanche, le ruissellement de l'eau est rapide et l'épuration peut n'être pas réalisée dans sa totalité si la hauteur de matériau est insuffisante.

La rapidité de ruissellement de l'eau est cependant recherchée pour assurer un autodécrochement de la biomasse qui se développe sur les matériaux support. L'objectif est d'éviter un encrassement au cours du temps, qui reste toujours possible même avec ces fortes granulométries.

Ce type de dispositif ne peut pas être alimenté par une distribution gravitaire et au fil de l'eau. Les massifs sont en général distribués par un système de sprinkler qui va arroser la totalité de la surface du massif. Le sprinkler est nécessairement alimenté par pompage.

Pour assurer une épuration suffisante et un autocurage efficace, une partie de l'eau qui a déjà percolé est recirculée en tête de massif, ce qui augmente artificiellement le débit.

Dans ces systèmes, c'est aussi la charge surfacique qui est le paramètre de dimensionnement. Un lit bactérien est dimensionné sur une charge organique de 0,4 à 0,7 kg $DBO_5/j/m^3$ de garnissage. Une hauteur minimale est recherchée (2,5 à 5 m), ainsi qu'une charge hydraulique instantanée (0,7 à 2,2 m/h).

Dans ces systèmes, la biomasse en excès qui se détache par le phénomène d'autocurage est piégée dans un ouvrage de décantation secondaire.

Les cultures fixées immergées

Dans un objectif de réduction des surfaces ou des volumes d'ouvrages dédiés à l'épuration, on passe à la catégorie des cultures fixées immergées. Dans ce cas, les supports du développement bactérien sont en permanence noyés dans les eaux usées à traiter. Les bactéries sont au contact direct et permanent de la pollution, mais il faut apporter de l'oxygène car la simple diffusion de l'air dans l'eau ne suffit pas à assurer l'apport en O_2 nécessaire à la dégradation aérobie de la matière organique.

Les matériaux utilisés comme support de biomasse sont très divers. Ils peuvent être fixes dans le réacteur, sous forme de tubes ou de sphères creuses. Ils peuvent être de petite taille et suffisamment légers pour être mis en suspension dans l'eau (fluidisation) souvent par l'énergie d'aération.

Le paramètre déterminant et dimensionnant va être le rapport entre la quantité de pollution et la surface d'accrochage potentielle de la biomasse épuratrice, appelée surface spécifique. On doit donc avoir l'information concernant la surface développée du matériau support (surface spécifique exprimée en m^2/m^3 de matériau). Contrairement aux procédés par cultures libres, il n'est pas possible de quantifier directement la quantité de biomasse, et du coup d'accéder au paramètre « charge massique » (la charge massique est le ratio entre la pollution et la biomasse active). Dans le cas des cultures fixées, on n'accède qu'au paramètre « charge volumique » qui s'exprime en kg DBO_5/m^3 de matériau. Le volume de matériau mis en jeu selon les constructeurs doit normalement être en rapport avec la surface spécifique du matériau sur lequel se développe la biomasse. Plus cette surface est grande, plus grande est la quantité de biomasse.

Figure 26. Illustration de la diversité des supports de croissance bactérienne immergée : a. fixes (photo VEOLIA), b. fins mis en fluidisation (photo VEOLIA), c. racines de végétaux qui « trempent » dans l'eau (photo ORGANICA).

Notion de charge massique

Pour garantir une bonne activité biologique et ainsi une bonne épuration, il faut maintenir un ratio adapté entre la quantité de biomasse épuratrice et la quantité de matière organique carbonée à assimiler.

Ce rapport est la charge massique, il s'exprime en $\frac{\text{kg DBO}_5}{\text{kg MVS} \cdot \text{jour}}$.

La DBO_5 représente le carbone organique à éliminer.

Les MVS sont les matières volatiles sèches, et correspondent à une mesure approximative de la biomasse épuratrice. Ces MVS sont contenues dans l'ensemble du système réactionnel.

On considère que, dans une culture bactérienne, la matière organique mesurée par le test normalisé « MVS ou matière volatile sèche », en rapport avec la mesure de MS, ou matière sèche totale, représente de la matière vivante donc opérationnelle pour l'épuration. Même si ça n'est pas totalement vrai d'un point de vue scientifique puisqu'elle contient une fraction de matière organique non vivante, cette évaluation dans des conditions standard de fonctionnement est suffisamment représentative.

Dans les systèmes adaptés aux grandes stations d'épuration, le décrochage de la biomasse en excès est provoqué par des opérations de lavage, opérées souvent à contre-courant. La biomasse ainsi décrochée est piégée dans un clarificateur associé au réacteur biologique.

Dans les plus petits systèmes, le rétrolavage n'existe pas pour des raisons économiques. Ainsi, le type de matériau utilisé doit posséder des caractéristiques qui évitent le colmatage par un excès d'épaisseur de biofilm, avec un décrochage naturel de l'excès de biofilm. Un ouvrage de clarification est donc aussi nécessaire en aval du réacteur biologique aérobie.

Les cultures semi-immergées (ou semi-émergées)

Cette catégorie correspond essentiellement aux technologies à disques rotatifs, dans lesquels la biomasse (le biofilm) se développe sur des disques qui subissent une lente rotation. La grande différence avec les cultures immergées précédentes est que dans ce cas, l'aération est naturelle. Les disques sont en partie immergés dans l'eau à épurer. Conséquence de la rotation des disques, la biomasse est tour à tour plongée dans l'eau à traiter, puis remise à l'air libre ; l'oxygène peut alors directement diffuser au sein du biofilm humide.

Le nombre de disques est ajusté à la charge à traiter, en procurant la bonne surface d'accrochage de la biomasse.

Le décrochage de la biomasse en excès se fait naturellement, sans intervention d'exploitation. Un ouvrage de décantation secondaire est obligatoire pour piéger la biomasse décrochée.

Figure 27. **Support de fixation de biomasse bactérienne semi-immergée : biodisques (photo VEOLIA).**

Les cultures libres

Cette technologie est la résultante d'un objectif de réduction des volumes dédiés à l'épuration, comme pour les cultures fixées immergées. Mais là, il s'agit d'une croissance bactérienne libre dans l'eau, et on cherche à obtenir une croissance agrégée des bactéries sous forme de flocs[4], conséquence de la dégradation de la matière organique. Dans chaque floc, on trouve plusieurs centaines de bactéries.

Dans une culture libre, les bactéries sont également en permanence dans l'eau usée à traiter ; il est donc nécessaire de leur apporter de l'oxygène, car la simple diffusion de l'air dans l'eau ne permet pas d'assurer les apports nécessaires à la dégradation de la matière organique.

On distingue deux grands types de cultures libres.

Les boues activées

Principe très largement répandu dans l'épuration des eaux usées de plus grande taille, la boue activée est une culture libre dans un bassin aéré, suivi d'un clarificateur assurant la décantation des boues biologiques produites dans le bassin d'aération. Pour maintenir une biomasse en quantité adaptée à la charge organique (polluante) des eaux usées alimentant l'installation, une recirculation des boues (recirculation des bactéries-biomasse épuratrices) est réalisée. Une partie des boues ayant sédimenté dans le clarificateur est donc acheminée (recirculée) en tête du

---

Après division cellulaire, les bactéries restent agglomérées grâce à la production d'un exopolymère qui est produit par les bactéries elles-mêmes lorsqu'elles sont dans les conditions normales du dimensionnement de ce type d'installation. Les bactéries agglomérées sous forme de flocs (plusieurs centaines de cellules) peuvent ainsi décanter ; il est alors possible de séparer l'eau traitée des « boues biomasse », alors qu'une bactérie isolée (croissance dispersée) est bien trop petite et légère pour être isolée de l'eau épurée.

bassin d'aération. Le principe de l'activation repose sur cette recirculation de biomasse.

Dans une configuration de « grandes » stations d'épuration, le paramètre dimensionnant pour atteindre des performances épuratoires classiques est la charge volumique qui est de l'ordre de 0,35 $\frac{\text{kg DBO}_5}{\text{m}^3 \cdot j}$.

Figure 28. **Culture libre floculée, test de décantation en éprouvette (photo VEOLIA).**

La charge volumique est complétée par le paramètre charg massique qui est d'environ 0,1 $\frac{\text{kg DBO}_5}{\text{kg MVS} \cdot j}$ pour des système dit à « faible charge massique ». La recirculation des boues es de l'ordre de 100 % du débit journalier.

Ces grandeurs dimensionnantes ne semblent pas être toujour respectées dans certaines PIA à boues activées.

Le réacteur biologique à boue activée est complété par un clarificateur (Figure 29), et une partie des boues en excès doit en être éliminée.

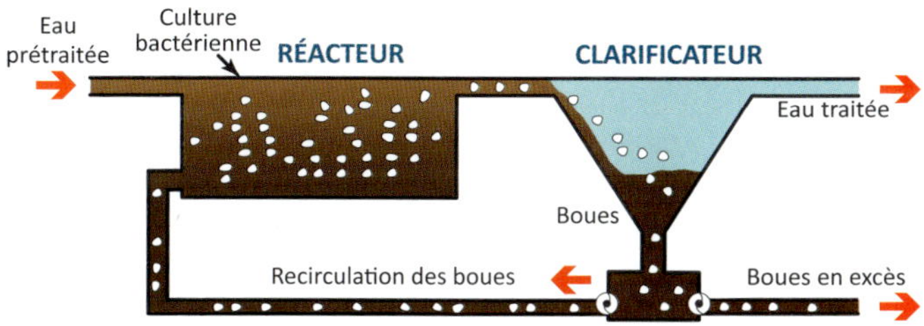

Figure 29. **Schéma de principe d'une culture libre à boue activée.**

Les SBR

Le SBR (*Sequencing Batch Reactor*) repose sur le même principe de culture libre avec croissance bactérienne libre dans l'eau, les bactéries étant aussi agrégées sous forme de flocs décantables. Le SBR est une technologie qui vise à optimiser le nombre de cuves nécessaires aux étapes de l'épuration. Dans un SBR, le clarificateur n'existe plus, la décantation des boues biologiques a lieu dans la cuve d'aération. C'est en organisant une alternance des phases d'aération et de sédimentation que la cuve d'aération peut servir de décanteur (Figure 30).

Ce type de réacteur est alimenté par bâchées et non au fil des rejets de la maison. Un volume d'eau usée est admis dans la cuve aérée, ce volume va être traité en un cycle comprenant plusieurs phases. On trouve les principales phases suivantes : phase 1, alimentation du réacteur biologique en eau décantée (quelques secondes) ; phase 2, aération et brassage (~ 1 h) ; phase 3, sédimentation (arrêt de l'aération et du brassage ~ 2 h) ; phases 4 et 5, évacuation de l'eau traitée et extraction d'une partie des boues biologiques (la quantité de boues extraites doit correspondre à la croissance en excès, car il est indispensable de maintenir une biomasse bactérienne active pour traiter les eaux usées de la bâchée suivante). On observe en général 4 ou 5 cycles pour traiter la totalité des eaux usées qui parviennent à l'installation sur 24 heures.

On comprend alors la nécessité de la présence d'une cuve en amont du réacteur biologique qui stocke les eaux usées produites le temps que le cycle précédent se termine. Le volume de cette première cuve sera déterminant sur la capacité de ces systèmes de traitement SBR à accepter des surcharges hydrauliques.

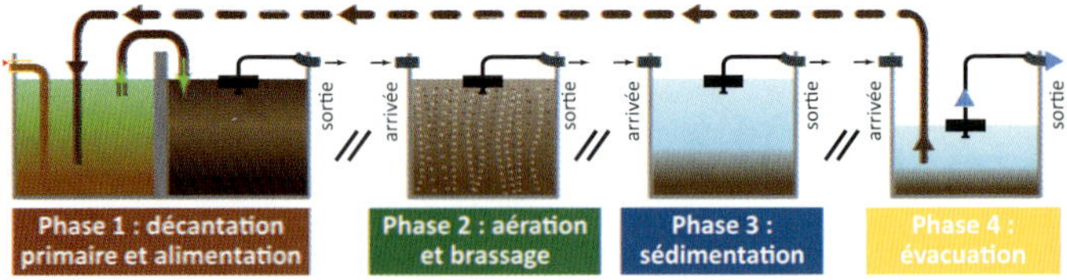

Figure 30. **Schéma de principe de fonctionnement d'une culture libre du type SBR *(Sequencing Batch Reactor)*. Le décanteur primaire n'est représenté que dans le schéma de gauche. Ensuite, ne figure que le réacteur biologique.**

Prétraitements, traitements primaires

Dans le cas d'une installation d'assainissement de grande taille les eaux usées parviennent au bassin d'aération après une série de prétraitements qui sont essentiels au bon fonctionnement des ouvrages de traitement qu'ils protègent. Ces prétraitements sont obligatoires en raison de la présence de l'ouvrage de collecte (réseau) entre les immeubles qui produisent les eaux usées et les ouvrages de traitement. On trouve, dans l'ordre le dégrillage (élimination des déchets grossiers qui peuvent gêner les équipements de pompage), le dessablage (élimination des sables issues des ménages et voiries qui pourraient endommager les pompes, ensabler les ouvrages de traitement) et le déshuilage/dégraissage (élimination des corps gras en excès).

Dans le cas de petites installations d'assainissement, le réseau de collecte est réduit au minimum et sans aucun lien avec la voirie ou les eaux pluviales. Dans ce cas, les prétraitements ne sont pas utiles. Au plus, il est possible de rencontrer un ouvrage censé dégraisser les eaux usées. Ce dernier est surtout requis dans le cas d'activités qui génèrent beaucoup de graisses, comme les restaurants ou des activités artisanales de préparations culinaires.

En revanche, il est essentiel de prévoir un ouvrage de traitement primaire sur les eaux brutes avant leur admission dans la cuve d'aération. Cette étape est obligatoire pour les PIA.

Un prérequis indispensable pour une PIA : le traitement primaire.

Le traitement primaire est indispensable pour les raisons suivantes :

- il sert de tampon hydraulique qui permet d'écrêter en partie les pointes de débit qui sont très fortes dans ces petites installations. Ces pointes sont extrêmes, comparativement aux pointes de débit constatées sur des installations collectives de plus grande taille ;
- il permet la sédimentation des matières particulaires les plus lourdes, de nature minérales et organiques, et la rétention des matières grasses (formation d'un chapeau). Il assure leur stockage pendant plusieurs mois (décanteur primaire, décanteur digesteur) ou plusieurs années (certains décanteurs primaires, fosses septiques) ;
- il démarre le traitement des eaux usées en prédigérant les matières particulaires, en transformant une partie de

la matière organique particulaire (DCO particulaire) en matière organique dissoute (DCO soluble) qui pourra être plus rapidement dégradée dans le réacteur biologique aérobie ;

- il assure le stockage des boues biologiques qui sont produites au cours de l'épuration des eaux, si toutefois celles-ci peuvent être extraites du réacteur biologique (ce qui est impossible par exemple pour un massif filtrant), et si un système de pompage des boues décantées dans le clarificateur vers la cuve de traitement est prévu, selon la technologie mise en œuvre.

L'ouvrage de traitement primaire est une fosse septique, un décanteur primaire ou un décanteur-digesteur.

La fosse septique est l'ouvrage de référence de traitement primaire des équipements d'assainissement de la maison individuelle. Elle était auparavant destinée à piéger les matières fécales, et donc branchée exclusivement sur le circuit des eaux-vannes. Les volumes mis en jeu pour ce type d'utilisation sont de 1 à 2 m^3 tout au plus.

Aujourd'hui, les eaux ménagères sont traitées conjointement avec les eaux-vannes, et l'ouvrage de traitement primaire doit collecter toutes ces eaux. C'est pourquoi on l'appelle dorénavant la fosse septique toutes eaux. À noter que la terminologie européenne a choisi de parler de fosse septique, et sous ce terme on doit bien comprendre qu'elle est « toutes eaux ».

Le rôle de la fosse septique est de piéger et stocker les matières particulaires pour protéger les dispositifs de filtrations disposés à leur aval. Au cours du stockage, une liquéfaction des matières particulaires organiques s'opère. Globalement, les rendements attendus sur cet ouvrage sont de l'ordre de 70 % sur les MeS, et d'environ 30 % sur la DCO. Une évolution des formes de l'azote est aussi accomplie dans cet ouvrage, l'ammonification conduit à la minéralisation de l'azote organique en azote minéral réduit : l'ammoniaque NH_4^+.

Le décanteur primaire est un ouvrage qui assure la décantation des eaux, comme la fosse septique. On trouve des décanteurs-digesteurs dont la fonction se rapproche de celle des fosses septiques (décantation et liquéfaction des matières). La différence réside normalement dans le dimensionnement de ces ouvrages, qui présentent des temps de séjour plus faibles.

Ce n'est pas tout à fait vérifié dans le cas des microstations puisqu'on y trouve des décanteurs primaires dont les volumes sont comparables à ceux de fosse septiques. Ils en assurent d'ailleurs les mêmes fonctions puisqu'on peut y observer également la mise en place des processus de méthanisation.

Relation entre besoin en oxygène et taille des installations

Considérons que le système d'épuration est une boîte noire, et remettons en place les quelques notions suivantes :

- La pollution contenue dans les eaux usées est avant tout du carbone organique, et son épuration est réalisée par assimilation bactérienne.
- La quantité de bactéries qui assure l'épuration doit être en rapport avec la quantité de matière organique à assimiler.
- Cette assimilation nécessite un apport d'oxygène aux bactéries car c'est un processus aérobie.
- L'oxygène est consommé pour les réactions biochimiques d'oxydation des molécules organiques, et pour la respiration endogène des bactéries. Cette partie est constante pour une quantité donnée de bactéries.

La conception de la technologie d'épuration des eaux usées repose essentiellement sur ces deux notions : concentrer les bactéries (et maintenir leur concentration à un niveau adapté à la quantité de pollution à assimiler), et leur apporter assez d'oxygène.

Concentrer les bactéries, du moins avoir toujours une concentration adaptée de biomasse bactérienne, c'est le principe qui a conduit à la mise au point de la boue activée :

- une cuve aérée contient une culture bactérienne concentrée (c'est le réacteur biologique) ;
- une autre cuve permet la séparation de la biomasse d'avec l'eau traitée (c'est le clarificateur) ;
- une extraction des boues biologiques produites en permanence pour, en majorité, les réinjecter dans la cuve aérée (c'est le principe de l'activation), et garantir ainsi une concentration en biomasse constante dans le bassin d'aération ;
- et une minorité (la production journalière de bactérie) est extraite du système de traitement de l'eau.

Dans le cas des plus petites PIA, on ne trouve pas d'extraction permanente du système de traitement des boues en excès, elles s'accumulent dans le clarificateur, et ce stockage a fatalement une durée limitée.

La biomasse épuratrice dans un système à boues activées ne peut pas être concentrée indéfiniment. Il existe des limites qui sont liées :

- d'une part, à la capacité de ces boues à sédimenter : des boues trop concentrées ne peuvent pas être correctement séparées de l'eau, car l'ouvrage de clarification n'est pas dimensionné pour. L'étape de clarification est alors impossible ou médiocre et le système ne fonctionne plus, des boues partent avec l'effluent épuré ;
- d'autre part, à la capacité d'aération par le biais de la diffusion en oxygène dans l'eau : pour une température et une pression données, la diffusion de l'oxygène de l'air dans l'eau atteint une valeur X. Dès lors que l'eau n'est plus pure, l'efficacité de cette diffusion diminue, et la valeur X atteinte en eau claire se trouve diminuée. Elle peut devenir très faible lorsque les boues sont trop concentrées.

Pour pouvoir traiter plus de pollution, on n'aura d'autre ressource que d'augmenter le volume du réacteur de la boue activée et la surface de son clarificateur, ce qui permettra d'augmenter la charge globale en bactéries actives. Mais il faudra alors augmenter aussi la quantité d'oxygène.

Un exemple pour mieux comprendre

Soit une boue activée traitant X kg de DBO_5, avec un volume de réacteur en rapport avec la pollution (Vx), une concentration en boues activées dans ce réacteur adaptée aussi à la pollution à dégrader (Cx), avec une quantité d'oxygène adaptée à la biomasse et à la pollution à traiter (Ox). Pour doubler la capacité de traitement (2X), on peut doubler l'aération (2Ox) mais on ne peut pas doubler la concentration en boues car la décantation ne se fera plus correctement. On doit donc doubler le volume de réacteur (2Vx) dans lequel la boue sera toujours à la concentration Cx mais il y aura globalement deux fois plus de biomasse.

Pour être précis, il faut apporter de l'oxygène pour l'assimilation du carbone et pour la respiration de la biomasse (respiration endogène). En ce cas, s'il y a bien dans le bassin une concentration Cx pour un volume double, il y a tout de même deux fois plus de biomasse qui va donc respirer doublement... Se reporter au chapitre « Épuration » et notamment au paragraphe sur les besoins en oxygène et la respiration endogène.

La boue activée trouve ses limites dans la concentration en biomasse et la fourniture en oxygène.

Pour y remédier, la technologie des cultures fixées s'est développée. La biomasse étant immobilisée, il n'y a plus cette limite de saturation de la clarification. La quantité de biomasse peut être largement augmentée pour un même volume de réacteur, grâce à l'utilisation de supports de fixation de biomasse qui, selon les modèles, développent une surface dédiée à l'accrochage des bactéries qui peut être très importante.

La Figure 31 est une représentation des volumes de réacteur biologique mis en jeu dans le panel de PIA testées sur la plateforme du CSTB à Nantes. L'exercice cherche à comparer des filières que l'on dimensionne à partir de surfaces, par rapport à celles qui se dimensionnent à partir de volumes. Il montre clairement que les cultures fixées immergées sont les filières les plus compactes.

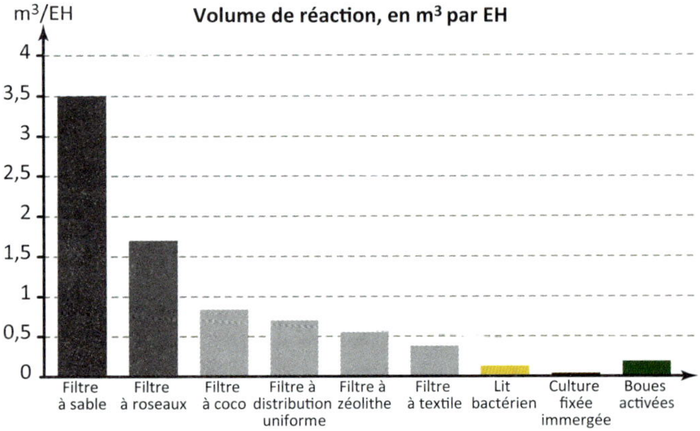

Figure 31. Représentation du volume de réaction dédié à l'épuration, pour différents systèmes de traitement.

Le filtre à sable vertical drainé traditionnel est très extensif. Des systèmes de distribution plus performants pour alimenter la surface dédiée à l'épuration permettent de réduire les surfaces (ici traduits en volumes) de réacteur biologique ; toutefois réduire la surface (ou le volume), c'est aussi augmenter la charge polluante par unité de volume (ou surface) et par conséquent augmenter les besoins en oxygène. L'utilisation de matériaux plus poreux que le sable est une façon d'optimiser l'aération et d'augmenter la surface d'échange (colonisation et activité de la biomasse dans plus de profondeur que dans le cas d'un filtre à sable). On arrive à des limites qui conduisent inévitablement au passage d'une culture bactérienne en milieu insaturé, à une culture en milieu saturé, nécessitant alors un apport d'oxygène extérieur.

Dans le cas de cultures immergées, on constate que les cultures libres, type boues activées, sont très compactes. Mais le volume le plus optimisé est celui des cultures fixées immergées : le principe d'accrochage de la biomasse sur les supports immergés offrant une surface développée importante permet d'augmenter la capacité de traitement, car il augmente la quantité de biomasse active par rapport à une culture libre de même volume. En effet, dans une culture libre, comme cela a été décrit précédemment, on est très vite limité par la concentration en boues actives qui ne peut être augmentée indéfiniment dans le réacteur, sous peine de voir partir les boues avec l'eau épurée.

Les PIA : des technologies multiples

Aujourd'hui, une multitude de technologies dérivant de celles mises en œuvre dans l'assainissement urbain, est disponible sur l'espace européen. Dans quelques pays, des contraintes d'agréments nationaux en restreignent l'installation. Ces technologies comprennent des massifs filtrants compacts, et des petites stations d'épuration à cultures libres ou fixées, plus connues sous l'appellation microstations.

Veolia Eau en a testé un certain nombre sur plateformes d'essais au cours d'études qui sont à l'origine de plusieurs communications publiques.

Les technologies testées par Veolia Eau sont présentées succinctement ci-après. L'objectif est ici de montrer qu'à partir de trois grandes familles de technologies (massif filtrant, culture libre, culture fixée), il existe de multiples variantes. Cependant, si les filières testées par Veolia Eau sont bien représentatives de ce qui est installé aujourd'hui un peu partout en Europe (près de 95 % du marché), la liste est loin d'être exhaustive.

Les technologies présentées ci-dessous ne visent qu'à illustrer leur grande variété sur le marché européen. En aucun cas, par ces présentations, il n'est porté un jugement sur ces technologies.

Massif filtrant à sable, version filtre à sable vertical drainé (selon la XP DTU 64-1 de mars 2007)

Il repose sur l'utilisation d'un milieu filtrant constitué de sable.

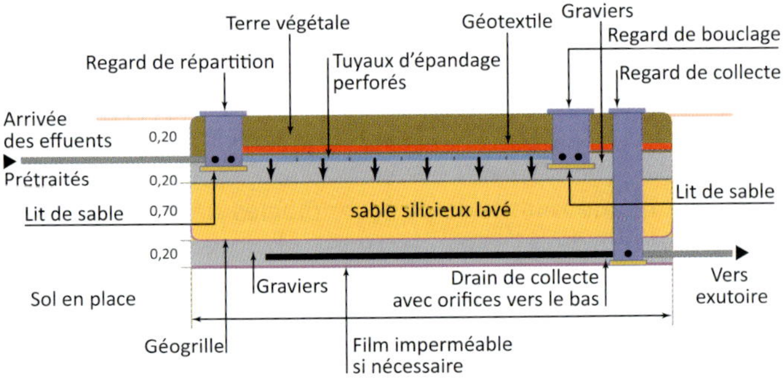

Figure 32. **Filtre à sable vertical drainé selon la norme XP DTU 64-1 de 2007 (photos VEOLIA).**

Le massif est précédé d'une fosse septique. La circulation de l'eau est gravitaire. La distribution des eaux prétraitées se fait avec des drains d'épandage de 100 mm de section. L'aération du massif est naturelle. La perte d'altimétrie entre l'entrée du filtre et la sortie est de 110 cm.

Massif filtrant à sable planté de roseaux à flux vertical suivi d'horizontal, Autoépure

Le massif est précédé d'une fosse septique.

Figure 33. Filtre planté de roseau à flux vertical suivi d'horizontal (Autoépure). a. Filtre récemment planté, détail des parties à écoulement vertical et horizontal, b. filtre de deux ans (photos VEOLIA).

Il repose sur l'utilisation d'un milieu filtrant à sable à écoulement vertical planté de roseaux, suivi d'un filtre à écoulement horizontal constitué d'un massif de gravillons planté de roseaux également. La distribution des eaux prétraitées se fait sous pression par bâchées, par voie en subsurface. La perte d'altimétrie entre l'entrée du filtre et la sortie est de 90 cm.

Massif filtrant : filtre planté de roseaux à flux vertical suivi d'horizontal, suivi d'une désinfection UV

Le massif est précédé d'une fosse septique. Il repose sur l'utilisation d'un milieu filtrant constitué d'un filtre d'argile expansée à écoulement vertical planté de roseaux, suivi d'un filtre à sable à écoulement horizontal planté de roseaux. Une désinfection des eaux traitées est assurée par des lampes UV.

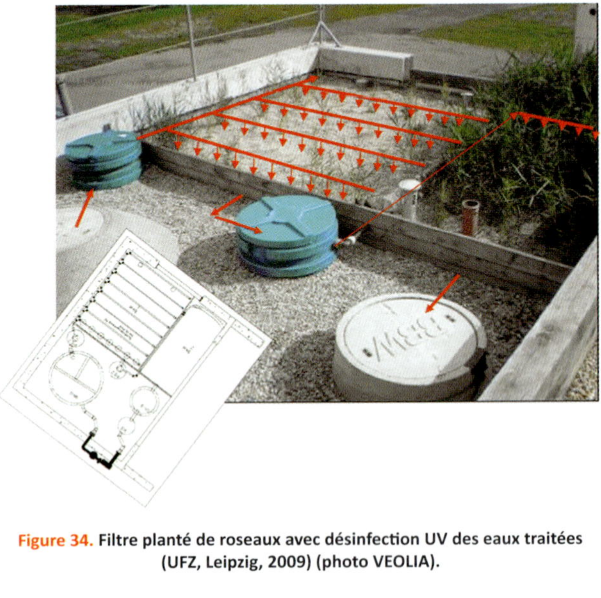

Figure 34. **Filtre planté de roseaux avec désinfection UV des eaux traitées (UFZ, Leipzig, 2009) (photo VEOLIA).**

La distribution des eaux prétraitées se fait sous pression par bâchées, par pompage. L'aération est naturelle. La perte d'altimétrie est de 90 cm.

Massif filtrant à zéolithe Eparco

Il est précédé d'une fosse septique Eparco. Le massif filtrant est constitué de zéolithes de type chabasite. La distribution des eaux prétraitées se fait par voie gravitaire au fil de l'eau sur le massif grâce à des drains d'épandage. La perte d'altimétrie entre l'entrée et la sortie du filtre est de 72 cm.

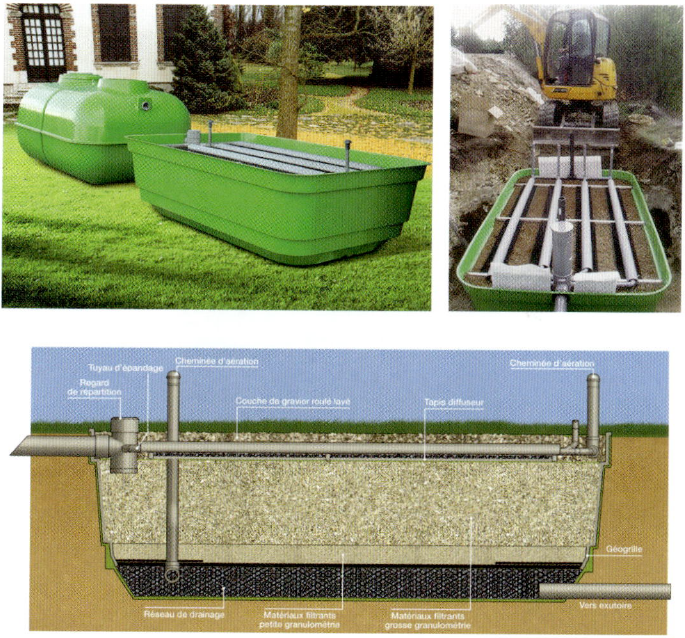

Figure 35. Massif filtrant à zéolithe Eparco (photos EPARCO).

Massif filtrant à sable vertical drainé à surface réduite avec distribution d'eau par distributeur homogène : Septodiffuseur® de Sebico

Alimentés au fil de l'eau ou par chasse d'alimentation, les packs Septodiffuseur assurent la filtration, la dégradation des matières en suspension et la répartition de l'effluent prétraité sur toute la surface d'infiltration. L'effluent poursuit son traitement à travers le filtre à sable selon les processus épuratoires classiques. La perte d'altimétrie entre l'entrée et la sortie du filtre est de 80 cm.

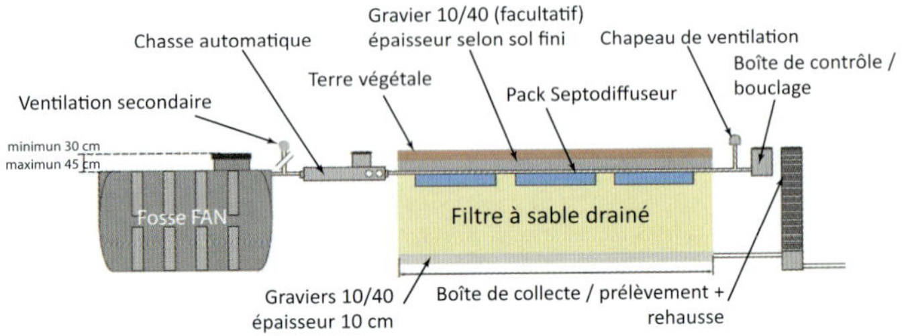

Figure 36. **Filtre à sable avec distributeur homogène, Septodiffuseur® (photo Sebico).**

Massif filtrant à sable (BodenKöperfilter Lauterbach)

Filtre compact à sable, précédé d'une fosse septique compartimentée. Les eaux septiques sont distribuées sur le massif filtrant par bâchées, grâce à un auget basculant. L'aération est naturelle, la circulation de l'eau est gravitaire, le système ne consomme pas d'énergie mais a une forte perte d'altimétrie (145 cm).

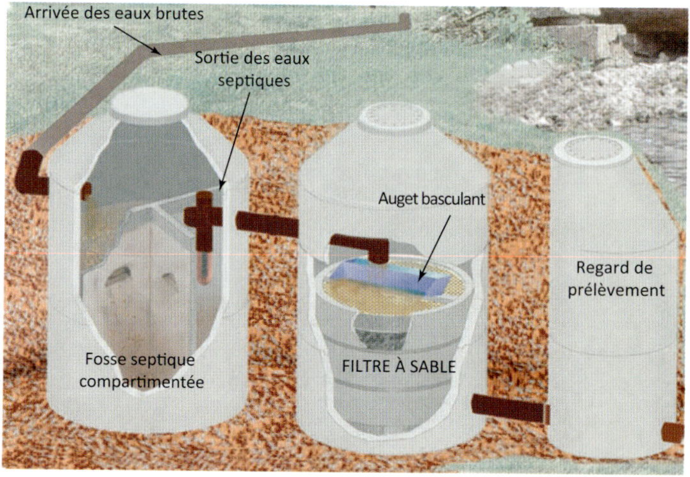

Figure 37. Schéma du filtre à sable compact (Lauterbach).

Massif filtrant à copeaux de coco (Ecofix Premier Tech)

Le filtre compact à copeaux de coco est précédé d'une fosse septique. La distribution des eaux septiques se fait par bâchées *via* un auget basculant, des plaques perforées assurent la répartition optimale sur la totalité du massif. La circulation de l'eau est gravitaire, l'aération du massif est naturelle, le dispositif ne consomme pas d'énergie. Une perte d'altimétrie de 120 cm est observée pour ce modèle.

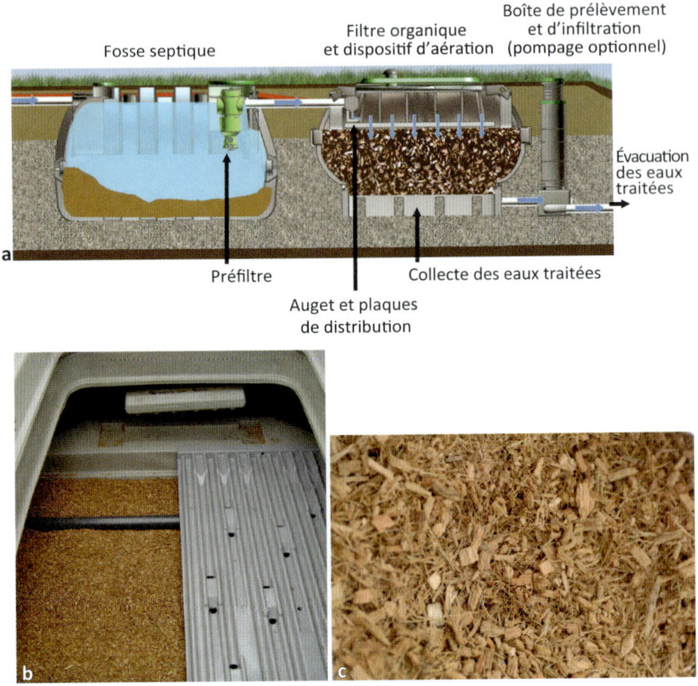

Figure 38. **a. Schéma de principe de la technologie de filtre à copeaux de coco (PREMIER TECH), b. plaque de distribution (photo Premier Tech), c. matériau filtrant (copeaux de coco) (photo VEOLIA).**

Massif filtrant à textile-tourbe (Ecoflex Premier Tech)

Le filtre compact est constitué d'une alternance de couches de textile et de matériau organique (tourbe). Le textile est enroulé et inséré sur la tranche dans un « bidon ». Une batterie de filtres est précédée d'une fosse septique. La distribution des eaux septiques à la surface des filtres se fait par sprinkler, actionné par une pompe, qui nécessite un poste de dosage entre la fosse septique et les filtres. L'aération des filtres est naturelle. De l'énergie est consommée pour le pompage des eaux prétraitées pour l'alimentation du massif. Une particularité est la mise en œuvre d'une recirculation de l'eau traitée (2/3), soit vers la fosse septique lorsqu'un objectif de dénitrification est recherché, soit vers le poste de dosage. Par ailleurs, ce type de dispositif est modulable (on peut ajouter autant de bidons que nécessaire si le volume de la fosse septique est initialement prévu pour une extension du traitement), et peut s'installer dans un appentis ou dans une cave. La perte d'altimétrie entre l'entrée et la sortie des filtres est de 80 cm.

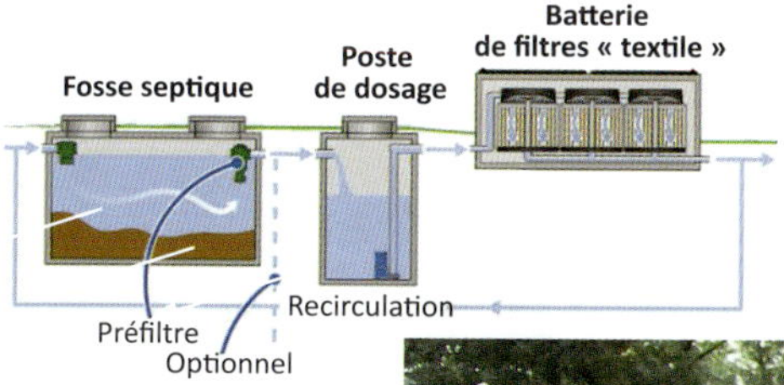

Figure 39. **Schéma de principe du filtre à textile tourbe (Premier Tech), et photographie d'une installation des filtres hors sol (photo VEOLIA).**

Cultures fixées immergées, à lit fixe (Oxyfix C90® Eloy)

La microstation est composée d'un dispositif monobloc compartimenté. Un premier compartiment assure la décantation primaire. Il alimente le second compartiment aéré dans lequel se trouve le support. Le support de fixation de la biomasse est un garnissage en plastique (oxybee®). Sous le garnissage, une membrane diffuse l'air distribué par un surpresseur.

La circulation de l'eau est gravitaire d'un compartiment à l'autre jusqu'à son évacuation. La perte d'altimétrie est faible, de l'ordre de 2 cm. De l'énergie est consommée pour l'aération et pour l'extraction des boues du clarificateur vers le décanteur primaire pour assurer leur stockage.

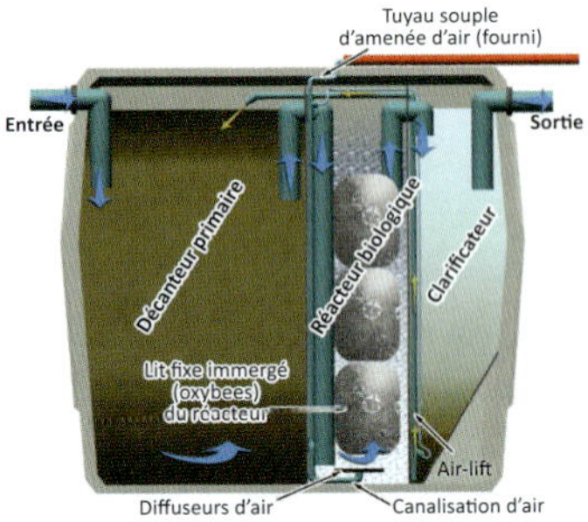

Figure 40. Schéma de la microstation à culture fixée (Eloy Water), et mise en place sur un chantier de réhabilitation (photo VEOLIA).

Culture fixée à lit fixe (3K plus® Hubert)

Le support de fixation de la biomasse est constitué de tubes plastiques organisés en treillis. Sous les supports, des manchons perforés diffusent l'air distribué par un surpresseur. Le réacteur biologique aéré est précédé d'un compartiment de décantation primaire, et il est suivi par un compartiment de décantation secondaire.

La circulation de l'eau est gravitaire d'un compartiment à l'autre jusqu'à son évacuation. La perte d'altimétrie est faible, de l'ordre de 5 cm. De l'énergie est consommée pour l'aération et pour l'extraction des boues du clarificateur vers le décanteur primaire pour assurer leur stockage.

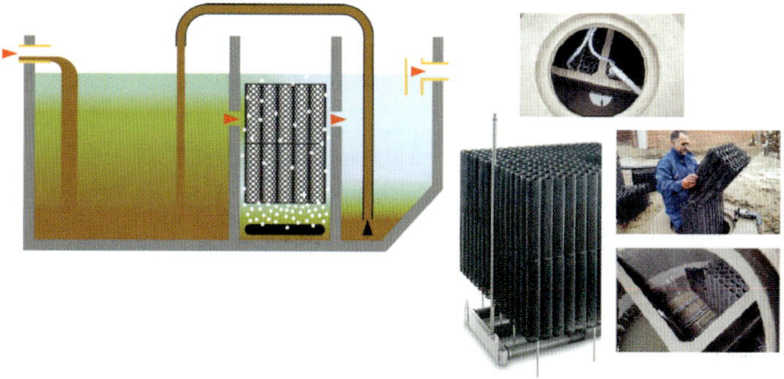

Figure 41. **Microstation à culture fixée avec son support de développement bactérien tubulaire (Hubert).**

Cultures fixées immergées sur un support fixe (BIONEST^{MC})

La version bicuve est composée de deux cuves de 3 m^3 chacune pouvant être en béton, en plastique ou en fibre de verre, pour une capacité nominale déclarée par le constructeur de 5 EH :

- la première cuve est un décanteur primaire 3 m^3 équipé d'un préfiltre, qui réalise une décantation des particules les plus lourdes des eaux usées collectées ;
- la deuxième cuve constituant le réacteur biologique est compartimentée (2/3 ; 1/3) et est entièrement remplie de média synthétique non biodégradable permettant la fixation microbienne :
  - le premier compartiment de 2 m^3 est aéré en permanence à l'aide d'une pompe à air reliée à des diffuseurs fines bulles ;

– le deuxième compartiment de 1 m^3 est équipé d'une pompe de recirculation ayant pour but de retourner une fraction des eaux épurées vers la fosse septique.

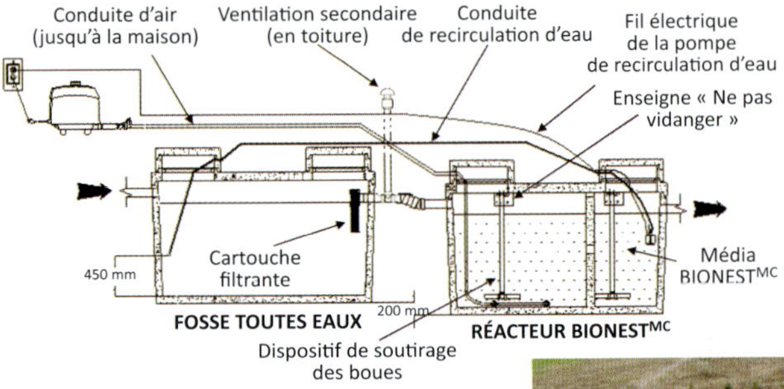

Figure 42. Culture fixée avec fosse toutes eaux en tête (Bionest, version bicuve) (à droite, photo VEOLIA).

Culture fixée immergée sur un support fixe (modèle Johkasou KGRN de HOUSETEC)

Ce dispositif est composé d'une cuve en pDCPD moulée par technologie RIM, et compartimentée en quatre parties non totalement indépendantes, d'un volume total d'environ 5 m^3 pour une capacité nominale déclarée par le constructeur de 7 EH. Ce modèle japonais possède plusieurs particularités.

- Le premier compartiment correspond au décanteur primaire. Il contient un garnissage plastique sphérique destiné à assurer une filtration-rétention des matières grossières.
- Un deuxième compartiment anaérobie contient également un garnissage en plastique de plus petite taille, permettant le développement d'une biomasse anaérobie qui va participer à la décomposition de la matière organique, mais surtout favoriser la dénitrification de l'azote nitrique recirculé dans ce compartiment.
- Un troisième compartiment est muni d'un diffuseur d'air à microbulle alimenté par un surpresseur qui fonctionne en continu pour assurer l'aération. Il contient lui aussi un support de développement d'une biomasse, dans ce cas aérobie, qui poursuit la dégradation des matières organiques.
- Un dernier compartiment est composé en configuration standard d'une cuve de sédimentation et d'une cuve de désinfection. L'eau en sortie de process aérobie est séparée de ses matières en suspension puis évacuée au travers d'une petite cuve de désinfection, contenant une pastille de chlore.

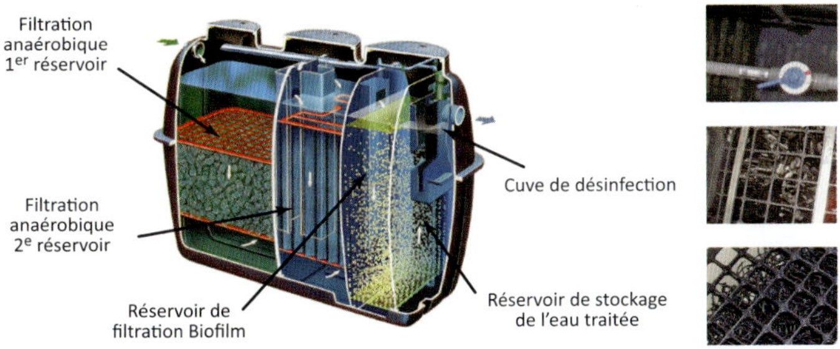

Figure 43. Schéma de la microstation à cultures fixées (Housetec).

Culture fixée à lit fluidisé (WSB® Clean Bergmann)

Le support de fixation de la biomasse est un garnissage léger en plastique alvéolé. Le réacteur aéré est précédé d'un compartiment de décantation primaire, et suivi d'un compartiment de clarification. C'est l'air diffusé en fines bulles qui maintient le garnissage en suspension (fluidisation). La circulation de l'eau est gravitaire de l'entrée vers la sortie. De l'énergie est consommée pour l'aération et le pompage des boues du clarificateur vers la décantation primaire pour assurer leur stockage. La perte d'altimétrie entre l'entrée et la sortie du système est de moins de 10 cm.

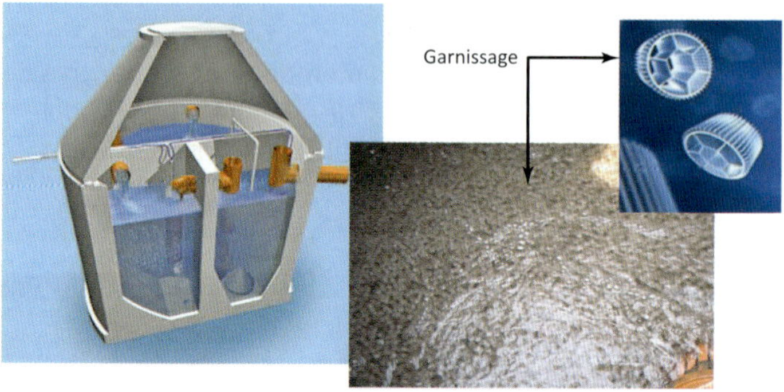

Figure 44. Microstation à culture fixée sur support en vrac de petite taille, mis en fluidisation par l'énergie d'aération (Bergmann) (photo VEOLIA).

Culture fixée sur biodisques rotatifs (BioDisc® Klargester)

Le support de fixation de la biomasse est une série de biodisques. Un élément composé de plusieurs disques trempe dans la cuve de décantation primaire. Il alimente le second compartiment par un godet à chaque rotation (voir cercle rouge sur la photo ci-après). À la suite du compartiment secondaire, on trouve un compartiment de clarification. L'aération est naturelle, et assurée à chaque fois que le biofilm est émergé. L'eau circule de façon gravitaire entre l'entrée et la sortie. De l'énergie est consommée pour la rotation des disques, et le pompage des boues du clarificateur vers le compartiment primaire pour assurer leur stockage. La perte d'altimétrie entre l'entrée et la sortie du système est de 70 cm.

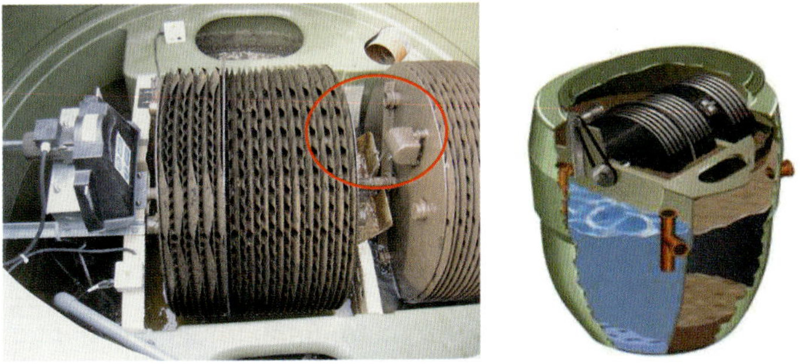

Figure 45. **Microstation à biodisque (Klargester).**

Culture libre à boue activée « classique » (Opur supercompact 5/3 Boralit)

La microstation est composée d'un dispositif monobloc constitué de trois compartiments.

Un premier compartiment assure la décantation primaire des eaux usées. Les bactéries ont une croissance libre floculée dans le second compartiment qui est aéré. Les boues secondaires sont extraites en permanence du clarificateur vers la cuve aérée (principe de l'activation). De l'énergie est nécessaire pour assurer l'aération de la biomasse immergée, la recirculation se fait par air-lift. Les boues secondaires ne sont pas extraites du clarificateur vers le compartiment primaire, elles sont stockées dans le clarificateur. La circulation de l'eau est gravitaire entre l'entrée et la sortie du dispositif. La perte d'altimétrie est de 5 cm.

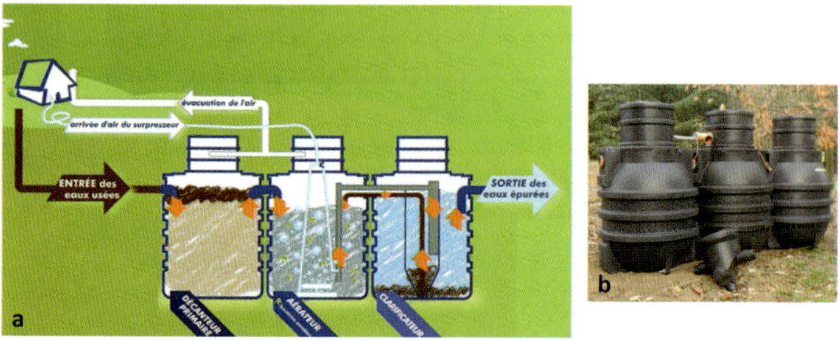

Figure 46. Schéma de principe de la microstation à culture libre type boues activées (Boralit) (photo VEOLIA).

a. Schéma de principe, b. les 3 unités monobloc avant leurs mise en fouille.

Culture libre sous forme SBR (SanoClean Mall)

Le réacteur aéré accueillant la culture libre est précédé d'un grand compartiment de décantation primaire. Il assure le tamponnage de l'eau brute en cas de surcharge hydraulique. L'épuration est assurée en 4 phases de traitement. La durée des phases est automatiquement adaptée à la charge hydraulique reçue, grâce à un régulateur automatique. Aucune pièce mécanique n'est en mouvement dans l'eau, la pompe est externe. De l'énergie est consommée pour transférer l'eau et les boues d'un compartiment à l'autre, ainsi que pour assurer l'aération. La perte d'altimétrie entre l'entrée et la sortie du système est de 10 cm.

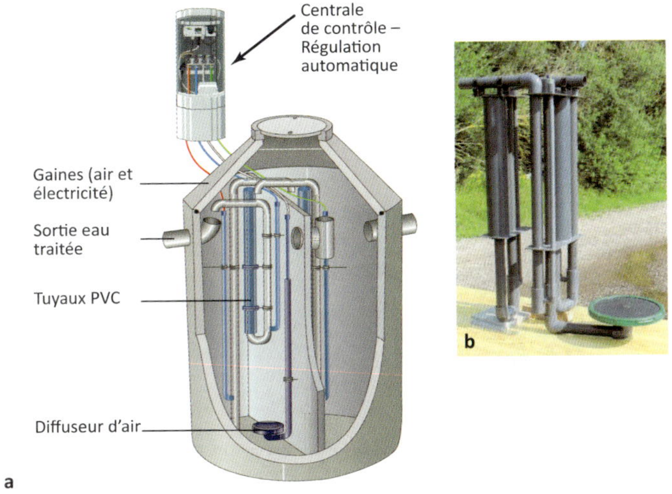

Figure 47. Microstation à culture libre type SBR (Mall).

a. Schéma en coupe de la cuve, b. appareil combinant pompage de l'eau et des boues, et la diffusion d'air.

Cultures libres sous forme SBR (actibloc de Sotralentz)

La filière se compose de deux cuves et d'une armoire de commande externe. Aucun matériel, ni accessoire électrique ou mécanique ne se trouve au contact direct des eaux usées.

La première cuve a trois fonctions essentielles. Elle fait office de décanteur primaire en recueillant les boues et les flottants. Outre la décantation primaire, elle assure le stockage des boues secondaires provenant du réacteur biologique. Ce compartiment permet aussi d'amortir les pics hydrauliques.

La deuxième cuve correspond au réacteur biologique. Il est aéré par un surpresseur. Il fonctionne en 4 cycles journaliers de

6 heures pendant lesquels se dérouleront les différentes phases de traitement : oxydation des eaux prétraitées provenant du décanteur, puis décantation des boues activées, évacuation des eaux traitées, et, enfin, recirculation des boues excédentaires vers le décanteur.

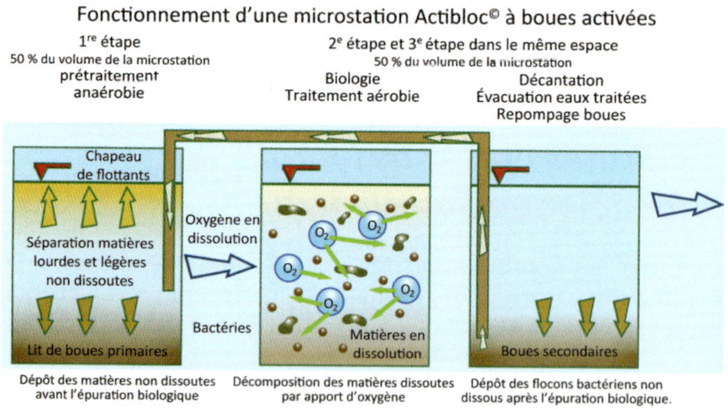

Figure 48. **Microstation à culture libre type SBR (Sotralentz).**

Culture libre sous forme SBR (Fluido® Rewatec)

Le réacteur aéré accueillant la culture libre est précédé d'un compartiment de décantation primaire. Il assure le tamponnage de l'eau brute. L'épuration est assurée en 3 phases de 8 heures pour le traitement. La durée des phases est fixée par horloge. La pompe est flottante, elle assure la circulation de l'eau d'un compartiment à l'autre, ainsi que celle des boues. De l'énergie est consommée pour le pompage et pour l'aération. La perte d'altimétrie entre l'entrée et la sortie est de 10 cm.

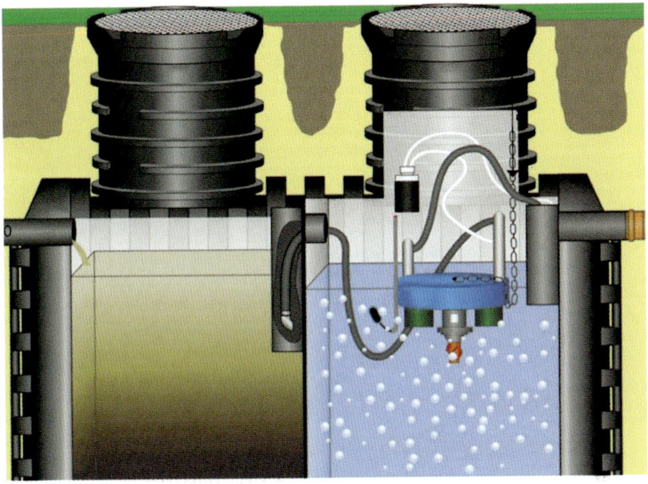

Figure 49. **Microstation à culture libre type SBR (Rewatec).**

Technologie mixte combinant une culture libre avec une culture fixée sur des biodisques (STM® Aquamatic)

Le réacteur aéré est précédé d'une fosse septique, et suivi d'un compartiment de clarification. L'aération met en mouvement les biodisques qui sont quasi totalement immergés. De l'énergie est consommée pour l'aération et le pompage des boues du clarificateur vers la fosse septique pour assurer leur stockage. La perte d'altimétrie entre l'entrée de la fosse septique et la sortie du réacteur biologique est de 20 cm.

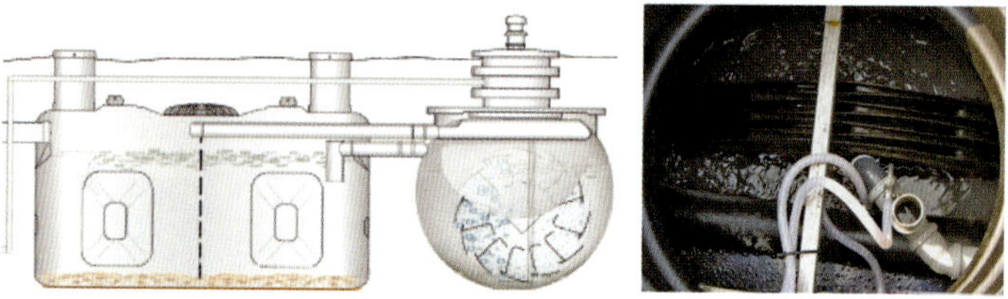

Figure 50. **Microstation à technologie mixte associant culture libre et biodisque (Aquamatic) (photo VEOLIA).**

Technologie mixte associant une culture libre et une membrane (MF-HKA 4 Busse)

Ce dispositif est constitué d'un réacteur biologique aéré dans lequel plonge une unité de microfiltration. Le réacteur aéré est précédé d'une cuve de décantation primaire.

La membrane permet la rétention des boues, il n'y a donc pas d'ouvrage de décantation secondaire. Les membranes sont considérées comme des consommables, elles sont changées annuellement. Leur régénération permet de les réutiliser plusieurs fois. De l'énergie est consommée pour l'aération, le pompage des boues du réacteur vers la cuve primaire, et pour la filtration de l'eau.

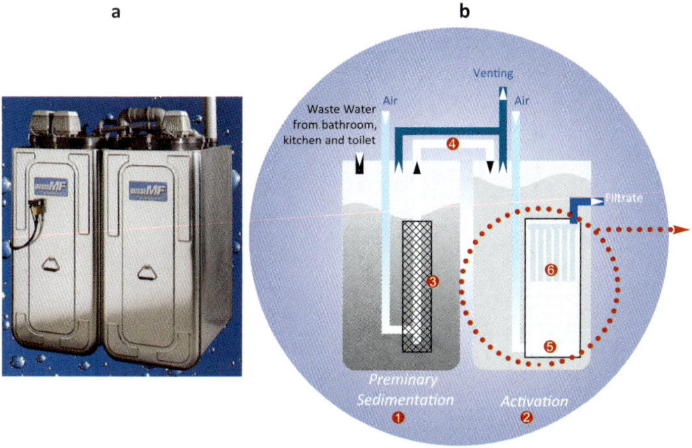

Figure 51. Technologie mixte associant culture libre et membrane d'ultrafiltration (Busse).

a. Dispositif dans ses deux caissons métalliques, b. schéma de principe.

6

Normes et règlements

L'objet de ce chapitre est de présenter comment les normes européennes et nationales peuvent vivre en harmonie avec les réglementations nationales et aussi européennes.

Dans le domaine des petites installations d'assainissement, les textes évoluent très vite, car le sujet est en développement rapide et un besoin de clarification de tous ces documents est très présent.

Par des exemples concrets de situations nationales, ce chapitre vise aussi à donner au lecteur une ouverture vers d'autres vérités que la sienne. Son objectif est d'atteindre en Europe une vision commune plus équilibrée de la maîtrise des risques environnemental et sanitaire qui constitue l'enjeu majeur de l'assainissement.

Comprendre de quoi il est question

Le vocabulaire courant ne nous rend pas familier avec ce que sont la norme et le règlement.

La norme

Une norme est d'abord le résultat d'un consensus entre ceux qui ont ressenti le besoin d'avoir, pour un produit fabriqué, un socle commun admis par tous sur une aire donnée.

Une norme peut être d'application volontaire. En ce cas, on décide de suivre ce que dit la norme, car la codification qu'elle représente est une garantie pour le sujet sur lequel elle s'applique.

Une norme peut aussi être d'application obligatoire dès lors qu'elle a été acceptée par tous et respecte des exigences définies dans une directive européenne par exemple. Cette norme d'application obligatoire sera une norme harmonisée et applicable au sein des pays qui constituent l'Europe. Une norme est donc, par sa construction, en permanente évolution. Elle se révise en s'enrichissant progressivement si les pays européens en expriment le besoin. Ainsi, faire une norme, c'est amorcer un processus de progrès, c'est souvent partir d'un consensus minimal auquel tous les pays souscrivent pour, au fur et à mesure de son utilisation, approfondir le sujet et améliorer la qualité du document.

Le règlement

Une réglementation, c'est l'expression de décisions sur des sujets donnés pour lesquelles les explications n'ont pas à être données. Pour un État, réglementer c'est d'abord décider de comment va se régler tel point, telle action. La réglementation est faite par quelques-uns et s'applique à tous. Une réglementation ne progresse pas, elle change. Bien sûr, lorsque la réglementation est en décalage avec les réalités, elle pose des soucis pour son application mais elle ne disparaît pas pour autant. La réglementation est un code qui permet la vie et les activités en commun en fixant des limites, des modes d'action. Elle n'a pas à se soucier de répondre aux souhaits de ceux à qui elle s'applique. Parfois une réglementation reprend une norme parce que sur ce sujet cette dernière représente l'expression de ce que souhaite le réglementeur, on dit alors que la norme est d'application réglementaire et fait, par exemple en France, l'objet d'un arrêté de mise en application obligatoire (MAO).

Ensemble, la norme et le règlement

Bien sûr, à un horizon plus ou moins lointain selon les sujets, les actions ou les produits, on peut envisager que la norme consensuelle soit suffisamment aboutie pour que la réglementation n'ait plus rien à ajouter. Cette situation est possible, elle existe déjà avec des normes nationales type NF par exemple, mais elle devient de plus en plus compliquée lorsqu'on passe à des normes européennes type EN ou à des normes internationales type ISO. Plus le nombre de pays concernés par le sujet en cours de normalisation augmente, et plus le consensus est un exercice délicat.

Dans le domaine des petites installations d'assainissement, les normes de produits dominent. Ces normes définissent des critères que doivent respecter les fabricants pour leurs produits manufacturés, et des méthodes d'essais à mettre en œuvre pour tester des produits de même nature dans de mêmes conditions. Ces normes de produits comportent la plupart du temps une partie « harmonisée », applicable pour les normes EN dans l'espace européen. La marque CE garantit la libre circulation d'un produit dans l'espace européen.

Distinguer produit et ouvrage

Toutefois, la réglementation nationale n'a pas vocation à s'adresser à des produits mais à des ouvrages. Un ouvrage, c'est un produit mis en place pour remplir la fonction pour laquelle le produit a été fabriqué. La réglementation nationale peut exprimer des exigences pour un ouvrage. Elle est la seule à pouvoir définir des exigences de niveau de traitement pour que le milieu naturel puisse accueillir des eaux usées traitées dans le cas des PIA. Ainsi, un produit marqué CE peut ne pas être à même d'être installé sur un site, car sa marque « CE » ne le rend pas apte, à elle seule, à respecter les exigences environnementales réglementaires et nationales demandées à l'ouvrage.

Parfois, la situation peut être plus compliquée encore. Un cas intéressant nous est fourni en France par l'arrêté « prescriptions techniques applicables aux installations d'ANC » du 7 septembre 2009. Ce texte réglementaire introduit la notion d'agrément ministériel pour un produit, ce qui en autorise l'utilisation en France dans une installation ou dans un ouvrage. L'agrément est délivré après examen, notamment du rapport d'essais de marquage CE tel que la norme EN 12566 le définit pour le marquage d'un produit.

La réglementation française use de propriétés du produit testé sur une plateforme par un organisme national notifié pour juger de la délivrance d'un agrément d'ouvrage.

Le jugement d'acceptation ou de refus de l'agrément de l'ouvrage trouve sa source dans des tests de produits réalisés en conformité avec la norme harmonisée EN 12566-3+A1.

Le bien fondé des contraintes imposées par l'agrément français qui, à défaut de rapport d'essais de marquage CE (EN 12566-3+A1), requiert des tests avec des eaux usées plus concentrées ou qui fixe des performances rédhibitoires à ne jamais dépasser, n'est pas contestable. Toutefois, là où la procédure française interroge, c'est sur la réalité de son respect de la libre circulation des « produits » dans l'espace européen. En effet, la France, à partir de rapports d'essais établis pour des «produits » s'autorise à porter des conclusions par l'agrément sur des ouvrages. De façon manifeste, l'agrément français eut été plus solide si des retours de comportement sur terrain des ouvrages avaient été pris en compte.

Dans le temps, cette situation peut évoluer si, par exemple, lors de révisions de cette norme, les critères retenus pour les eaux usées utilisées pour les essais venaient à se superposer avec ceux que demande la réglementation française pour les ouvrages.

Pour les valeurs rédhibitoires inscrites par la réglementation française, elles entrent dans la liberté des pays de réglementer pour la protection de l'environnement. Une norme ne peut jamais régler le sujet des seuils à ne pas dépasser, sauf dans le cas où existerait une norme européenne qui serait reprise dans la réglementation européenne qu'alors tous les pays appliqueraient.

La réglementation française ne pourra ainsi l'exiger que pour des ouvrages et ne peut s'appliquer qu'à des mesures de terrain sur des ouvrages en fonctionnement. Inclure ces valeurs rédhibitoires dans un agrément basé sur des essais de produits semble une décision inadaptée car inappropriée.

S'interroger sur la pertinence de mise en place, pour de nouveaux produits de traitement des eaux usées, d'une obligation de moyens par la procédure de l'agrément telle que décrite dans l'arrêté du 7 septembre 2009 est logique ; en effet, car la confusion est grande entre le produit et l'ouvrage alors que les domaines d'application de la norme et de la réglementation nationale sont très clairs, d'un côté on parle du produit et de l'autre du produit mis en place.

Plus simplement, il pouvait s'envisager une autorisation en France d'installation en ouvrages de produits marqués CE, sous réserve de respect d'une obligation de performances pour les rejets d'eaux usées traitées de ces ouvrages aux niveaux requis pour les produits testés en plateforme (MeS = 30 mg/L et DBO_5 = 35 mg/L), avec introduction de valeurs de concentrations à ne jamais dépasser, dits niveaux rédhibitoires.

Ainsi, nous touchons du doigt les limites des stratégies réglementaires qui, dans les années quatre-vingt, pouvaient s'avérer pertinentes en guidant pas à pas ceux qui voulaient traiter les eaux usées par de petites installations d'assainissement assez peu connues et peu fiables, mais qui doivent être fortement adaptées 30 ans plus tard du fait des progrès technologiques des PIA et des insuffisances avérées de certaines technologies dites traditionnelles.

Penser au règlement d'assainissement local, l'exemple français

Parmi les moyens réglementaires à disposition en matière d'assainissement en France, il existe un « règlement d'assainissement » qui permet à un maire de prendre des mesures complémentaires à celles des textes nationaux et, si elles sont adaptées, aux conditions locales de protection de l'environnement. Deux exemples illustrent de quelle manière le règlement d'assainissement peut se montrer utile :

- l'arrêté « prescriptions techniques » ne prend pas en considération les performances des ouvrages de traitement des eaux usées lorsqu'ils sont installés. Le règlement d'assainissement peut corriger cette situation en édictant des exigences à respecter pour la remise des eaux usées traitées dans le milieu aquatique naturel. Une exigence pour la trilogie de paramètres environnementaux (MeS/DBO_5/DCO) peut être exprimée en milligramme par litre, respectivement de 35/25/125, et être complétée dans des zones sensibles par des exigences sur l'azote, le phosphore ou des paramètres bactériologiques ;
- les nouvelles dispositions réglementaires autorisent, sous condition d'agrément, l'installation de produits qui nécessitent des opérations d'exploitation régulières. Il est illusoire de penser qu'un propriétaire puisse assumer seul cette obligation technique d'exploitation. Le règlement d'assainissement peut corriger cette insuffisance en rendant cette contrainte d'exploitation obligatoire pour un propriétaire *via* une structure spécialisée.

Les deux exemples décrits ci-dessus ne sont pas limitatifs de l'implication possible d'élus dans la réalité de la protection de leur environnement avec des dispositions adaptées à leur situation réelle.

La norme européenne EN 12566

La norme EN 12566 intitulée « Petites installations de traitement des eaux usées jusqu'à une population totale équivalente de 50 habitants » est constituée de 7 parties :

- Partie 1 : Fosses septiques préfabriquées. EN 12566-1.
  Cette norme européenne harmonisée spécifie les exigences et les méthodes d'essai, le marquage et l'évaluation de conformité applicables aux fosses septiques préfabriquées.
- Partie 2 : Systèmes d'infiltration dans le sol. TS 12566-2.
  Cette spécification technique est un Code de bonne pratique pour la construction *in situ* de systèmes d'infiltration dans le sol qui ne spécifie aucune exigence en matière de traitement.
- Partie 3 : Stations d'épuration des eaux usées domestiques prêtes à l'emploi et/ou assemblées sur site. EN 12566-3+A1.
  Cette norme européenne harmonisée spécifie les exigences, les méthodes d'essais, le marquage et l'évaluation de conformité des stations d'épuration d'eaux usées domestiques prêtes à l'emploi et/ou assemblées sur site, utilisées pour le traitement des eaux usées domestiques brutes.
- Partie 4 : Fosses septiques assemblées sur site à partir d'un kit d'éléments préfabriqués. EN 12566-4.
  Cette norme européenne harmonisée spécifie les exigences et les méthodes d'essai, le marquage et l'évaluation de conformité applicables aux fosses septiques assemblées sur site à partir d'un kit d'éléments.
- Partie 5 : Systèmes de filtration d'effluent prétraité. TR 12566-5
  Ce fascicule de documentation est un rapport technique d'application provisoire comme norme expérimentale qui n'indique aucun niveau d'efficacité de traitement pour ces systèmes.
- Partie 6 : Unités préfabriquées de traitement des effluents de fosses septiques. EN 12566-6. Publication prévue en 2011.

Cette norme européenne harmonisée spécifie les exigences, les méthodes d'essais, le marquage et l'évaluation de conformité applicables aux unités préfabriquées de traitement secondaire.

- Partie 7 : Unités préfabriquées de traitement tertiaire. EN 12566-7. Publication prévue en 2012.
  Cette norme européenne harmonisée spécifie les exigences, les méthodes d'essais, le marquage et l'évaluation de conformité applicables aux unités préfabriquées de traitement tertiaire. Cette norme ne traite pas de la désinfection des eaux usées.

Dès 2011, et en suivant le processus normatif classique, plusieurs parties de cette norme vont entrer dans une phase de révision possible. Il sera alors envisageable de faire évoluer leur contenu pour une meilleure efficacité de leurs prescriptions en lien avec la réalité d'utilisation des produits dont elles traitent.

Pour des produits innovants

Toutefois, il existe des produits très innovants qui n'entrent pas encore dans le domaine d'application des normes existantes. L'avis technique national permet en France de résoudre cette situation dans le cadre du Groupe spécialisé 17 (GS 17) « Assainissement réseaux et épuration » au sein du Centre scientifique et technique du bâtiment (CSTB).

Un avis technique (AT)

Un avis technique (AT) est délivré par un groupe d'experts spécialisés, dont la liste est régulièrement validée par la commission des avis techniques du CSTB, sur la base d'un dossier technique détaillé établi par l'industriel sous sa responsabilité

Le GS 17 est chargé d'organiser l'instruction des avis techniques dans son domaine, en respectant la procédure d'avis technique régie par l'arrêté du 2 décembre 1969.

Les avis techniques délivrés sont publics, publiés, et ils doivent être révisés régulièrement, en principe tous les trois ans.

Cet avis technique n'a aucun caractère réglementaire, mais il exprime une validation technique indépendante du fabricant du produit. L'avis technique juge du produit dans sa conception, son dimensionnement, sa fabrication, les conditions de sa mise en œuvre et les contraintes liées à son utilisation. L'avis technique est une pièce reconnue pour être intégrée dans un cahier des clauses techniques particulières (CCTP) dans le cadre d'un appel d'offres. Annuellement, ce sont quelques dizaines d'avis techniques qui voient le jour dans le domaine de l'assainissement.

Le document technique d'application (DTA)

Le document technique d'application (DTA) est un document européen d'information, applicatif d'un produit, destiné à fournir aux divers intervenants les éléments d'appréciation pour leur permettre d'effectuer les choix qui leur incombent. Il vise la conformité réglementaire et le comportement prévisible des ouvrages réalisés à l'aide des produits et procédés concernés, conformes à une spécification technique harmonisée européenne (norme européenne harmonisée ou agrément technique européen) conduisant au marquage CE d'un produit. Un dossier de DTA s'appuie communément sur des rapports d'essais de produits conduisant au marquage CE par les fabricants et établis par des laboratoires notifiés au plan national.

Un laboratoire notifié

Un laboratoire notifié est « notifié » par son pays pour la réalisation d'essais définis par des normes dites harmonisées qui conduisent à la marque CE. Ce laboratoire sera notifié pour des normes identifiées. Il n'a pas autorité sur la norme. Afin d'aider à résoudre les imprécisions normatives, l'ensemble des laboratoires notifiés en Europe se réunit en un groupe de concertation (Sectoriel Group 12 dit S-G12) pour tenter de proposer des éclairages précis sur des points normatifs laissés flous ou d'application impossible. Les propositions du S-G12 peuvent être reprises dans une révision de la norme concernée, mais n'ont par elles-mêmes aucune valeur normative directe. À noter qu'il n'y a pas de texte européen qui coordonne les règles de notification des laboratoires. En 2011, il existe 31 laboratoires notifiés en Europe pour l'EN 12566-3+A1, dont 2 en France (CSTB et CERIB).

Comprendre cette organisation

Un tableau peut aider à mieux comprendre ces organisations.

Tableau 13. Domaines d'application des documents réglementaires et normatifs.

	Concerne le produit	Concerne l'ouvrage	Concerne la mise en œuvre
Réglementation	Non	Oui	Parfois
Norme	Oui	Non	Oui *via* le DTA
Avis technique	Oui	Non	Oui
Document technique d'application	Non	Non	Oui sur base de norme

Quelques synthèses de réglementations nationales sur les PIA

Chaque pays dans le monde possède une réglementation sur les PIA qui lui est propre. Le présent paragraphe ne propose pas un panorama mondial exhaustif des réglementations en place mais souhaite faire, pour quelques pays, un point synthétique de la situation réglementaire sur ce sujet.

Il s'agit d'abord pour chaque pays abordé de faire un état des lieux des différentes réglementations en vigueur sur les PIA.

Ensuite, les lois en vigueur sont recherchées, et ce qu'elles précisent vis-à-vis des PIA. Nous avons cherché à traiter les informations suivantes :

- le nom des lois actuelles en vigueur sur l'eau, et plus précisément sur le traitement des eaux pour les particuliers non reliés au réseau public du traitement des eaux ;
- les cas de figures envisagés par la loi ;
- la préconisation des équipements et l'état des recherches et technologies dans ce domaine ;
- les contraintes de résultats et/ou d'équipements pour le traitement des eaux usées ;
- les contraintes imposées par le pays pour les technologies utilisées.

Ces informations peuvent selon les pays se trouver d'une richesse inégale, cela est seulement imputable à la réalité de situations réglementaires très diverses.

Irlande

Résumé des informations

Il existe un document clé de l'ANC en Irlande, c'est le *Waste Water Treatment System for Single Houses*. C'est une sorte de guide de l'ANC. Tout y est décrit, depuis l'amorce des démarches administratives pour installer une filière jusqu'à la maintenance des filières exposées. Seuls les aspects financiers et législatifs n'y sont pas abordés.

Le texte

Local Government (Water Pollution) Act, 1977// Local Government (Water Pollution) (Amendment) Act, 1990// Local Government (Water Pollution) Regulations, 1992// Local Government (Water Pollution) (Amendment) Regulations, 1999// Protection of Groundwater Regulations, 1999

Les seuils de concentration à respecter pour l'eau usée traitée

- Limite de la DBO_5 sur eau prélevée en sortie : 20 mgO_2/L.
- Limite des MeS sur eau prélevée en sortie : 30 mg/L.
- Limite du Ptotal sur eau prélevée en sortie : 2 mg/L.
- Limite du Ntotal sur eau prélevée en sortie : 5 mg/L.

Résumé des points importants

Des systèmes de traitements secondaires ne sont utilisés que dans les cas où un « système à fosse septique » ne suffit pas. Un système à fosse septique est un système avec une fosse septique, associé à une aire de percolation des eaux réalisée avec des drains posés dans du gravier.

Il est possible d'installer des systèmes de traitement autres que ceux préconisés dans le guide, à la seule condition qu'ils soient certifiés (approuvé techniquement par l'Europe avec le marquage CE), et qu'ils respectent les conditions désirées de réduction de la pollution des eaux et les contraintes de performance imposées.

Tout système de traitement secondaire doit être réalisé conformément aux documents réalisés par le CEN (Comité européen de normalisation), et doit suivre le *Code of Practice* en vigueur.

L'Agence de l'environnement est en charge de répertorier tous les ouvrages d'assainissement non collectif existants. Un particulier a deux mois pour se déclarer auprès de l'agence de l'environnement après avoir installé sa PIA.

Belgique

Résumé des informations

La loi belge, à quelques détails près, est semblable à la loi française. Le marché des contrôles des installations est ouvert à des structures privées.

La loi

Code de l'eau, arrêté du 25 septembre 2008.

La partie relatant les contrôles est complète. Il y a un contrôle de conception, un contrôle d'installation et un contrôle de fonctionnement. Les deux premiers contrôles sont organisés par le Département de l'Environnement et de l'Eau de la Direction générale opérationnelle de l'Agriculture, des Ressources naturelles et de l'Environnement.

Important

Les opérations de contrôle font l'objet de marchés de services attribués par le ministre sur base d'un cahier des charges dont il fixe les obligations. Ils sont organisés à l'échelle du sous-bassin hydrographique pour une durée de deux ans ; **sont ouverts à**

tout organisme, de droit public ou de droit privé, présentant des références en matière d'organisation et de suivi de programmes des contrôles et/ou dont l'expérience ; et la connaissance des techniques épuratoires peut être démontrée. Le programme des contrôles est proposé par l'organisme à partir d'une base de données réalisée par la Direction générale des Ressources naturelles et de l'Environnement, Division de l'Eau.

Les étapes de la démarche pour un contrôle sont précisément décrites, à l'attention de l'organisme contrôleur.

Ci-dessous sont résumées les principales contraintes de performances.

Les eaux usées traitées prélevées lors du contrôle défini à l'annexe III sur le rejet de la filière de traitement doivent respecter les conditions de concentration limite suivantes.

Tableau 14. Valeur limite des paramètres épuratoires DBO_5, DCO et MeS en Belgique.

Paramètres	Concentration	Méthode de mesure de référence
Demande biochimique en oxygène (DBO_5 à 20 °C) sans nitrification	30 mgO_2/L (1) ou 50 mgO_2/L (2)	Échantillon homogénéisé, non filtré, non décanté
Demande chimique en oxygène (DCO)	125 mgO_2/L (1) ou 160 mgO_2/L (2)	Échantillon homogénéisé, non filtré, non décanté
Total des matières solides en suspension (MeS) facultatif	40 mg/L (1) ou 60 mg/L (2)	
Les analyses relatives aux rejets provenant du lagunage doivent être effectuées sur des échantillons filtrés ; toutefois, la concentration du total des matières solides en suspension dans les échantillons d'eau non filtrée ne doit pas dépasser 150 mg/L.		

(1) En moyenne sur 24 heures. (2) Maximum sur un échantillon ponctuel.

Originalité

Dans sa partie flamande, la Belgique, comme l'autorise la loi, voit se développer une formule d'assainissement unique où chaque citoyen paie une redevance égale pour l'assainissement, la collectivité mettant en place le système de traitement des eaux usées le mieux adapté au plan technico-économique. La collectivité réalise ainsi sans souci particulier des travaux d'installation de PIA en propriété privée.

Finlande

Résumé des informations

La Finlande est un pays très sensibilisé à la protection de l'environnement. Un décret existe sur les exigences que doivent respecter les PIA. Leurs seuils de rejet sont extrêmement sévères.

Un particulier est responsable de l'installation, de l'exploitation, de la maintenance et du rejet de sa PIA. Les contrôles sont organisés par les municipalités. Si un particulier n'a pas les capacités financières ou le savoir-faire pour installer sa PIA, la municipalité est en charge de l'aider tant sur le plan financier que technique.

La loi

The Environmental Protection Act (2000), The Water Services Act (2001), Decree on Treating Domestic Wastewater in Areas outside Sewer network (2003).

D'après la section 6 du *Water Services Act*, les municipalités doivent s'assurer de l'efficacité des PIA s'il y a un besoin particulier qui l'exige, tel que :

- des zones spéciales environnementalement protégées ;
- des risques sanitaires particuliers ;
- ou une présence importante de résidents aux alentours.

Les municipalités sont aussi responsables du zonage entre les modes collectif et non collectif de l'assainissement. Les particuliers de la zone d'assainissement collectif sont obligés de se relier au réseau, sauf exception accordée par la municipalité.

Cette obligation de se relier au réseau public fait polémique car parfois, en zone rurale, la connexion au réseau est beaucoup trop coûteuse.

Dans les zones d'assainissement non collectif, les lois sont strictes. Ces lois sont valables aussi bien pour des immeubles que pour des maisons éloignées de tout.

Un décret indique les contraintes de rejet des eaux traitées.

Ces contraintes sont indiquées selon un pourcentage de diminution des concentrations des eaux usées. Par exemple, il est stipulé qu'il faut au moins une diminution de 90 % de la DBO_7 (attention, on parle de DBO_7 et non de DBO_5), de 85 % du phosphore et de 40 % des nitrates.

On a donc des limites fixées aussi en flux plus précisément à **5 g/pers./j de DBO_7, 0,33 g/pers./j de phosphore total et de 8,4 g/pers./j d'azote total.**

Les annexes du décret proposent les solutions possibles pour une petite installation d'assainissement : fosse septique, fosse toutes eaux, filtration par le sol, filtre à sable ou microstation. Il est indiqué que ces solutions doivent toutes comprendre une fosse septique, ainsi qu'un traitement secondaire, la fosse septique seule étant refusée pour insuffisance de traitement des eaux usées par les autorités locales. Une assistance financière peut être demandée si les particuliers ont des problèmes pour installer un système complet d'assainissement.

Le particulier est responsable de sa PIA et de ses rejets. Le savoir est disponible pour l'exploitation de sa PIA, mais c'est à lui de l'exploiter et de l'entretenir. À part les actions de contrôles, aucune structure ne prend en charge la maintenance et l'entretien des dispositifs. La Finlande encourage les gens à prendre soin de leurs rejets, ainsi que de leurs installations, et lance des campagnes de sensibilisation sur le sujet.

Pour les dispositifs et filières datant d'avant le décret de 2003, les particuliers ont jusqu'à 10 ans pour mettre leur installation en conformité avec ce texte.

Québec

Résumé des informations

Avant toute action, il est établi par certaines méthodes une valeur de perméabilité du sol, qui permet de classifier le sol entre deux valeurs, basse ou haute. Les cas traités ci-dessous sont en rapport avec des sols à basse perméabilité.

La loi

Environment Quality Act.

Quelques points spécifiques

La capacité hydraulique de la PIA est définie dans la loi. En effet, suivant la charge organique pour laquelle elle est dimensionnée, elle doit subir un test de capacité hydraulique qui doit répondre aux exigences du Tableau 15.
Durant le test, la capacité hydraulique mesurée doit être équivalente ou supérieure à celle autorisée.

Des systèmes de traitements sont interdits, notamment les produits de désinfection à base de chlore susceptibles de créer des sous-produits indésirables pour la santé.

Le particulier qui installe une PIA est en contrat avec son installateur.

Tableau 15. Relation entre nombre de chambres et débit journalier pour le Québec.

Nombre de chambres	Débit total journalier (L)
1	540
2	1 080
3	1 260
4	1 440
5	1 800
6	2 160

Important

Installer une PIA avec un particulier engage donc un contrat sur la durée, car l'installateur est dans l'obligation de fournir le minimum de maintenance annuel sur le système. Quand l'installateur n'a pas les compétences requises, avant de pouvoir installer la PIA, il est dans l'obligation de trouver un tiers capable de fournir la maintenance de la PIA, obligation régie par la loi.

Une copie du contrat est fournie à la municipalité qui est responsable de répertorier tous les systèmes de petit assainissement dans son périmètre de compétences.

À la demande du particulier, un rapport de maintenance peut être réalisé, rapport à établir le plus tôt possible par la personne en charge de cette maintenance. Une copie sera fournie à la municipalité.

Documents officiels d'installation d'un système de traitement

Le document doit être remis aux municipalités et doit comprendre toutes les informations suivantes :

- le nom et l'adresse de la personne visée ;
- la désignation cadastrale du lot sur lequel le projet doit être réalisé ou, lorsqu'il n'y a pas de désignation cadastrale, l'identification la plus précise de l'endroit où le projet doit être effectué ;
- le nombre de chambres dans la résidence isolée ou, dans le cas d'un autre bâtiment, le débit total quotidien ;
- une étude de caractérisation du site et du terrain naturel réalisée par une personne qui est membre de l'ordre professionnel approprié, contenant les éléments suivants :
  - la topographie du site ;
  - le lieu d'installation, qualifié pour accueillir la PIA ;
  - la perméabilité du sol du site de rejet, en précisant la méthode utilisée pour déterminer la perméabilité du sol ;
  - le niveau de roche, des eaux souterraines ou de toute couche de sol perméable, peu perméable du sol ou sol imperméable, selon le cas, sous la surface du site d'immersion ;
  - la mention de tout élément qui peut influencer le choix de l'emplacement ou la construction d'un système d'élimination ;
- un plan d'implantation à l'échelle montrant :
  - les éléments identifiés parmi lesquels le rejet des eaux usées, la collecte ou système d'évacuation est proposé ;
  - l'implantation proposée pour les parties de la décharge des eaux usées, la collecte ou système d'évacuation ;
  - la profondeur de réalisation de chaque composant du système d'élimination ;

– la profondeur de l'installation du système d'absorption du sol, le lit standard filtre à sable, le domaine de l'absorption ou le champ d'épuration en ce qui concerne le niveau du roc, des eaux souterraines ou de toute couche de sol imperméable ou peu perméable du sol sous la surface du site d'immersion.

Dans le cas d'un projet prévu pour la décharge d'autres eaux usées dans l'environnement, le plan d'information doit décrire l'aire de réception :

- dans le cas de déversement dans un cours d'eau, préciser le débit d'eau et le taux de dilution de l'effluent dans le cours d'eau en période d'étiage, le réseau hydrographique auquel appartient le cours d'eau, l'emplacement du site de décharge et le site d'échantillonnage des effluents ;
- ou dans le cas de rejet dans un fossé, le plan doit indiquer le réseau hydrographique auquel appartiennent le fossé et l'emplacement du site de décharge et le site d'échantillonnage des effluents.

La loi oblige la possession d'une fosse septique, ainsi qu'au minimum un système de traitement secondaire par filtration. Le rejet est par infiltration, sauf exception.

Les systèmes de traitement secondaire sont associés à des normes de capacité, de localisation, de fréquence de maintenance associée avec le manuel du constructeur. Ils doivent être équipés d'un dispositif de relevage pour la sortie des eaux usées traitées, afin de pouvoir y prélever des échantillons des eaux traitées. En situation de traitement tertiaire, c'est à la sortie de cette dernière étape du traitement que s'effectuera l'échantillonnage des eaux usées traitées.

Les exigences pour les eaux usées traitées

Ces exigences sont :

- la limite de la DBO_5 sur eau prélevée en sortie : 25 mgO_2/L ;

- la limite de la MeS sur eau prélevée en sortie : 30 mg/L.

Les échantillons testés sont prélevés d'une manière spéciale avec la réalisation de deux échantillons à 60 jours d'intervalle.

Roumanie

Résumé des informations

Les communautés de plus de 15 000 habitants doivent être reliées à des stations d'épuration des eaux usées collectives. En l'absence de possibilité de se relier à des unités de traitement des eaux usées collectives, les personnes sont dans l'obligation de prévoir leur propre installation pour collecter, traiter et évacuer les eaux usées. Celles-ci seront exécutées et exploitées de sorte à ne pas constituer un danger pour la santé publique. Donc, tout rejet direct sur le sol est interdit (cours, jardins, rues, endroits riverains...) ou dans des bassins d'eaux naturelles, qu'il s'agisse d'eaux usées ménagères ou industrielles.

En l'absence d'un réseau collectif d'assainissement ou dans l'impossibilité de s'y raccorder, des solutions individuelles pour la collecte et la neutralisation des résidus liquides doivent être adoptées, en prenant les mesures nécessaires de protection de l'environnement et de la santé publique.

La loi

L'évacuation des eaux usées non raccordées à un système d'égout se fait à l'aide d'installations de pré-épuration ou de fosses septiques disposant d'un système de vidange, et doit être éloignée d'au moins 10 m de toute habitation. Ces installations doivent être entretenues en bon état de fonctionnement et les matières de vidanges doivent être déchargées dans la station d'épuration des eaux usées collective la plus proche.

Important

On note que la législation roumaine est pauvre sur le sujet des petites installations d'assainissement. Le domaine des PIA n'est pas développé, car les connaissances techniques sur les PIA ne semblent ni disponibles, ni traitées par les textes de loi. De plus, il semble que les lois ne soient pas encore respectées et que les rejets ne satisfassent pas encore aux obligations d'installations décrites par la loi. En résumé, tout reste à faire.

Suisse

Résumé des informations

La Suisse est un pays de petite taille aux infrastructures très développées : 97 % des habitants sont raccordés au réseau public d'assainissement (le meilleur ratio de raccordement juste derrière les Pays-Bas). Sur les 3 % restant, 1 % peut encore être raccordé au réseau, les 2 % restant bénéficiant d'une situation géographique particulière qui leur permet de déroger à la règle.

La loi

C'est la loi fédérale sur la protection des eaux.

Les exigences pour le niveau de traitement des eaux traitées sont :

- limite de la DBO_5 sur eau prélevée en sortie : 15 mgO_2/L ;
- limite des MeS sur eau prélevée en sortie : 15 mg/L.

Le raccordement à l'assainissement est obligatoire, si bien qu'il est impossible d'obtenir un permis de construire si dans le dossier le moyen de traiter les eaux usées n'est pas envisagé, que ce soit par raccordement au réseau public, ou par installation d'une PIA préalablement approuvée par le service cantonal de protection des eaux. Les cantons sont en charge d'exécuter la loi fédérale sur la protection des eaux.

Les cantons ont des façons différentes de gérer l'accès à l'assainissement. La priorité est le raccordement au réseau public, ensuite vient le contrôle des installations. Chaque canton a sa politique : par exemple, les cantons urbains privilégient le raccordement au réseau public, imposé comme obligation régie par la loi (sauf cas particuliers analysés par le comité du canton). Si le raccordement est difficilement envisageable (travaux trop coûteux), alors le particulier a l'obligation d'installer un système de traitement en conformité avec les exigences légales. Une PIA peut être mise hors service par le canton si le raccordement au réseau public d'assainissement devient envisageable par la suite.

Les droits sont différemment développés selon les cantons. C'est pour cela que le canton de Berne, canton considéré plus rural que celui de Genève, a établi des droits ayant plus de dispositions à propos des systèmes d'assainissement privés (bien que peu fréquents en Suisse malgré tout).

Originalité : les propriétaires fonciers avec un système d'épuration privé sont tenus d'établir, à terme, des installations communes en acceptant les eaux usées en provenance d'autres constructions, nouvelles ou anciennes, et en agrandissant leur installation si nécessaire. La répartition des frais dépend des règlements communaux en vigueur, ou se fait en fonction de l'intérêt de chacun.

Pour les habitations en montagne, il existe des aides financières proposées par les cantons pour mettre les habitations aux normes, et installer des PIA.

Le problème du moment est législatif. Les coûts de l'assainissement pour les collectivités sont très importants ; à terme, ils feront l'objet d'une évolution de la loi afin de rendre le particulier responsable de certaines tâches y compris au niveau pécuniaire.

Pays-Bas

Résumé des informations

La Hollande est un pays développé en termes d'assainissement. Les solutions sont envisagées s'il n'y a pas de possibilité de se raccorder au réseau public d'assainissement. Les PIA sont omniprésentes dans les milieux ruraux. La loi implique les municipalités afin qu'elles contrôlent les systèmes privés d'assainissement. Celles-ci sont donc responsables de la base de données sur les PIA et du contrôle de l'ANC en général.

La loi

Environmental Management Act, Water Act.

Si le raccordement à l'assainissement collectif n'est pas envisageable, le propriétaire doit installer une PIA. Cette installation est obligatoire, et le rejet doit être conforme à des exigences strictes. Des permis de rejet sont autorisés dans des zones normalement protégées. Ce permis se demande aux municipalités. Il faut obligatoirement avoir une autorisation de rejet afin d'être répertorié dans les bases de données des municipalités.

Si le réseau public est à portée d'habitations utilisant des PIA, les propriétaires doivent se raccorder au réseau public le plus rapidement possible. Il existe un permis, permettant d'obtenir des délais de raccordement de l'ordre du mois.

Leur logique pour l'assainissement est plutôt simple : tout doit être en assainissement collectif. Tous les cas d'habitats non reliés au réseau public d'assainissement doivent satisfaire à des contraintes précises de protection de l'environnement. La charge de ces contrôles est du rôle des municipalités. La maintenance et l'exploitation de la PIA sont à la charge du propriétaire qui se doit de vérifier qu'il respecte la loi.

Japon

Document de référence

Night Soil Treatment and decentralized wastewater treatment systems in Japan by the Ministry of Environment.

Bref résumé de la situation du petit assainissement

Le système de l'ANC est unifié. La technologie utilisée est la même partout, imposée par la « Johkasou Law ». Les variantes de cette technologie permettent de s'adapter au besoin de chaque situation (bruit, besoin de traiter en urgence les MeS, etc.).

Les lois en vigueur

Johkasou Law, Building Standard Law.

Contrainte de moyens

La contrainte fixée est une limite de moyen. La réglementation impose un système à technologie unique appelé « Johkasou », avec plusieurs produits dérivés, suivant la priorité du traitement (général, MeS, membrane).

Possibilité ou non d'interventions suivant les marchés

L'installation, la vente, la maintenance restent ouvertes à tout organisme maîtrisant le sujet. Cette possession des connaissances requises est contrôlée par la préfecture. **La préfecture est responsable des contrôles, mais peut déléguer ses services à un organisme compétent.**

Que faut-il retenir de ces règles nationales ?

Ces exemples, tirés de la réglementation relative aux petites installations d'assainissement dans des pays de cultures et de développements très différents, nous montrent l'extrême diversité de traitement de la pollution des eaux usées vis-à-vis de l'environnement.

On constate aussi qu'un excellent niveau d'assainissement est directement lié à la richesse de l'économie d'un pays.

Enfin, la mise en commun de toutes ces approches d'un même sujet doit contribuer à l'émergence de solutions efficaces, rationnelles, pérennes, où le citoyen ne sera plus livré à lui-même mais pris en charge par une collectivité dont on estime qu'elle est la seule apte à une gestion suivie et de qualité du traitement des eaux usées.

7

Performances des PIA

On attend d'une petite installation d'assainissement qu'elle assure sa mission, c'est-à-dire l'épuration des eaux usées.

Épurer permet de restituer au milieu récepteur une eau usée traitée, avec une qualité d'eau qui va dépendre du mode de rejet mis en œuvre. Pour atteindre le niveau de rejet *ad hoc*, on va juger la PIA sur ses performances épuratoires.

Mais les PIA méritent d'être évaluées sur d'autres types de performances, dont le degré d'importance va dépendre du contexte de leur utilisation.

Avant d'aborder plus en détail les performances épuratoires par grandes familles de technologies, nous allons rapidement évoquer les autres types de performances des PIA.

Les performances à l'installation

Le choix d'une PIA est guidé par la hiérarchisation de critères propres à chaque site.

La qualité de la mise en place et de la mise en service est indispensable pour apporter des garanties de bon fonctionnement et de pérennité de l'équipement.

La facilité de la construction de la PIA est une des performances les plus importantes au regard des performances épuratoires futures.

Degré de difficulté de la mise en place de la PIA

En regard de la facilité ou difficulté de la mise en œuvre, il existe trois grandes familles de produits :

Des PIA extensives avec des mises en œuvre de complexes à très complexes (exemple : filtre à sable vertical drainé selon la XP DTU 64-1)

Il s'agit des PIA qui demandent à être construites sur place, à partir de matériaux et matériels qui sont approvisionnés à différents endroits. Pour prendre l'exemple du filtre à sable vertical drainé, l'installateur doit se fournir en fosse septique, tuyaux et raccords, gravier, sable (de bonne granulométrie), remblai, géotextiles (géomembrane et géogrilles), etc. Ces matériaux doivent être préparés avant d'être assemblés.

Certes, il existe des « kit DTU » chez certains fournisseurs, mais il faut s'en méfier ou au moins vérifier que les géotextiles fournis sont les bons, et aux bonnes dimensions. Pour les systèmes drainés, la collerette d'étanchéité livrée doit être adaptée et fiable. Et bien sûr, ce « kit » n'empêche pas d'avoir à trouver les autres matériaux dont le sable, organe essentiel des massifs filtrants à sable, avec des caractéristiques « assainissement », ce qui devient de plus en plus difficile à trouver.

Même avec de bons matériaux, il reste que l'installateur qui met en place le système doit être qualifié. Une récente enquête de l'OBIPIA montre que 70 % des installations sont réalisées par des maçons ou des terrassiers. Seuls 4 % des réalisations le sont par des entreprises spécialisées. Pour le reste, c'est-à-dire 26 % des cas, c'est l'usager qui s'en charge... tout le monde sait que le propriétaire d'une maison est avant tout un spécialiste de l'assainissement !

Sur le terrain, on constate que pour ce type de PIA, il y a de nombreuses sources d'écarts par rapport à l'état de l'art : sur les matériaux, sur les abondantes opérations à réaliser pour procéder au montage du filtre, à son étanchéité, à la pérennité de l'horizontalité du système de distribution. Ces écarts sont des sources de dysfonctionnements non tolérables au regard de la dépense engagée.

Des PIA compactes, préfabriquées, avec des mises en œuvre de faciles à complexes (exemples : filtre à zéolithe, filtre à copeaux de coco)

Il s'agit des PIA qu'il est aussi nécessaire de construire sur place, mais à partir de matériaux déjà calibrés et qui arrivent conditionnés sur le site, ainsi que des matériels prêts à l'assemblage. Ce sont des kits à assembler, avec pour certains encore une multitude d'opérations élémentaires à réaliser, mais pour lesquels, parfois, des installateurs agréés sont mobilisés par les industriels concernés. Le fait de bénéficier de matériaux livrés calibrés, conditionnés et préparés, évite la surprise de la livraison d'un mauvais matériau ou de ne pas en avoir assez. En effet, combien de filtres à sable n'ont pas la hauteur prescrite par la XP DTU 64-1, parce que la fouille n'a pas tout à fait les bonnes dimensions, ou la nature du sol ne permet pas d'avoir des parois verticales… alors pour éviter le coût d'une seconde livraison, l'installateur se contente de 30 ou 40 cm de hauteur (contre 70 cm préconisés).

Pour d'autres PIA livrées également en kit, les modes de montages sont plus simples, et lorsqu'elles sont accompagnées de notices claires et précises, les sources d'erreur sont moindres.

Des PIA prêtes à l'emploi dont les mises en œuvre sont de faciles à très faciles (type microstation)

La troisième catégorie est la plus simple à la mise en œuvre, puisqu'il s'agit de dispositifs prêts à l'emploi qu'il suffit de raccorder en eau et électriquement, encore faut-il les disposer dans leur fouille dans le bon sens.

Dans cette catégorie, la simplification de la mise en place est un gros facteur de réduction du risque d'erreur de montage.

Surveillance et réception de travaux

Pour toutes ces opérations, que les chantiers soient complexes ou réduits à une simple pose avec remblai, il est indispensable de suivre le chantier dans son intégralité. Même la pose d'une cuve dans une fouille doit être surveillée ; il est tellement courant de les voir poser sans lit de pose, même si la notice le stipule et même si le chef de chantier l'a prévu...

On ne le répétera jamais assez, la surveillance du chantier est essentielle, car elle seule garantit que ce qui est installé est conforme aux préconisations d'un industriel ou aux prescriptions d'une norme. C'est l'unique façon d'assurer une traçabilité écrite, de produire des plans, d'établir un reportage photo de l'installation avant son remblaiement, ce qui permettra à tous les propriétaires successifs d'un même bien, de connaître sans erreur possible les équipements qui assurent l'assainissement de leur immeuble. Seule la surveillance du chantier peut donner lieu à l'attribution d'un procès-verbal de réception des travaux.

Plus la durée d'un chantier est réduite, plus il est facile d'organiser son suivi de façon optimale.

Surface immobilisée dédiée à la PIA

Un autre critère de performance de la PIA est la surface nécessaire au chantier et celle définitivement immobilisée à l'issue du chantier. Cette notion est évidemment très déterminante dans le cas de réhabilitations puisqu'il s'agit alors de s'adapter à l'exiguïté de jardin ou cour existants.

Le Tableau 16 donne des ordres de grandeur pour les trois grandes familles de technologies déjà citées.

Tableau 16. Surfaces nécessaires à l'implantation de différentes familles de PIA.

	Massifs filtrants extensifs	Massifs filtrants compacts	Microstations cultures libres ou fixées
Surface (m^2)	50 à 55	20 à 30	~ 10
Emprise chantier (m^2)	~ 250	60 à 150	~ 30

Pour ce critère, dans une démarche de raisonnement de choix, il est envisageable de se fixer des classes avec des limites, par exemple celles du Tableau 17.

Tableau 17. Exemple de classement des dispositifs par rapport à la surface immobilisée à l'issue de l'installation.

Paramètre considéré	Classe 1	Classe 2	Classe 3
Surface immobilisée	< 10 m^2	10-25 m^2	> 25 m^2

Le produit peut alors être jugé performant lorsqu'il immobilise une surface inférieure à 10 m^2 (code vert), et faiblement performant lorsque la surface immobilisée dépasse 25 m^2 (code rouge).

Empattement et poids des équipements

Le critère poids des ouvrages peut avoir son importance. Des ouvrages en PEHD, polyester ou polyéthylène, sont suffisamment légers (de l'ordre de 400 à 600 kg) pour être déplacés et positionnés dans leur fouille par une mini-pelle. Dans un certain nombre de cas, surtout en réhabilitation, la mini-pelle est le seul engin de chantier capable d'accéder au lieu d'implantation.

Une cuve en béton peut, selon les cas, peser de 1 200 à 2 000 kg. Il est alors nécessaire de prévoir des engins de plus grande capacité, présentant des empattements plus importants.

Perte d'altimétrie entre l'entrée et la sortie du traitement

C'est aussi une forme de performance pour un dispositif que de ne pas engendrer une trop forte différence de niveau entre l'entrée et la sortie du système de traitement.

Certains appareils qui ont pour désavantage de créer une perte significative d'altimétrie peuvent avantageusement être utilisés dans des terrains pentus, alors qu'en terrain plat un relevage des eaux se serait avéré nécessaire.

Les systèmes du type microstation en monocuve sont bien adaptés aux terrains plats, leur perte d'altimétrie n'est que de 5 à 30 cm au maximum.

Comme pour le critère précédent, on peut ici décider d'un classement des systèmes selon la différence de niveau entre l'entrée et la sortie. Ce classement décrit l'adaptabilité du système au terrain, mais au-delà d'une certaine hauteur, fixée arbitrairement à un mètre (mais on peut tout aussi bien choisir 80 cm ou 1,20 m), un relevage des eaux par pompage pourra s'avérer indispensable. Le Tableau 18 donne un exemple de codification de la performance.

Tableau 18. Exemple de classement des dispositifs par rapport à la perte de hauteur entre l'entrée et la sortie.

Paramètre considéré	Classe 1	Classe 2	Classe 3
ΔH entrée/sortie de la filière (paramètre en lien avec l'adaptation au terrain)	ΔH < 30 cm	30-100 cm	ΔH > 100 cm

Les performances liées à la modularité de l'équipement

Il existe sur le marché des dispositifs auxquels on peut facilement ajouter un ou plusieurs modules, de façon à augmenter la capacité de traitement de l'installation initiale. Le caractère modulaire, ou permettant une extension de la capacité nominale de traitement, peut être très intéressant dans des cas particuliers. Deux exemples pour illustrer :

- grande maison faiblement occupée à l'année, avec un mois de forte fréquentation ; le traitement primaire (fosse septique ou décanteur primaire selon la technologie) est adapté à la capacité d'accueil de la maison ; le traitement secondaire se présente sous forme de modules dont une partie seulement est en fonctionnement à l'année pour traiter les eaux usées d'occupants à l'année. Lorsque la période de forte fréquentation arrive, mise en route des modules de traitement pré-installés sur le site, mais qui ne deviennent fonctionnels qu'à l'occasion de l'augmentation de la fréquentation. En fin de saison, les modules sont arrêtés et mis au repos ;

- grande maison faiblement occupée de façon permanente, sans grosses variations dans l'année : l'équipement d'assainissement dans sa partie traitement est sous-équipée par rapport à sa capacité théorique d'accueil mais bien adaptée à l'occupation réelle de l'habitation. En revanche, la partie traitement primaire (fosse septique) est judicieusement ajustée à la capacité d'accueil lors des travaux initiaux. Survient un changement de propriétaire, qui s'accompagne d'un changement de l'usage de la maison qui va être occupée plus en rapport avec sa capacité d'accueil. Il est nécessaire d'augmenter la capacité de traitement globale de l'immeuble, et l'installation de modules complémentaires à la partie traitement initial permettra d'y faire face sans gros travaux. On peut concevoir de réserver la place de ce futur complément d'équipement lorsque la première tranche de l'assainissement est réalisée.

Les performances énergétiques

C'est un critère important pour le budget de fonctionnement de l'assainissement.

Il y a deux fonctions qui consomment de l'énergie :

- le relevage des eaux, que ce soit des eaux brutes ou des eaux traitées. Il sera nécessaire si les eaux usées sortent de la maison à une altitude trop profonde ou si les eaux traitées sont trop encaissées par rapport au point de rejet. Les consommations en énergie sont raisonnables, et en rapport avec les volumes d'eau rejetés par les occupants de la maison ;

- l'aération de la biomasse épuratrice lorsque la technologie mise en œuvre ne peut bénéficier d'une aération naturelle. Ce poste est une source de consommation permanente car il ne faut en aucun cas arrêter l'aération, même lorsqu'il n'y a pas de rejet d'eaux usées dans le système. En effet, comme il l'est rappelé dans le chapitre 3, la biomasse épuratrice consomme de l'oxygène lorsqu'elle travaille à la dépollution (quantité d'oxygène en rapport avec la quantité de matière organique contenue dans les eaux usées à biodégrader). Mais cette biomasse est vivante et elle respire, même lorsqu'elle ne reçoit plus de matière organique à dégrader. Arrêter l'aération, c'est laisser mourir la biomasse épuratrice. Ce poste de consommation d'énergie, même pendant les périodes où la maison n'est pas occupée (vacances), est comparable à celui tout aussi obligatoire du congélateur dont on ne coupe pas l'alimentation électrique.

Les dispositifs du type microstations ont pour avantages leur petite taille et leur très faible perte d'altimétrie. En contrepartie, ils consomment inévitablement de l'énergie d'aération. Toutefois, ce poste de dépense peut être modéré, car certains dispositifs bénéficient d'une régulation de la distribution d'air, et notamment pendant les périodes de non-occupation.

Outre ces deux principaux postes, on peut faire appel, lorsque la sensibilité du milieu récepteur l'exige, à des procédés plus performants, mais dont les consommations d'énergie sont importantes : c'est le cas des procédés membranaires qui, couplés à une culture bactérienne libre ou fixée, sont capables d'assurer d'excellents niveaux de rejet, y compris une désinfection des eaux usées, s'ils sont correctement dimensionnés. Ces procédés, jusque-là réservés aux plus grosses unités de dépollution, arrivent sur le marché des petites installations d'assainissement pour répondre à des besoins très spécifiques.

Les performances dans la durée de stockage des boues

Pour les dispositifs de traitement de petite taille, un traitement primaire est indispensable (*cf.* chapitre 4).

- Il s'agit, pour les procédés traditionnels et leurs dérivés compacts (massifs filtrants), des fosses septiques qui ont pour mission de retenir les particules solides. La fosse septique stocke uniquement des boues primaires. On rappelle que les boues secondaires (appelées aussi boues biologiques), résultant de l'activité microbienne épuratrice, ne sont pas extraites et par conséquent s'accumulent au sein des massifs filtrants.
- Pour les dispositifs de type microstation, un traitement primaire équivalent est mis en œuvre pour assurer la même mission de rétention des matières solides : c'est le décanteur primaire. Le processus de dépollution pour ces microstations à cultures libres et à cultures fixées produit aussi des boues secondaires qui, à la différence des massifs filtrants, ne sont pas piégées dans le système. Ces boues biologiques doivent être régulièrement évacuées. Cependant, elles peuvent être stockées dans un des compartiments du dispositif de traitement avant leur évacuation afin de minimiser les rotations des vidanges.

Le stockage prolongé des boues primaires et secondaires permet de réduire la fréquence des vidanges. Il est donc important que le volume de l'ouvrage assurant le stockage soit suffisant.

Au cours du stockage, des mécanismes biologiques anaérobies se mettent en place. Ces mécanismes sont lents et largement décrits dans la litérature technique et scientifique. Une partie de la matière organique particulaire est transformée en matière dissoute : c'est la phase de liquéfaction des matières. Puis une fraction de cette matière organique dissoute est décomposée en petites molécules carbonées. La plus petite d'entre elles, l'acide acétique, est la source de carbone qui permet à certaines populations bactériennes de produire du méthane. Lorsque ces mécanismes anaérobies sont engagés, ce qui prend entre une et deux années selon les configurations d'ouvrages, ils s'accompagnent d'une réduction significative de la quantité de boues stockée.

Plus longtemps on stocke les boues, moins on en produit : il ne faut surtout pas vidanger trop souvent ; vouloir placer sous le même régime de fréquence de vidange des dispositifs qui ont pris le parti d'avoir de grandes capacités de stockage des boues avec ceux qui en ont des petites est une erreur.

Contrairement aux idées reçues, les microstations ne sont pas toutes équivalentes sur le plan du stockage des boues et de la fréquence de leurs vidanges. Il faut savoir faire la part des choses : des dispositifs équipés de volumes de décantation primaire équivalents à ceux des fosses septiques traditionnelles, même avec des apports permanents de boues biologiques en provenance du réacteur aéré (souvent mentionnés comme une recirculation), peuvent démarrer les mêmes processus anaérobies conduisant à réduire globalement la quantité stockée. Ainsi, certains dispositifs sont capables de tenir trois années lorsqu'ils sont alimentés à leur capacité nominale. S'ils sont moins sollicités, la fréquence de vidange peut encore être diminuée.

En revanche, il existe des dispositifs qui n'ont pas d'extraction des boues biologiques pour qu'elles soient stockées ailleurs que dans l'ouvrage de clarification. Ces boues s'accumulent dans le compartiment de décantation secondaire dont la capacité de rétention trouve rapidement ses limites. Ces produits-là vont inévitablement occasionner des vidanges fréquentes qui peuvent être trimestrielles ou semestrielles selon les configurations.

La performance des dispositifs par rapport à la durée de stockage des boues s'identifiera, d'une part, avec le volume de l'ouvrage dédié au stockage, et d'autre part, sur l'existence et la performance du mécanisme qui assure l'extraction des boues biologiques vers le stockeur (cas des microstations).

Les performances épuratoires

Les performances épuratoires sont :

- soit décrétées par des textes réglementaires, et peu admises par la communauté technique et scientifique, pour les systèmes de traitement traditionnels, et particulièrement les tranchées d'épandage ;
- soit évaluées par des tests en laboratoire pour les dispositifs non conventionnels. Les tests sont normalisés (norme EN 12566-3+A1) et permettent d'accéder aux performances épuratoires en conditions nominales de fonctionnement, c'est-à-dire à la capacité de traitement déclarée par le fabricant.

Au-delà de ces performances que l'on va qualifier de « minimales », il est intéressant de connaître la robustesse de ces performances minimales dans le temps. En effet, tous les systèmes ne vieillissent pas de la même façon et les performances épuratoires peuvent en être perturbées au cours du temps.

Les performances minimales ne disent rien non plus sur la robustesse du traitement en cas de forte sollicitation. Les tests normalisés réalisés en laboratoire n'ont rien de sollicitant.

Enfin, et c'est un des critères de choix d'une PIA, il faut aussi pouvoir identifier la performance épuratoire de l'installation si son utilisation est intermittente, avec de longues périodes d'arrêt comme le vivent les maisons de vacances qui ne sont utilisées que quelques semaines dans l'année.

Description du *protocole en conditions sollicitantes*® (PCS®)

Le PCS® prévoit 40 semaines de test réparties en 10 séquences, en plateforme d'essai. Les filières sont alimentées selon le profil hydraulique journalier décrit dans l'EN 12566-3+A1. Un « effet baignoire » de 200 L en eau claire est appliqué 5 jours sur 7, quel que soit le régime d'alimentation.

Tableau 19. Description des séquences d'alimentation du *protocole en conditions sollicitantes*®.

N° de séquence	Durée (semaine)	Régime de charge
1. Installation de la biomasse	4	100 %
2. Obtention du régime permanent	4	100 %
3. Fonctionnement nominal	4	100 %
4. Surcharge 3 jours fin de semaine	4	100 % 4 j puis 200 % 3 j
5. Surcharge vacances	3	200 %
6. Arrêt d'alimentation (vacances)	3	0 %
7. Surcharge 3 jours fin de semaine	3	100 % 4 j puis 200 % 3 j
8. Charge nominale	4	100 %
9. Sous-charge	2	50 %
10. Simulation pannes électriques	6	100 %

Deux points à surveiller sur la robustesse des performances des PIA :
- **la garantie dans le temps d'un niveau d'épuration minimal ;**
- **la possibilité d'un usage intermittent.**

Veolia Eau a cherché à accéder aux performances épuratoires dans toutes leurs dimensions. C'est ce qui nous a conduits à imaginer un protocole de test plus contraignant que celui de la norme EN 12566-3+A1.

Nous avons pu comparer les performances de vingt petites installations d'assainissement différentes soumises à ce protocole de test, et représentatives des technologies qui s'implantent un peu partout en Europe.

Les technologies sont identifiées précisément par le modèle testé dans le Tableau 20. Elles sont classées en trois familles de technologies : les massifs filtrants, les cultures fixées et les cultures libres. Bien évidemment, dans chacune des familles, on trouve des variantes qui confèrent à chaque modèle des performances qui leur sont propres.

Tableau 20. Liste des PIA testées selon le *protocole en conditions sollicitantes*® par Veolia Eau entre 2006 et 2009.

	Filière	Famille
EXTENSIVES	Filtre à sable vertical drainé – DTU 64-1	Massif filtrant (sable)
	Filtre horizontal planté de roseau – SINT	Massif filtrant (sable + roseaux)
	Autoépure – SINT	Massif filtrant (sable + roseaux)
	PKA UFZ C+ H A E – IFZ	Massif filtrant (sable + roseaux)

COMPACTES	Filtre à sable vertical avec Septodiffuseur®	Massif filtrant compact (sable)
	Massif à zéolithe – Eparco	Massif filtrant compact (zéolithe)
	BKF 4 DN20000 Z1 – Lauterbach Keissling	Massif filtrant compact (sol)
	Ecoflex™ EFX-300 – Premier Tech	Massif filtrant très compact (textile/tourbe)
	Ecofix STB-500 – Premier Tech	Massif filtrant compact (copeaux coco)
TRÈS PETITES	Oxyfix C90 – Eloy	Cultures fixées immergées (support fixe)
	3K Plus® – Hubert	Cultures fixées immergées (support fixe)
	KP253 PAL – Nordbeton	Cultures fixées émergées (sur lave)
	BIO-wsb-N wsb®-Clean Basic – Bergman	Cultures fixées immergées (support fluidisé)
	BioDisk BA – Klargester	Cultures fixées sur biodisques
	OPUR Supercompact 5/3 – Boralit	Cultures libres boues activées
	AQUA max BASIC – ATB	Cultures libres SBR
	SanoClean XL – Mall	Cultures libres SBR
	YYY – XXX	Cultures libres SBR
	STM5 – Aquamatic	Cultures libres + biodisques
	MF-HKA4 – Busse	Cultures libres + membranes

Ces résultats identifient les performances épuratoires par famille de technologies.

Il est important de souligner que les résultats qui vont suivre sont obtenus sur des dispositifs neufs. Or, toutes les technologies n'offrent pas une stabilité de leurs performances dans le temps, ce que nous aborderons dans un autre paragraphe.

Les performances sont présentées sous la forme de courbes percentiles. C'est une façon peu courante de présenter des résultats, mais une fois l'œil exercé, l'essentiel des performances y apparaît et les comparaisons sont facilitées.

Pour construire ce type de courbe, l'ensemble des résultats analytiques d'un paramètre, acquis au cours de l'application du protocole de test, est compilé et classé de la plus petite probabilité à la plus grande. La courbe obtenue donne la probabilité de satisfaction d'une concentration donnée pour ce paramètre.

La lecture de la courbe se fait soit en fixant une concentration et en lisant la probabilité qu'elle soit satisfaite, soit en fixant une probabilité et en lisant la concentration à laquelle elle correspond.

Il faut souligner aussi que plus la courbe est sur la gauche du graphique et plus sa pente est raide, plus le dispositif présente des performances robustes sur le paramètre considéré.

L'exemple à la Figure 52 permet d'illustrer cette explication. La courbe en rouge correspond à la compilation des résultats obtenus sur le paramètre « concentration en MeS » au cours d'un test selon le *protocole en conditions sollicitantes*® d'un dispositif « X ». On peut lire cette courbe en prenant comme référence, par exemple, un seuil de 35 mg/L en MeS, et vérifier ainsi quelle est la probabilité qu'offre le dispositif de traitement « X » testé de satisfaire à ce seuil (97 % dans le cas présenté). On peut également lire le graphe en sens inverse : on prend une probabilité et on peut lire sur l'axe des abscisses la concentration qui est respectée (dans notre cas, 60 % du temps la valeur de 16 mg/L en MeS est respectée).

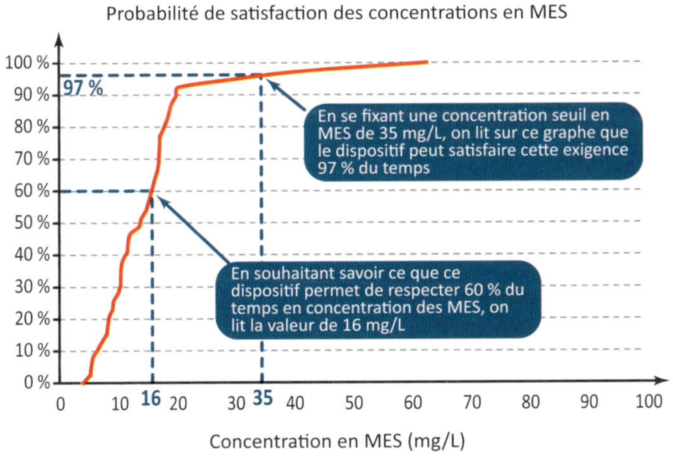

Figure 52. Exemple de courbe percentile permettant de connaître la probabilité de satisfaire à un paramètre donné (ici MeS).

Les familles et leurs performances

Performances minimales

Quand on place sur un même graphe les performances de tous les dispositifs testés sous le même *protocole en condition sollicitantes®* pour le paramètre MeS, on obtient l'image de la figure 53.

Un simple constat à ce stade : il existe de grands écarts de performances selon les technologies testées. Toutes les courbes qui se pressent sur la gauche du graphique, avec une pente bien raide, respectent pour 90 à 100 % des valeurs, la limite fixée à 30 mg/L. En se déplaçant sur la partie droite du graphique, on observe que d'autres dispositifs ont plus de mal à rester sous la limite recherchée. La valeur de 85 mg/L est la limite rédhibitoire fixée par l'arrêté du 7 septembre 2009.

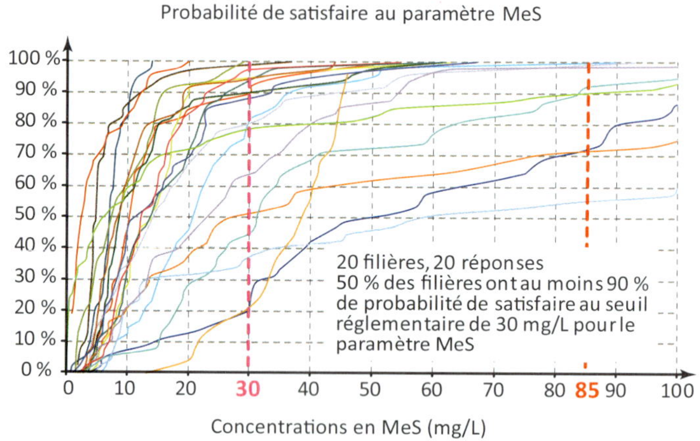

Figure 53. Courbes percentiles des MeS pour les 20 filières testées.

La quantité de DCO rejetée en sortie de traitement exprime à la fois la qualité de la rétention d'une partie des MeS (fraction organique des MeS) et le résultat de l'activité biologique d'épuration sur le carbone organique biodégradable (mesuré par la DBO_5). Par extension, le résultat observé sur le paramètre DCO au regard de celui obtenu sur les MeS peut donner une idée de la performance en termes d'oxygénation du dispositif considéré.

On constate que la majorité des procédés testés assurent correctement l'épuration, et ont une capacité d'aération satisfaisante. Les courbes les plus décalées vers la droite montrent que certains dispositifs ont plus de mal, et la comparaison avec les MeS indique, pour certaines, que l'aération est limitante.

Il est clair que la connaissance des performances épuratoires est essentielle pour valider le choix d'un dispositif de traitement.

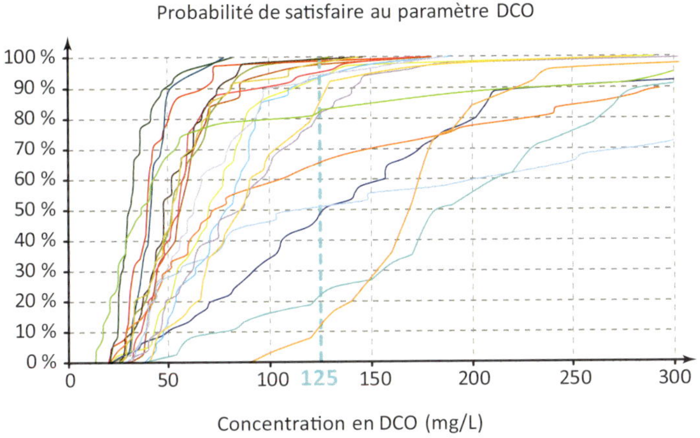

Figure 54. Courbes percentiles de la DCO pour les 20 filières testées.

Performances des massifs filtrants (culture fixée émergée sur un support fin avec écoulement insaturé)

Le massif filtrant d'une filière de PIA est placé en aval d'un ouvrage de traitement primaire, le plus souvent une fosse septique. La fosse septique a pour rôle d'éliminer la pollution particulaire décantable, elle accumule des boues primaires.

Le massif filtrant est le cœur du traitement de la pollution dissoute. L'eau usée percole au travers du massif, et la biomasse épuratrice se développe dans la porosité intergranulaire, ou intragranulaire selon les matériaux, et y reste. La biomasse épuratrice constitue les boues biologiques (par opposition aux boues primaires). La porosité des massifs doit être maintenue pour assurer l'apport en oxygène nécessaire à l'épuration.

Outre l'activité biologique qui permet d'abattre la pollution dissoute, les massifs filtrants ont une bonne capacité à retenir les matières particulaires. Cette bonne disposition peut avoir des conséquences significatives en termes de colmatage physique, si la porosité du massif n'est pas garantie dans le temps.

Dans la famille testée, sont présentes des variantes en terme de compacité : on trouve des massifs filtrants extensifs, des massifs compacts pour lesquels la distribution des eaux pré-traitées à la surface des massifs a été optimisée (améliorée), et un massif ultracompact. La réduction de surface des procédés testés s'échelonne de 1 à 12.

Paramètre MeS

Les filières compactes apparaissent en pointillés, les filières extensives en trait plein.

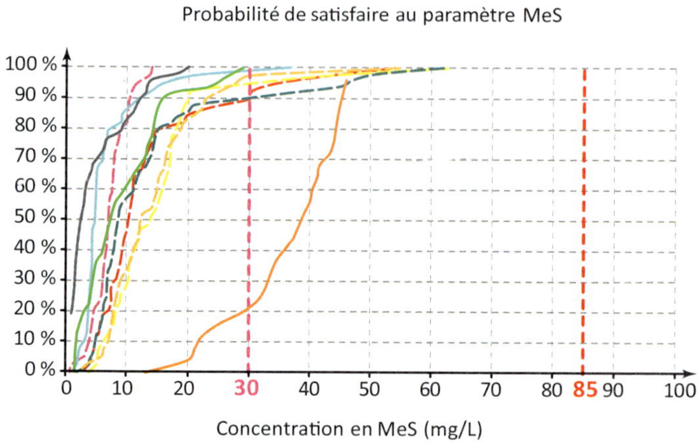

Figure 55. Courbes percentiles des MeS pour les 9 massifs filtrants testés.

Les massifs filtrants offrent une réponse assez bien groupée sur le paramètre MeS. Huit filières sur les 9 testées restent au moins 90 % du temps sous le seuil des 30 mg/L.

Une filière se détache très nettement, pour laquelle le paramètre MeS n'est pas respecté près de 80 % du temps ; il s'agit du filtre à sable à écoulement saturé horizontal. À noter que cette filière n'est plus décrite dans la norme XP DTU 64-1, version 2007.

Paramètre DCO

Les filières compactes apparaissent en pointillés, les filières extensives en trait plein.

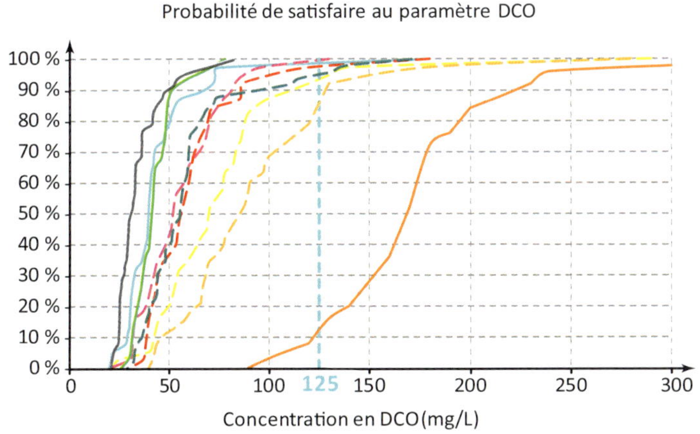

Figure 56. Courbes percentiles de la DCO pour les 9 massifs filtrants testés.

On constate que les courbes individuelles s'écartent un peu les unes des autres, ce qui renseigne sur la qualité de l'aération des procédés testés. Cependant, pour la première année de fonctionnement, tous les massifs filtrants testés donnent des résultats satisfaisants sur ce paramètre.

C'est toujours la même filière qui se détache très nettement des autres, avec des résultats encore plus médiocres sur la DCO : le filtre à sable à écoulement saturé horizontal n'est pas adapté au traitement de la pollution carbonée par voie aérobie, ses capacités naturelles d'aération sont très largement insuffisantes.

Il faut souligner qu'après un an de fonctionnement, il n'est pas possible de conclure sur l'intérêt de la compacité des massifs, et de l'amélioration de la distribution des eaux usées à leur surface. On remarque juste que les procédés compacts présentent des courbes qui sont un peu plus sur la droite du graphe.

Les massifs filtrants à écoulement insaturé présentent un bon comportement vis-à-vis du respect des seuils en MeS et en DCO. Le filtre à écoulement saturé horizontal fait exception à cette règle.

Performances des cultures fixées compactes (microstation à cultures fixées)

Le principe de fonctionnement de ces dispositifs repose sur le développement de la biomasse épuratrice sur un support qui est mis en contact avec l'eau usée à traiter.

Dans cette famille sont testées quatre variantes : des cultures fixées immergées sur différents supports (deux supports fixes dans le réacteur biologique), un support de petite taille mis en fluidisation (en suspension dans l'eau) par l'énergie d'aération, un support en rotation dans l'eau (biodisques), le quatrième est une culture fixée sur un garnissage type pouzzolane, la biomasse restant émergée en dehors des périodes d'alimentation (lit bactérien).

Ce que l'on appelle les microstations à cultures fixées sont constituées en général de trois compartiments :

- un décanteur primaire fait office de traitement primaire. Selon la capacité volumique qu'il présente, il peut s'apparenter aux fosses septiques (toutes eaux) qui précèdent les dispositifs traditionnels. Il en assure le rôle d'élimination de la pollution particulaire décantable des eaux brutes. Il assume un rôle complémentaire, qui est celui de stocker les boues secondaires générées par le réacteur biologique et récupérées dans le clarificateur (décanteur secondaire) ;

- le décanteur primaire alimente en eau décantée le réacteur biologique aéré dans lequel on va trouver le support de fixation de la biomasse épuratrice. Les cultures fixées sont dites immergées lorsque la biomasse est en permanence dans l'eau, émergées lorsque la biomasse est à l'air et c'est l'eau qui ruisselle sur le matériau support (lit bactérien), et semi-immergé lorsque la biomasse est alternativement émergée et immergée (biodisque rotatif). Dans ces systèmes, de l'air doit être fourni aux cultures immergées. Pour les autres, une aération naturelle doit suffire aux besoins de la biomasse ;
- l'eau traitée poursuit son chemin dans un décanteur secondaire, ou clarificateur, qui a pour mission de retenir les particules de biofilm qui se détachent des supports au cours du temps. Un transfert de ces boues biologiques est opéré vers le décanteur primaire pour qu'il puisse les stocker sur une longue période et éviter ainsi des vidanges fréquentes. À noter que certains procédés n'opèrent pas de transfert des boues qui sont alors stockées dans ce petit volume.

Paramètre MeS

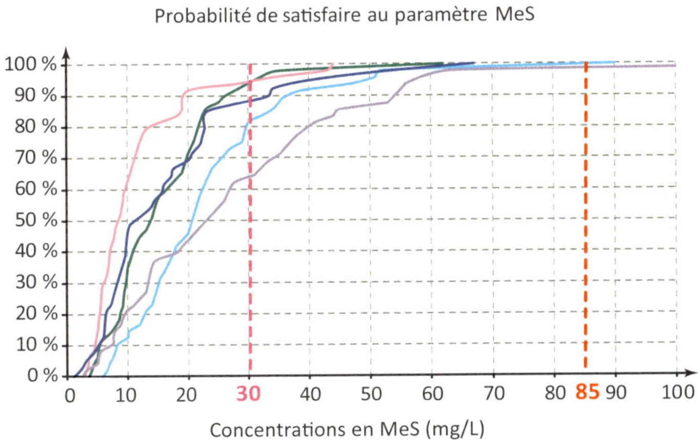

Figure 57. Courbes percentiles des MeS pour les 5 cultures fixées testées.

Trois des cinq variantes testées offrent des réponses satisfaisantes sur le paramètre MeS. Comme il s'agit de cultures fixées, la fuite de MeS dans l'eau traitée est bien contenue. Cependant, deux dispositifs sont significativement moins réguliers sur ce paramètre. Il s'agit des filières dons les cultures fixées sont émergées et semi-émergées. L'alternance des phases d'immersion n'est pas un gage de bonne rétention des MeS.

Paramètre DCO

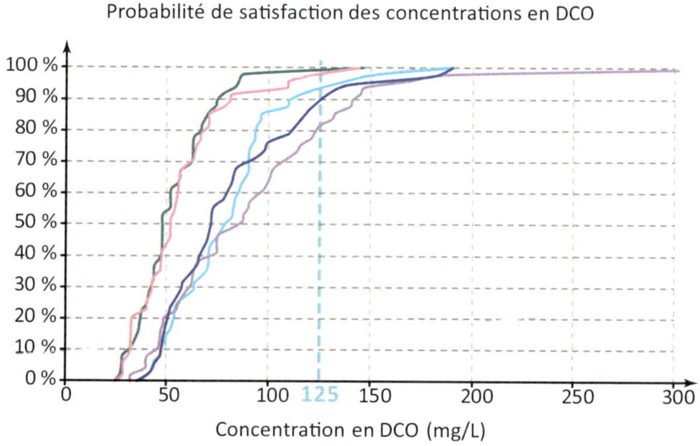

Figure 58. Courbes percentiles de la DCO pour les 5 cultures fixées testées.

Pour ce paramètre, par comparaison avec les MeS, on constate que globalement l'aération est suffisante pour assurer l'épuration. La filière la moins satisfaisante est la culture fixée émergée (lit bactérien).

Rappelons que pour les procédés ultracompacts dont la biomasse épuratrice est en permanence immergée, l'aération est nécessairement mécanique. Il suffit pour ces procédés d'adopter la bonne puissance d'aération ou le bon débit d'air, pour que l'oxygène ne soit pas le facteur limitant de l'épuration, et ainsi faire preuve d'excellent résultat sur ce paramètre (sa fraction biodégradable).

A contrario, les deux procédés qui n'ont qu'une aération naturelle peuvent s'en trouver limités lorsque la charge organique qu'ils reçoivent dépasse les capacités d'auto-oxygénation.

Les performances des cultures fixées dépendent de la capacité d'aération et de la qualité de l'exploitation.

Performances des cultures libres (microstation à cultures libres)

Le principe de fonctionnement de ce type de procédé repose sur le développement de la biomasse épuratrice sous forme libre dans l'eau à épurer. On cherche toutefois à créer dans le réacteur biologique aéré les conditions particulières qui font s'agglomérer les bactéries entre elles (formation de flocs) et ainsi permettre, par décantation naturelle, de séparer la biomasse floculée de l'eau épurée qui peut être alors évacuée.

Dans cette famille de cinq dispositifs sont testées quatre variantes différentes : une boue activée classique, trois cultures libres fonctionnant selon le principe du SBR (*Sequencing Batch Reactor*), c'est-à-dire alimenté par bâchées avec des séquences définies, une culture libre dans laquelle plongent des biodisques quasi totalement immergés, et enfin une culture libre avec membranes.

Les PIA à cultures libres sont constituées en général de trois compartiments : un décanteur primaire faisant office de traitement primaire, un réacteur biologique aéré et un décanteur secondaire (ou clarificateur).

Le décanteur primaire de la culture libre par boue activée n'assure que la mission de décantation des eaux brutes. En effet, dans ce procédé, une recirculation des boues biologiques doit être assurée entre le clarificateur et le réacteur aéré. Aucune extraction vers le décanteur primaire n'est opérée. Le clarificateur est le seul ouvrage qui permet de confiner les boues biologiques. C'est le cas du procédé à boue activée testé (mais il existe sur le marché des produits qui proposent une cuve indépendante de stockage des boues, ce qui induit un pompage régulier des dépôts du décanteur secondaire).

Ce n'est pas le cas des procédés qui reposent sur le principe du SBR. Leur particularité est de ne pas avoir d'ouvrage de décantation secondaire dédié. Aussi, lorsque la phase de décantation est réalisée dans le réacteur aéré, une partie des boues biologiques est pompée vers le décanteur primaire pour y être stockée, alors qu'une fraction est conservée pour assurer la dépollution des eaux usées qui vont être introduites à la séquence suivante.

Le procédé avec membranes n'a pas non plus d'ouvrage de décantation secondaire puisque les membranes assurent la rétention finale des matières particulaires. Les membranes plongent dans le réacteur biologique aéré où la biomasse peut croître sous forme libre.

Paramètres MeS

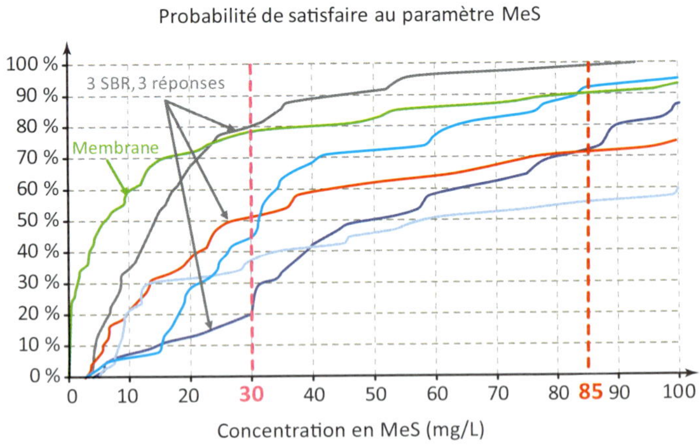

Figure 59. Courbes percentiles des MeS pour les 6 cultures libres testées.

La comparaison avec les deux autres familles est sans appel : on constate que les procédés à cultures libres ont plus de mal à contenir leurs MeS que les autres. Rappelons que les conditions du test sont sollicitantes, mais elles ne sont pas extravagantes car elles simulent des usages parfaitement réalistes d'une habitation.

Autre constat : au sein d'une même catégorie, en l'espèce le SBR, on observe des réponses très différentes. Celui qui est le plus satisfaisant concernant le paramètre MeS possède une double particularité par rapport à ses deux concurrents : un grand ouvrage de décantation primaire fournissant un volume tampon capable d'assumer des variations de charge hydraulique importantes, et un système automatique de régulation de la durée des phases de traitement (*cf.* chapitre 5 « Technologies » qui décrit le principe de fonctionnement d'un SBR).

Ce constat nous amène à formuler une nouvelle fois une recommandation importante : il ne faut pas généraliser les bons ou mauvais résultats d'un type de procédé, mais chercher les éléments du design qui vont permettre d'appréhender les qualités ou défauts de chacun.

Un mot sur le procédé qui mêle une culture libre avec des membranes. Cet appareil a parfaitement fonctionné, comme on pouvait s'y attendre, sur la rétention des matières particulaires. Cependant, avec les fortes sollicitations hydrauliques du *protocole en conditions sollicitantes®*, les capacités de filtration des membranes installées ont été dépassées. Les mauvais résultats observés sont donc la conséquence immédiate d'un mauvais dimensionnement hydraulique, avec la mise en service du by-pass de l'installation.

Paramètre DCO

Les courbes sur ce paramètre ont les mêmes allures que pour les MeS. Ici particulièrement, l'étroite relation entre la matière organique et la matière particulaire est mise en évidence. Les systèmes ont une moins bonne capacité à retenir les MeS, et le rendement de dépollution sur la matière organique particulaire est tout à fait équivalent.

Les performances des cultures libres dépendent de l'extraction régulière des boues, que rien ne retient dans les cuves.

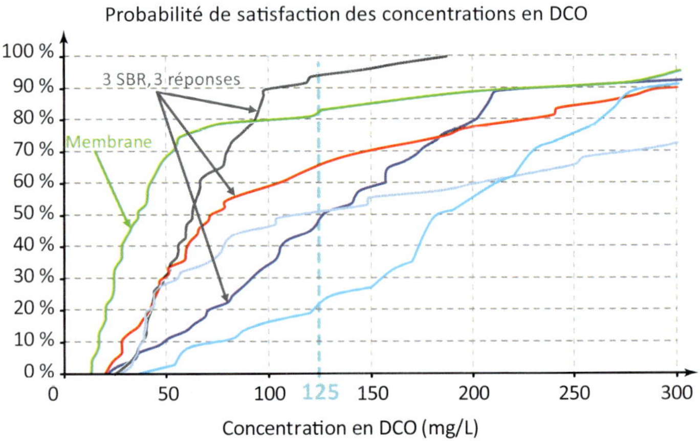

Figure 60. Courbes percentiles de la DCO pour les 5 cultures libres testées.

Conclusions sur les performances minimales des trois familles de technologies

Nous affirmons qu'il ne faut pas généraliser systématiquement et hâtivement. Cependant, force est de constater que la comparaison des performances, dès lors que les dispositifs sont suffisamment sollicités, permet de confirmer les intuitions fondées sur notre culture des plus grands systèmes de traitement des eaux usées.

La famille des massifs filtrants apporte les meilleures performances sur le plan de la rétention des matières particulaires. Cela se traduit, au moins au début de la vie des installations, par une bonne performance sur l'élimination de la matière organique.

La famille des cultures libres montre des difficultés à atteindre les objectifs fixés, essentiellement en raison de la faible performance à conserver les matières en suspension.

Les performances de la famille des cultures fixées se situent entre les deux familles précédentes.

À l'intérieur de chaque famille, des variantes de conception se traduisent par des performances différentes. Néanmoins, pour les massifs filtrants, les performances – du moins de première année – restent très proches dans la panoplie des dispositifs testés. Ceci se vérifie également pour les technologiques à cultures fixées. En revanche, une plus grande dispersion des résultats est observée pour la famille des cultures libres. Particulièrement pour cette dernière catégorie, il est important de bien identifier les caractéristiques qui peuvent apporter des garanties sur la fiabilité du traitement pour juger objectivement chaque dispositif.

Tableau 21. Performances moyennes pour les trois familles de PIA testées sur les paramètres MeS et DCO.

Famille	Moyenne sur MeS (mg/L)	Moyenne sur DCO (mg/L)
Massifs filtrants (8 filières)*	11	58
Minimum	*5*	*34*
Maximum	*15*	*91*
Cultures fixées (5 filières)	18	72
Minimum	*11*	*53*
Maximum	*29*	*92*
Cultures libres (6 filières)	60	141
Minimum	*20*	*70*
Maximum	*119*	*199*

** Les résultats du filtre à sable à flux horizontal n'ont pas été pris en compte pour établir cette moyenne.*

Sur la base des résultats des 20 filières testées de façon identique, avec le *protocole en conditions sollicitantes*®, les performances moyennes par familles sont calculées. Ces moyennes confirment les bonnes performances des massifs filtrants avec une faible dispersion des valeurs, ainsi que les bonnes performances des cultures fixées.

Pour les cultures libres, la moyenne obtenue est évidemment influencée par la sensibilité de certains spécimens aux surcharges hydrauliques. Les écarts par rapport à cette moyenne indiquent toutefois que des modèles sont capables de donner des résultats très satisfaisants.

Ne pas déduire les performances d'un nouveau produit à partir des seuls résultats présentés. Il devra être testé, et son dimensionnement soigneusement étudié pour évaluer les performances que l'on peut en attendre.

Robustesse des performances dans le temps

C'est une question essentielle, difficile, à laquelle les tests de produits qui sont accomplis sur les plateformes des laboratoires notifiés ne peuvent pas répondre en totalité. D'autre part, se baser uniquement sur des tests en plateforme qui ne sont obligatoires que pour des procédés « non traditionnels », revient à nier le vieillissement des filières traditionnelles.

Pourtant, nous avons décidé d'évaluer la notion de vieillissement des performances sur huit dispositifs installés sur plateforme et alimentés de façon strictement identique. Pour cela, une série de séquences d'alimentation en eau usée a été reproduite à l'identique deux fois : la première année de mise en service, la seconde au bout de 3 ans. Pour trois filières, la même série de séquences a été reproduite une ultime fois, au bout de 4-5 ans.

Pour comparer les familles, nous choisissons de présenter les résultats obtenus sur le paramètre MeS. La rétention des matières dans les systèmes se traduit par leur accumulation. L'accumulation a lieu à la surface ou au sein des massifs filtrants pour cette catégorie, et dans les ouvrages de décantation primaire/stockage des boues pour les microstations.

S'agissant des massifs filtrants, on constate un décalage progressif des courbes percentiles vers la droite du graphique qui décrit un début d'altération des performances. Ce décalage ne s'effectue pas à la même vitesse selon les filières, ce qui traduit justement que les filières ne sont pas toutes égales face au temps qui passe.

Certains ne montrent aucun indice significatif de vieillissement à 3 ans, c'est le cas du filtre à sable vertical drainé testé (Figure 61). On ne peut toutefois rien dire au-delà de 3 ans puisque la filière n'a pas pu être maintenue sur la plateforme de test.

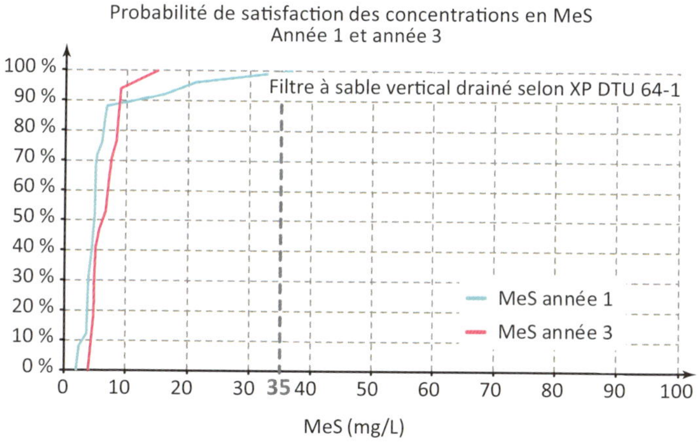

Figure 61. Vieillissement à 3 ans du filtre à sable vertical drainé testé pour le paramètre MeS.

D'autres filtres commencent à présenter des signes significatifs de vieillissement, avec des rejets en MeS qui entament une détérioration au fil des années (Figures 62 à 64). Ces lentes

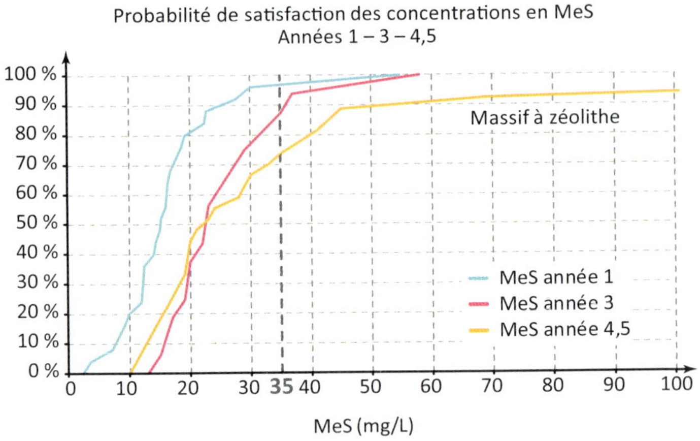

Figure 62. Vieillissement à 4,5 ans du massif à zéolithe testé pour le paramètre MeS.

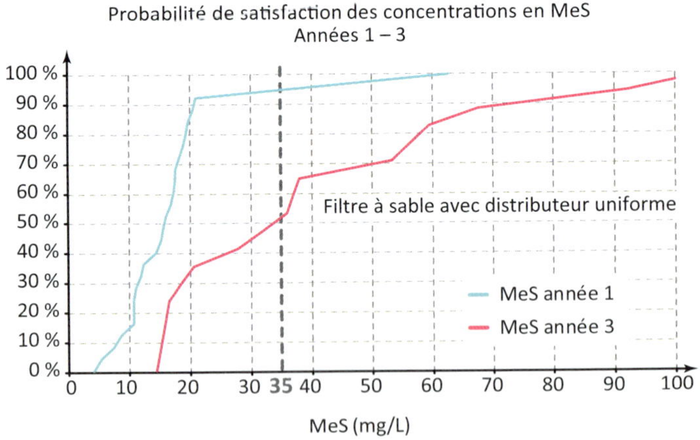

Figure 63. Vieillissement à 3 ans du filtre à sable avec distributeur uniforme testé pour le paramètre MeS.

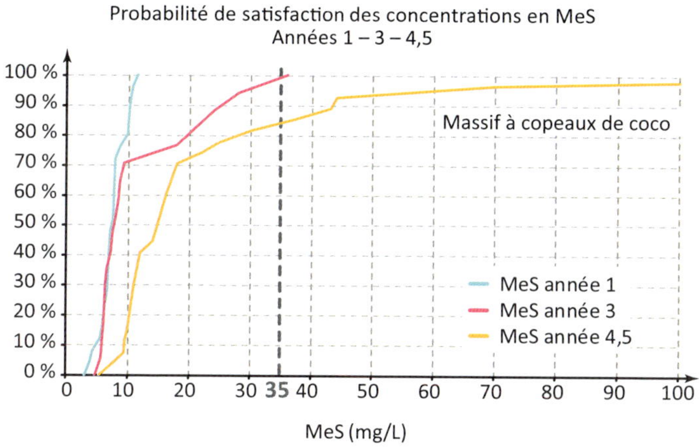

Figure 64. Vieillissement à 4,5 ans du massif à copeaux de coco testé pour le paramètre MeS.

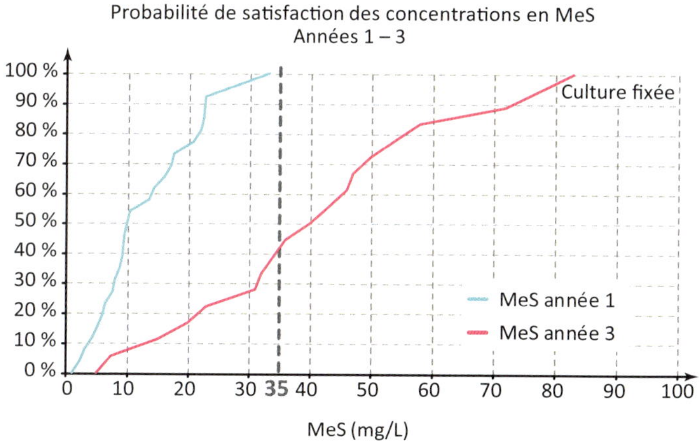

Figure 65. Vieillissement à 3 ans de la culture fixée testé pour le paramètre MeS.

dérives des performances traduisent notamment, pour les massifs filtrants, une perte de porosité.

À l'inverse, les signes d'altération des performances des microstations dans le temps traduisent un besoin de vidange des cuves primaires (Figure 65). En dehors de cette nécessité, les performances épuratoires sont conservées dans le temps (Figure 66). En effet, la capacité d'aération ne varie pas puisqu'elle est le fait d'un appareil qui délivre le même débit d'air avec la même puissance. En revanche, lorsque les ouvrages de stockage des boues sont pleins, ils commencent à perdre des matières si la vidange n'intervient pas à temps.

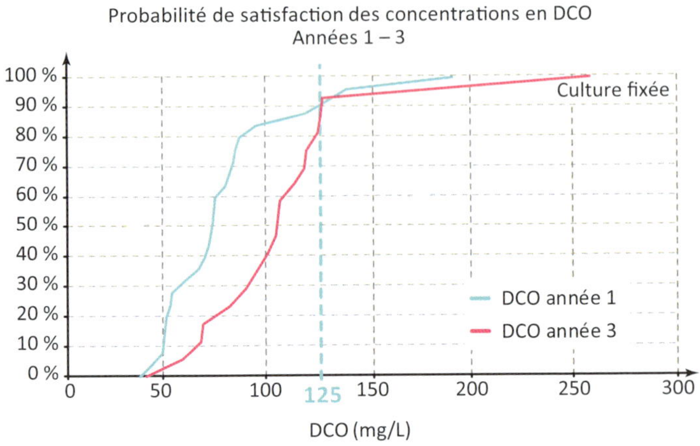

Figure 66. **Vieillissement à 3 ans de la culture fixée testée, pour le paramètre DCO.**

Conclusions sur la robustesse des performances dans le temps

Les conclusions évoquées sont celles obtenues à partir de mesures réalisées au cours des tests Veolia entre 2006 et 2009 au CSTB de Nantes.

Les performances ne sont pas conservées de la même façon au sein d'une même famille. Ce constat est confirmé par les moyennes des performances obtenues par année de fonctionnement présentées dans le Tableau 22.

Tableau 22. Synthèse des performances sur les MeS mesurées au cours du temps des PIA testées, à partir du *protocole en conditions sollicitantes®*, entre 2006 et 2009 sur la plateforme du CSTB de Nantes.

Type	Moyenne sur MeS (mg/L)
Massifs filtrants sable **Année 1** **Année 3**	 **7** **7**
Massif filtrant sable avec système de distribution uniforme **Année 1** **Année 3**	 **17** **39**
Massif filtrant zéolithe **Année 1** **Année 3** **Année 4,5**	 **16** **25** **37**
Massif filtrant copeaux de coco **Année 1** **Année 3** **Année 4,5**	 **8** **12** **24**
Culture fixée **Année 1** **Année 2,5, vidange car valeur MeS de 30 atteinte**	 **13**
Culture libre vidange à 6 mois car valeur MeS de 30 atteinte	

Concernant les massifs filtrant à sable, le dispositif reste performant sur trois années, nous n'avons pas de mesures au-delà de 3 ans. Comme nous l'avons déjà évoqué, les performances de tels massifs filtrants sont très directement liées à leur durée de fonctionnement.

Concernant les microstations, elles nécessitent des vidanges dont la fréquence dépend du volume de stockage offert aux boues, ce qui sous-entend surveillance et entretien.

Robustesse des performances aux surcharges ou sous-charges

Une PIA est dimensionnée pour traiter une charge organique et hydraulique définie dans un cahier des charges précis. S'il s'agit d'équiper une maison individuelle où 4 personnes vivent en permanence, la capacité de traitement de la PIA est adaptée à la charge organique que ces 4 personnes vont générer jours après jours.

Il n'est pas question ici d'aborder les interrogations qui tournent autour de ce qu'est un habitant ou une pièce principale en termes de pollution.

La demande est plus simple : une installation dimensionnée pour une pollution journalière X peut-elle accepter des charges journalières supérieures, de 2X ou plus, et pendant combien de temps ? À l'inverse, que se passe-t-il si la PIA n'est alimentée que par 0,5X... ?

Il n'est de l'intérêt de personne de surdimensionner les équipements. C'est plus cher, ça prend plus de place, et le postulat d'un meilleur fonctionnement sur la base de « qui peut le plus peut le moins » n'est absolument pas garanti.

On est tenté de répondre à cette question par l'exécution de tests sur les dispositifs que l'on peut alimenter deux fois plus, et sur des périodes plus ou moins longues. Mais la difficulté est ailleurs et soulève d'autres questions, comme le manque de connaissance que l'on a sur les réelles amplitudes de ces surcharges.

On ne connaît pas assez bien la réalité des rejets des maisons individuelles, que ce soit sur le plan de la pollution organique, ou sur celui des volumes consommés (et rejetés). La littérature sur ce sujet rapporte tout et son contraire.

Sur la base de mesures réalisées sur des stations d'épuration de petites collectivités, des experts rapportent depuis des années que le citoyen rural génère moins de pollution que le citoyen urbain. Pour faire référence à l'équivalent-habitant, le chiffre officiel du rejet d'un habitant est une DBO_5 de 60 gO_2/j. À la campagne il tomberait à 50 gO_2/j. Certes, les modes de vie et les consommations d'eau ont changé, mais d'un point de vue purement physique, un être humain normalement constitué se nourrissant selon ses besoins, va générer une pollution en rapport avec son propre poids, pas avec le lieu dans lequel il vit. Il n'est pas question de contester ici les mesures réalisées, mais le fait de les avoir ramenées à un chiffre théorique, qui est celui de la capacité nominale de la station d'épuration sur laquelle les mesures ont été faites. Au moment de la mesure, personne n'est capable de préciser combien d'habitants étaient effectivement présents chez eux et à même de générer de la pollution. D'autre part, les réseaux ne sont que très rarement étanches, ce qui, même sur des réseaux courts, engendre une perte de la pollution, et souvent des eaux claires parasites la diluent.

On considère, par convention, que la consommation d'eau moyenne d'un habitant est de l'ordre de 150 L/j. Mais ce chiffre a déjà été remis en cause depuis déjà de nombreuses années. Les dernières publications de l'OI-Eau (2006) font état d'une consommation de l'ordre de 120 L/j pour les agglomérations.

Lorsque l'on s'intéresse aux rejets directement sortis de la maison individuelle, on constate que les volumes générés sont plus souvent bien en deçà de la barre des 100 L/j, et la pollution générée est très concentrée. Les 60 gO_2/j d'un EH peuvent être parfois doublés les jours de week-end. D'ailleurs, il n'y a pas une pollution moyenne journalière, mais plusieurs. Celle du lundi n'est pas identique à celle du mercredi, elle-même différente de celle du samedi ou du dimanche... Bref, on est bien en peine de définir précisément ce qu'est une surcharge, par rapport à la vie souvent chaotique des maisons individuelles.

Sur ce plan des surcharges, les tests en plateformes effectués selon la norme EN 12566-3+A1 ont leurs limites. Les tests proposent une alimentation très lissée. Il n'y a en réalité qu'une seule période de surcharge qui ne dure que 48 heures sur les 40 semaines de test, et les eaux alimentant les dispositifs de traitement sont diluées. On est très loin de simuler avec ce test les fortes variations de la vraie vie.

Durant l'accomplissement de l'étude Veolia qui a comparé 8 filières durant 4,5 ans sur le site du CSTB de Nantes, il a été possible de tirer quelques enseignements sur la résistance des performances des dispositifs à des surcharges organiques et hydrauliques. Quelques exemples sont rapportés ci-dessous.

Un massif filtrant largement dimensionné, comme le filtre à sable décrit dans la norme XP DTU 64-1, ne présente pas de sensibilité notable aux surcharges appliquées pour le paramètre MeS (Figure 67). On peut constater qu'il réagit tout de même aux surcharges organiques (courbe rouge, Figure 68) sur le paramètre DCO, alors qu'il répond peu aux surcharges hydrauliques (courbe jaune, Figure 68).

Un massif filtrant qui présente une surface très réduite par rapport aux règles du XP DTU 64-1, par la mise en œuvre d'une répartition de l'eau à la surface du massif par un distributeur uniforme, ne répond déjà pas de la même manière. Une surcharge organique se traduit par une baisse des performances tant sur le plan des matières particulaires que la matière organique (courbes rouges, Figures 69 et 70).

Tous les massifs filtrants ne répondent pas de la même façon aux sollicitations, car ils ne sont pas constitués des mêmes matériaux. La zéolithe, par exemple, maintient ses performances sur la rétention des matières particulaires (Figure 71). En revanche, l'à-coup de charge organique est plus difficilement toléré (Figure 72).

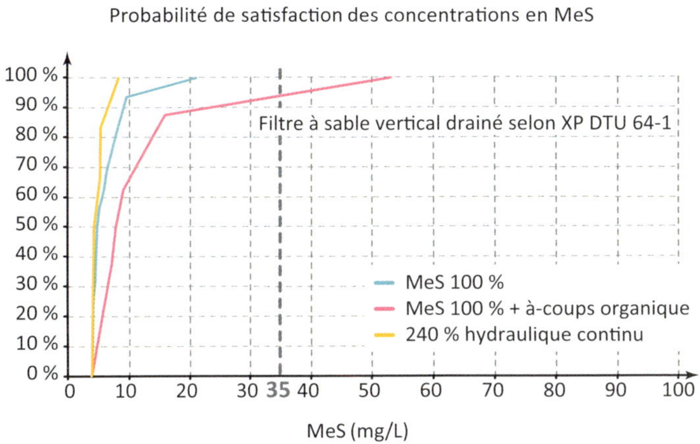

Figure 67. **Réponse, pour le paramètre MeS, du filtre à sable vertical drainé testé à des surcharges hydrauliques et organiques.**

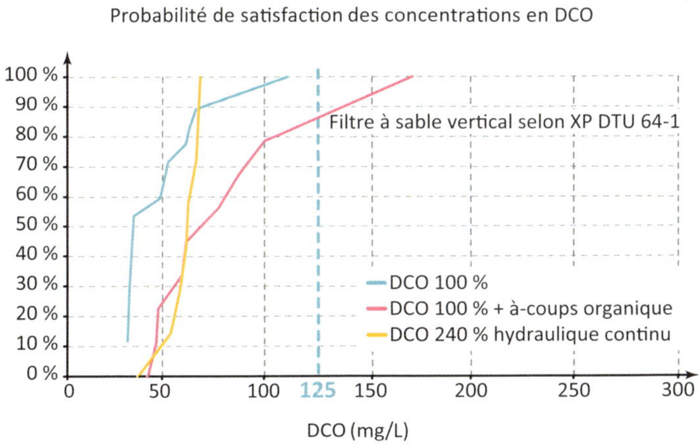

Figure 68. **Réponse, pour le paramètre DCO, du filtre à sable vertical drainé testé à des surcharges hydrauliques et organiques.**

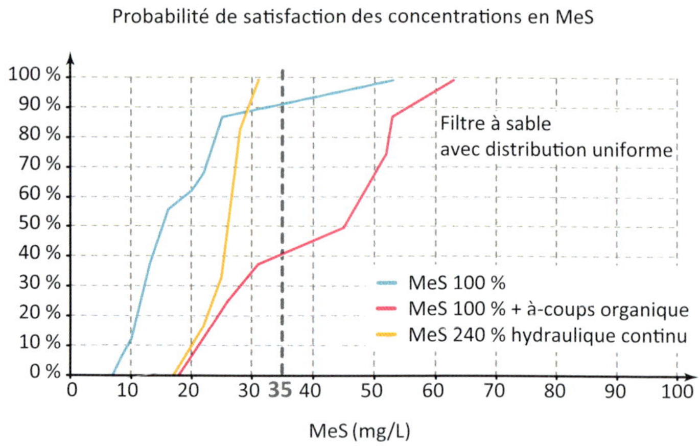

Figure 69. **Réponse, pour le paramètre MeS, du filtre à sable avec distributeur uniforme testé à des surcharges hydrauliques et organiques.**

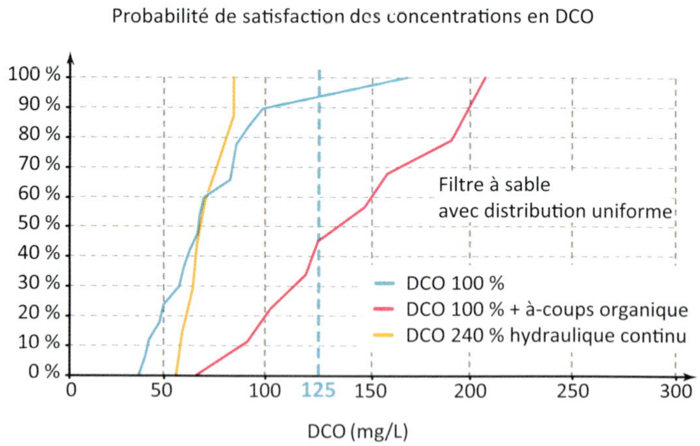

Figure 70. **Réponse, pour le paramètre DCO, du filtre à sable avec distributeur uniforme testé à des surcharges hydrauliques et organiques.**

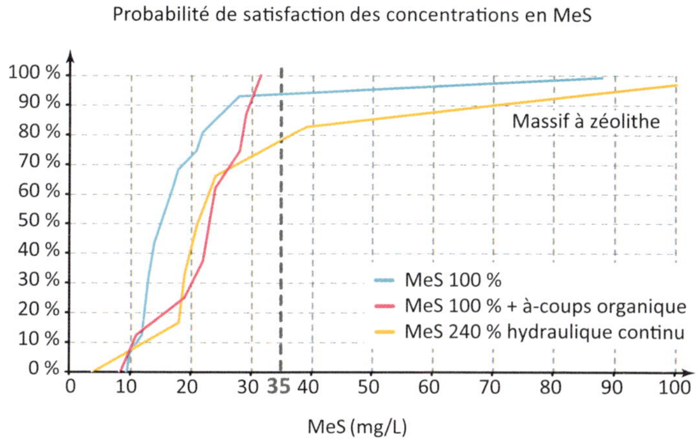

Figure 71. Réponse, pour le paramètre MeS, du massif filtrant à zéolithe testé à des surcharges hydrauliques et organiques.

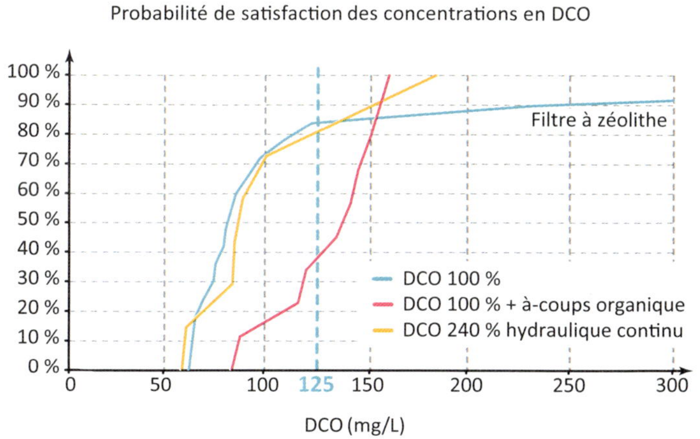

Figure 72. Réponse, pour le paramètre DCO, du filtre massif filtrant à zéolithe testée à des surcharges hydrauliques et organiques.

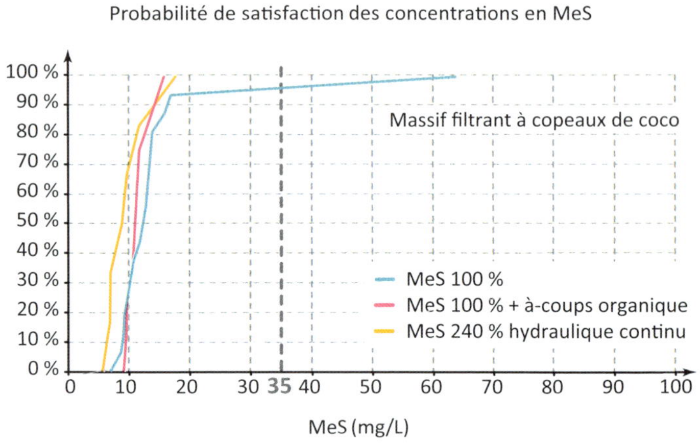

Figure 73. **Réponse, pour le paramètre MeS, du massif à copeaux de coco testé à des surcharges hydrauliques et organiques.**

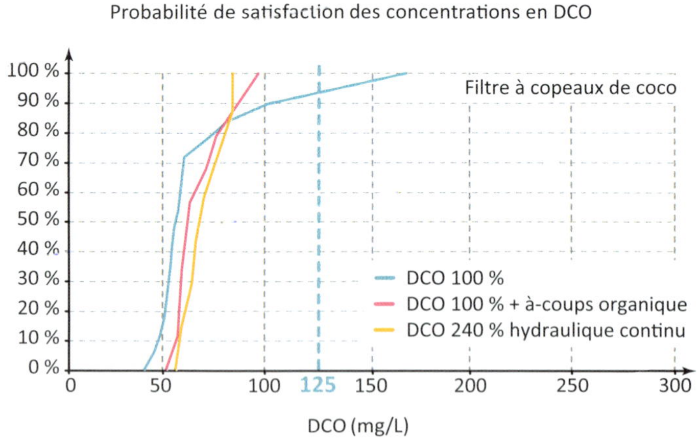

Figure 74. **Réponse, pour le paramètre DCO, du massif à copeaux de coco testé à des surcharges hydrauliques et organiques.**

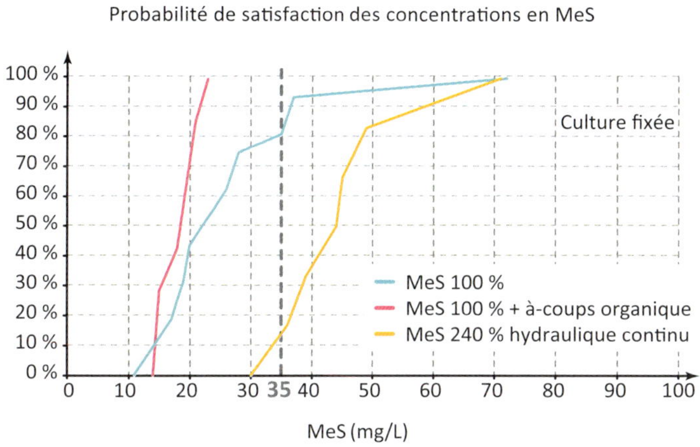

Figure 75. Réponse, pour le paramètre MeS, de la culture fixée testée à des surcharges hydrauliques et organiques.

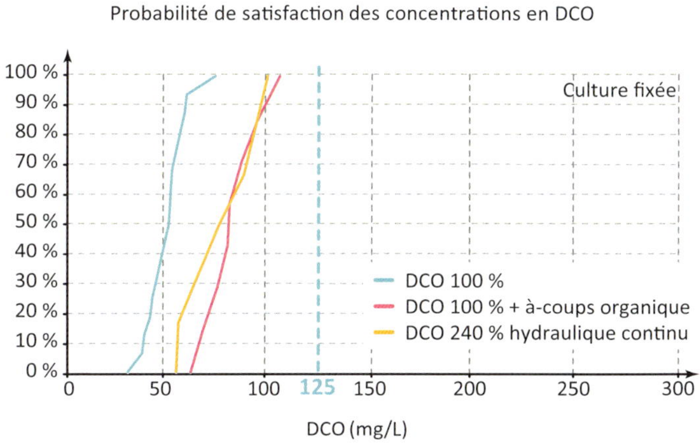

Figure 76. Réponse, pour le paramètre DCO, de la culture fixée testée à des surcharges hydrauliques et organiques.

Matériau très différent, offrant une grande porosité, le massif à copeaux de coco testé apporte une sécurité sensible par rapport aux surcharges, qu'elles soient organiques ou hydrauliques (Figures 73 et 75).

On constate que la microstation à culture fixée testée reste robuste sur le paramètre DCO malgré les surcharges, ce qui démontre que son appareil de diffusion d'air est dimensionné pour un débit d'air en excès (Figure 76). En revanche, on observe une sensibilité aux surcharges hydrauliques sur le plan des MeS (Figure 75). Dans le cas présent, les fuites en MeS au cours de la surcharge hydraulique s'expliquent par le niveau de boues stockées dans le compartiment primaire qui arrivait alors à sa hauteur maximale. Après la vidange, le dispositif a retrouvé ses performances initiales.

Que faut-il retenir de la robustesse des performances par rapport aux surcharges ?

Les massifs filtrants lorsqu'ils sont largement dimensionnés, et en début de leur vie, accusent correctement les surcharges, qu'elles soient organiques ou hydrauliques. Notre étude ne permet toutefois pas d'extrapoler ces résultats à des filtres à sable à flux vertical de plus de 3 ans.

Les massifs filtrants dimensionnés plus justement avec des systèmes de distribution plus performants, peuvent, selon les matériaux mis en œuvre, bien résister aux surcharges ou, au contraire, montrer en peu d'années leurs limites.

Lorsque les équipements de diffusion d'air sont largement dimensionnés, les microstations à cultures libres ou fixées sont capables de bien résister aux surcharges organiques. Jusqu'à un certain point, il est possible d'augmenter la capacité de traitement des microstations confrontées à une augmentation permanente de la charge organique à traiter, par une simple augmentation de la puissance des aérateurs (le facteur limitant étant l'oxygène). Ceci est particulièrement le cas des cultures fixées, qui résistent mieux aux surcharges hydrauliques, pour autant que les ouvrages de stockage des boues ne soient pas à leur niveau de remplissage limite. Les cultures libres restent plus sensibles aux surcharges hydrauliques.

Maintien des performances épuratoires dans l'usage intermittent

Cette question se pose pour la maison individuelle qui n'est occupée que quelques semaines dans l'année. Elle se pose également pour des activités saisonnières.

Les technologies mises en œuvre dans les PIA ne sont pas équivalentes pour la rapidité de réponse à une brusque alimentation, suite à un arrêt très prolongé.

Les tests réalisés en plateforme ne permettent pas de répondre à cette interrogation puisque la montée en régime, séquence appelée « établissement de la biomasse » ne fait pas l'objet d'analyses. Or, il est essentiel d'accéder à ces informations car elles permettent d'orienter le choix d'une technologie par rapport à cet usage particulier. En effet, inutile de choisir un dispositif qui va commencer à traiter correctement les eaux usées 3 semaines après son début d'alimentation, alors que les occupants partent à la quatrième semaine.

Au travers de nos études, et avec l'expérience qui est la nôtre sur les technologies d'assainissement, nous pouvons à minima affirmer les points suivants :

Lorsque les massifs filtrants ne sont plus alimentés pendant une période d'au moins trois semaines, la biomasse épuratrice développée dans l'espace intergranulaire sèche et se rétracte. Ce phénomène bien connu est d'ailleurs utilisé pour essayer de redonner une porosité à un massif filtrant en cours de colmatage. La conséquence du séchage est la mort de la biomasse, et son lessivage lorsque le massif est de nouveau alimenté. Cependant, un massif filtrant extensif possède un pouvoir tampon assez important, qui lui permet de retenir immédiatement les MeS de l'eau usée, en lui laissant le temps de développer une biomasse épuratrice opérationnelle.

Il va être plus difficile à une culture libre qui démarre sans boues, d'implanter rapidement une biomasse en quantité adaptée à la pollution. Par ailleurs, l'efficacité sur la rétention des MeS est en étroite relation avec l'établissement de la biomasse. La culture libre met environ 3 semaines pour atteindre un régime à peu près stabilisé.

C'est un peu différent si la microstation à culture libre a déjà été mise en service. Lorsque l'habitation n'est plus occupée, et que la station n'est plus alimentée en eau, il est souhaitable que son aération ne soit pas coupée (tout au plus baissée), ce qui permet de maintenir une fraction de population bactérienne ré-activable. La contrepartie est la consommation d'énergie. Pour de longues périodes, de plusieurs mois, il est à craindre que l'aération ne soit pas maintenue.

Une microstation à cultures fixées pourra répondre un peu plus rapidement sur la rétention des MeS et l'établissement d'une biomasse adaptée. Toutefois, le délai pour atteindre des performances minimales est tout de même de 2 à 3 semaines. Il pourra être légèrement réduit si la station a déjà été mise en route, et que la biomasse a été maintenue en état d'aération, même si elle n'est plus alimentée en pollution.

En dehors de ces procédés classiques, il n'y a guère que des procédés plus sophistiqués pour répondre de façon immédiate à des objectifs de rejets sur des délais très courts. Par exemple, une culture libre avec des membranes peut atteindre de façon quasi instantanée les niveaux de rejets les plus contraignants, même sans boue au démarrage.

C'est donc une approche conceptuelle bien différente qu'il faut avoir lorsqu'on doit penser l'équipement d'un immeuble qui a des usages très particuliers.

8

Choisir sa PIA

Choisir une petite installation d'assainissement pour une situation donnée nécessite une démarche précise afin de trouver la filière la mieux adaptée pouvant être facilement installée, exploitée et, à l'issue de sa durée de vie, réhabilitée avec un minimum de nuisances pour les occupants de l'habitation ou du groupe d'habitations.

Aucune petite installation d'assainissement ne saurait être la meilleure dans toutes les situations rencontrées. Faire le bon choix d'une PIA, c'est avoir parcouru le chemin de l'assainissement et de ses quatre étapes : collecte, transport, traitement et évacuation.

La collecte et le transport sont, pour les PIA, des actions faciles car elles sont courtes et sujettes à peu de défauts. Le traitement et l'évacuation représentent en revanche des opérations délicates, nécessitant une réflexion sur le produit, et un dimensionnement pour le site et la desserte précise des habitations en place.

Le traitement, c'est la réduction, l'abattement de la charge organique présente dans l'eau usée à traiter jusqu'au niveau requis pour la sauvegarde du milieu naturel. Ces exigences concernent la pollution carbonée mais peuvent, dans les sites les plus sensibles, porter sur les pollutions azotées, phosphorées, microbiologiques...

L'évacuation de l'eau usée ainsi traitée est réalisée selon deux voies principales : l'infiltration dans le sol et le rejet au milieu hydraulique superficiel.

Lors du choix du mode d'évacuation et lorsque le sol est utilisé pour l'infiltration de l'eau usée traitée, on aura en mémoire qu'infiltrer est un acte hydraulique qui ne peut être lié à un acte de traitement. Même si, durant quelques mois, on peut observer lors de cette opération d'infiltration, un acte conjoint de traitement de l'eau usée dans le sol traversé, cette dernière fonction est fugace, la porosité du sol disparaissant d'autant plus rapidement que le traitement des eaux usées est sommaire avant la phase d'évacuation.

Infiltrer, c'est évacuer ; filtrer, c'est traiter.

Ces précisions de vocabulaire sont majeures pour aboutir à un assainissement réussi pour une maison individuelle ou un groupe d'habitations. D'autres termes méritent notre attention.

La fosse est souvent comprise comme si elle désignait le traitement complet des eaux usées ; pour preuve, les appels d'offres qui parlent de diagnostics de fosses à réaliser en lieu et place de diagnostics d'ouvrages d'assainissement.

Cette fosse désigne à la fois cet ouvrage qui ne recevait jadis que les eaux des toilettes, et la fosse septique qui reçoit désormais toutes les eaux usées de la maison.

Historiquement, la fosse qui recevait autrefois les déjections humaines était dénommée « fosse septique ». Peu à peu, la fosse septique en tant qu'évolution pratique a été remplacée par la fosse toutes eaux qui recevait toutes les eaux usées de l'habitation. Cette fosse a pris pour nom « fosse septique toutes eaux ».

Selon la norme européenne EN 1085 la « fosse septique » est depuis environ 10 ans le seul nom officiel de cet ouvrage de décantation-digestion.

Le glossaire européen pour l'assainissement de 2011 valide définitivement cette appellation.

La réalité technique à retenir est que la fosse septique n'est que le premier élément du traitement des eaux usées et ne saurait constituer à elle seule une filière complète de traitement des eaux usées.

Le second terme sur lequel il convient d'apporter quelques précisions est relatif à la distribution des eaux usées issues d'une fosse septique sur un massif filtrant où va se réaliser le traitement.

Par définition, une distribution sur une surface est une action qui vise à réaliser une répartition homogène sur l'aire considérée. Toute distribution qui n'est pas apte à cette répartition homogène n'est pas une distribution mais un envoi « erratique » qui n'utilisera qu'une fraction minoritaire de la surface considérée.

L'application de ces explications est immédiate sur l'eau usée prétraitée issue d'une fosse septique, puisque le système de distribution le plus communément utilisé depuis près d'un siècle en assainissement est la distribution gravitaire « au fil de l'eau ».

Au travers des constats qui ont pu être effectués depuis que nous possédons des outils d'investigation performants comme INVESTIG'+®, nous ne rencontrons jamais de filtres qui, distribués gravitairement, utilisent plus de 25 % de leur surface en fonctionnement. Ce constat est tout à la fois positif et négatif.

Négatif parce qu'un filtre muni d'un tel système de distribution va être « gaspillé » dans son usage. Il est faux de croire que les parties du filtre non utilisées aujourd'hui le seront demain pour une raison très simple, c'est que le filtre dans sa masse va se tasser au fur et à mesure que l'eau y pénètre. La topographie interne d'un filtre varie dans le temps, et certaines zones « descendent » et évoluent structurellement tellement qu'à aucun moment les zones voisines ne pourront être atteintes, la circulation des eaux à traiter se faisant tout d'un côté. En fait, il faudrait être rapidement apte à supprimer l'alimentation sur le côté privilégié pour l'orienter vers le côté délaissé et arriver à un usage complet du filtre. La chose est conceptuellement possible mais irréalisable en pratique sauf à intervenir tous les trois mois sur l'ouvrage, ce qui n'est pas à ce jour l'habitude.

Positif parce que les résultats enregistrés sur les eaux usées traitées dans ces filtres déséquilibrés ne mettent pas systématiquement en évidence les effets d'un traitement dégradé. Dans ce constat, on peut envisager que, pour des filtres à sables dimensionnés à 5 m² par habitant, nous sommes en situation de superficie inutile de traitement et qu'en combinant à une distribution régulière sur la surface filtrante la division par deux de la superficie du filtre, les résultats de traitement ne pourront que s'en trouver améliorés. Bien des propriétaires de terrains « colonisés » par des filtres à sable apprécieront ces pistes de progrès.

**Bien distribuer sur un filtre,
c'est optimiser sa surface de traitement.**

Choisir une PIA consiste ainsi à analyser un ensemble de critères pour mettre en évidence le meilleur compromis adapté au site étudié.

Critères à prendre en compte

Paramètres liés à la maison

Une PIA est, au même titre qu'une chaudière ou une installation électrique, un équipement lié à la maison et indispensable à son fonctionnement.

La petite installation d'assainissement doit être dimensionnée en fonction de la capacité d'accueil de l'immeuble, dont elle fait partie intégrante, et non pas en fonction de son occupation qui, elle, peut varier dans le temps.

Diverses règles de dimensionnement existent et il est important que l'une d'elles soit proposée en souhaitant que cette règle s'appuie plus sur des connaissances que sur l'empirisme.

Le constat réalisé sur les habitations dans les dernières décennies fait apparaître une tendance à l'augmentation de la surface d'habitation par personne. Les pièces de plus de 40 m², comptées comme deux pièces principales par les contrats d'assurance, sont de plus en plus fréquentes, de même que les pièces de type bibliothèque, bureau, salle de jeux...

De même le nombre de personnes par pièces principales paraît selon l'INSEE en régression évidente. L'occupation des chambres semble être un paramètre beaucoup plus stable si l'on se satisfait d'une occupation de 1 ou 2 personnes par chambre dans une habitation.

Pour intégrer ces deux phénomènes et essayer d'avoir aujourd'hui une appréciation de l'occupation aussi réaliste que possible, deux modes de calculs doivent être pris en compte : le calcul avec les pièces principales et le calcul avec les chambres.

En l'absence d'exigences réglementaires nationales sur le dimensionnement des petites installations d'assainissement, nous suggérons les règles suivantes :

- la formule « Pièces principales » qui permet d'obtenir le nombre d'EH (équivalent-habitant) égal à ce nombre de pièces sur lequel sera dimensionnée la fosse septique de la PIA ou la totalité du dispositif s'il est monobloc, avec un seuil minimal fixé à 3 EH. De même, cette formule s'appliquera au dimensionnement du rejet par infiltration ;
- la formule « Chambres à coucher + 1 » qui permet d'obtenir le nombre d'EH sur lequel sera dimensionné le traitement qui suit une fosse septique.

Soit une maison individuelle de trois chambres, un bureau, une bibliothèque, une salle TV, un séjour-salon de 70 m² et une cuisine.

La formule sur les pièces principales donne 8 EH et celle des chambres à coucher donne 4 EH.

Le dimensionnement d'une filière à massif filtrant, ou par un autre dispositif dont le traitement primaire est dans un ouvrage indépendant de celui du traitement secondaire, se fera sur la base de 8 EH (5 m^3) pour la fosse septique et de 4 EH pour le traitement.

Si le propriétaire opte pour un dispositif monobloc, le dimensionnement sera de 8 EH.

Ce mode de calcul s'applique dans la démarche proposée jusqu'à 10 pièces principales.

Au-delà, une étude spécifique est nécessaire pour évaluer le mode d'occupation de l'immeuble, le dimensionnement de la PIA étant différent dans le cas d'un gîte avec la possibilité d'une occupation régulière maximale et d'un château familial dans lequel ne résident que deux personnes. Des installations modulaires peuvent constituer une solution adaptée à ces situations où l'occupation de l'immeuble est de façon notoire et permanente décalée de la capacité d'accueil de l'immeuble.

Pour rappel, le nombre de pièces principales est une donnée obligatoire fournie par le propriétaire, lequel se basera éventuellement sur son contrat d'assurance-habitation. Sont considérées comme pièces principales les pièces de plus de 7 m^2 non aveugles, hors cuisines, salles de bains, toilettes et couloirs. Pour les grandes pièces, on compte une pièce pour la première tranche de 40 m^2, puis une pièce supplémentaire par tranche de 20 m^2 entamés.

De même, le propriétaire doit fournir le nombre de chambres à coucher dans son habitation.

L'équivalent-habitant est la charge organique rejetée par un habitant par jour. Au sens de la Directive eaux usées de 1991, cette charge organique, exprimée en DBO_5, est de 60 gO_2/j.

Il est nécessaire de prendre en compte les perspectives de développement de la maison à court et à moyen termes puisque la PIA choisie a une durée de vie de l'ordre de 20 ans. En effet, les projets d'extension voire d'affectation, comme une maison qui deviendrait un gîte d'étape, sont des informations qui influencent le nombre d'EH à prendre en compte.

Surdimensionner n'est jamais une garantie de meilleur fonctionnement d'un ouvrage.

Paramètres liés au sol

La nature du sol est un élément fort du choix d'une PIA.

Sauf circonstances favorables exceptionnelles, le sol ne pourra pas constituer un système de traitement pérenne des eaux usées. Tout traitement consiste en l'abattement d'une charge organique qui produit une boue, laquelle restera au sein du média filtrant. Par sa nature, tout système de traitement par filtration sur média fonctionne selon le principe d'un colmatage progressif.

Il est possible de rencontrer des médias pour lesquels la vitesse de colmatage autorise une durée de vie d'un filtre de 20 ans, s'il est utilisé à pleine charge organique, ce qui rend ce filtre performant pour celui qui l'utilise pour l'assainissement de ses eaux usées. Cela implique, en outre, la réalité à l'amont du filtre, d'un traitement primaire efficace, apte à arrêter les pollutions sédimentables, ce que réalise une fosse septique d'un volume minimal de 3 m^3 pour 5 personnes, volume augmenté d'au moins 0,5 m^3 par habitant supplémentaire.

Le sol restera quant à lui, sauf cas exceptionnel, obligatoirement validé par une étude à la parcelle de qualité, un média filtrant de pauvre qualité inapte à conférer à l'ouvrage construit la fiabilité et la pérennité de performances qu'il faut exiger d'un ouvrage acheté plusieurs milliers d'euros. Le sol ne pourra jamais présenter l'homogénéité d'autres médias filtrants « fabriqués à partir d'une matière première unique », comme le copeau de coco ou la zéolithe. Il ne pourra non plus être déterminé dans sa constitution avec le nombre de sondages nécessaire à l'obtention d'une certitude d'homogénéité sur la totalité de la superficie utilisée.

Il en résulte que la qualité d'origine du média et sa protection dans la filière auront un impact déterminant sur sa durée de vie, la qualité du traitement des eaux usées restant assurée. De même, la façon dont l'exploitation du média filtrant sera réalisée va l'aider à mieux accomplir sa fonction de traitement des eaux usées. Il est ainsi impossible d'exploiter un sol en place ce qui interdit d'apporter des actions correctives face à un constat de fonctionnement non satisfaisant.

En revanche, le sol est un ouvrage majeur pour l'évacuation par infiltration des eaux usées traitées. Dès lors que cette solution d'évacuation est retenue, une étude du sol en place est indispensable pour réaliser le dimensionnement du projet d'infiltration des eaux traitées.

Cette étude du sol est souvent nommée « étude à la parcelle » et ce travail nécessite l'intervention d'un spécialiste. Le sol n'est pas à lui seul une assurance de la bonne infiltration des eaux usées traitées. Il faut prendre en compte également :

- la qualité des eaux usées traitées ;
- la position de la nappe phréatique ;
- la topographie de la zone possible d'infiltration.

Ces paramètres viennent compléter ceux plus connus pour le sol comme :

- sa nature ;
- sa texture ;
- la vitesse d'infiltration en son sein.

Paramètres liés aux occupants

Un immeuble est occupé par des personnes, lesquelles sont la source des eaux usées domestiques à traiter dans la petite installation d'assainissement. Lors du dimensionnement, on se demande si la filière pourrait être dimensionnée à partir du nombre d'occupants de la maison.

Cette question est balayée par l'ensemble des réglementations sur les petites installations d'assainissement dans le monde. Toutefois, on constate que ces installations d'assainissement fonctionnent de façon fiable et pérenne dans moins de 20 % des situations existantes. Surdimensionner une installation n'est jamais une solution d'amélioration du traitement des eaux usées.

L'avènement inéluctable de dispositifs modulaires permet d'adapter l'ouvrage et son fonctionnement à la charge organique à traiter, qui, elle, est toujours fonction des occupants réels des habitations. L'existence de dispositifs comme des caissons de filtration par petites unités de 2 ou 3 habitants permet d'envisager de se rapprocher d'ouvrages de traitement des eaux usées dont la capacité de traitement va devenir réglable à des niveaux d'investissement réduits. Par exemple, le média filtrant pourra être installé de façon différée. On relève deux axes de progrès dans la recherche de nouveaux matériaux de traitement : détecter des matériaux permettant de se limiter à des surfaces plus réduites et détecter des matériaux dont le coût est réduit.

Cependant, connaître le mode d'occupation habituel de la maison est un paramètre utile qui va aider à choisir un équipement. La maison fait-elle l'objet de fréquentes occupations de fin de semaine ou de vacances ? L'objectif est de définir une pointe d'utilisation pour intégrer cette donnée dans le choix du dispositif d'assainissement.

Enfin, la recherche d'une activité artisanale éventuelle, même pratiquée en « hobby » peut impacter les volumes et les qualités des eaux usées à traiter.

Paramètres liés à la consommation de l'eau

Si dans le cadre d'une installation neuve, il n'est pas question d'avoir une idée de la réalité de la consommation en eau de ses habitants qui ne sont pas encore installés, ce constat n'est plus valide dans le cadre d'une réhabilitation.

Accéder à la consommation en eau est un paramètre qui ne doit pas être négligé. La valeur moyenne des consommations quotidiennes et hebdomadaires qui pourront être connues validera les utilisations réelles de la maison, sachant qu'un volume moyen quotidien s'établit en 2011 plutôt en deçà de 100 L/j/hab, et non à 150 ou à 200 comme les tests de marquage CE des produits de la norme EN 12566-3+A1 veulent bien le retenir.

Par ailleurs, une affirmation, répandue à tort, consiste à considérer qu'en milieu rural les habitants consomment moins d'eau qu'en milieu urbain. Ce point n'est pas du tout vérifié en 2011 sur des mesures de terrain, les habitants en rural ou en urbain bénéficiant du même confort et utilisant l'eau de la même façon.

Est-il besoin de souligner que l'homme rural et l'homme urbain rejettent chaque jour la même charge organique de 60 g de DBO_5 ? L'affirmation selon laquelle l'un serait à 45 g et l'autre à 60 est une contre-vérité en 2011. Il est d'ailleurs permis d'avoir de sérieux doutes sur ces conclusions sur les pollutions rejetées par l'homme depuis quelques dizaines d'années. Elles pourraient bien relever plus de ratios mal conduits sur des valeurs insuffisamment validées que d'une réalité d'évolution des quantités de pollution émises.

Paramètres liés au site

Une habitation neuve est le résultat d'un chantier de construction au cours duquel on met en place la maison et sa petite installation d'assainissement. À ce moment, la localisation de la PIA répond à une logique pragmatique. Il convient de décider de l'emplacement retenu non pas en se disant que la PIA sera éternelle et n'aura jamais besoin d'exploitation, mais au contraire en se souvenant que des camions de 26 tonnes viendront chercher les boues de la fosse plusieurs fois en 20 années, que des vérifications régulières des ouvrages nécessiteront d'ouvrir des regards d'accès annuellement, que divers contrôles nécessitant de l'eau, de l'énergie ou un peu de place seront indispensables.

La surface disponible sur le site pour installer le dispositif d'assainissement est un paramètre majeur de son choix. Il est évident que pour une installation nouvelle, on pourra pleinement prendre en compte cette contrainte, ce qui ne sera pas aussi simple lors d'une réhabilitation.

On doit mettre fin au camouflage dans le jardin pour trouver le moyen d'intégrer le dispositif au site. La mise en place en façade doit être privilégiée. La protection d'une fosse par une dalle pour permettre une circulation de véhicules sera préférable à l'option de circulation occasionnelle d'un lourd engin sur le demi-périmètre de l'habitation tous les 5 à 10 ans.

Figure 77. **Les tampons d'accès au dispositif d'assainissement sont sous les ibis de métal : une intégration réussie.**

De même, la topographie du site est très importante. Il faut tenir compte du fait que les produits disponibles pour traiter les eaux usées ont une différence d'altimétrie entre l'entrée et la sortie. Pour être précis, des dispositifs de type filtres auront de l'ordre du mètre entre l'entrée et la sortie lorsque les autres dispositifs à cultures libres ou fixées auront de l'ordre de 20 cm entre l'entrée et la sortie. Ce paramètre est important dès lors que l'on recherche à s'affranchir de tout apport d'énergie extérieur. Toutefois, en raisonnant « énergie », on doit aussi se rendre compte que l'énergie consommée par un système d'aération fonctionne dans une PIA en permanence, contre un fonctionnement de quelques dizaines de minutes par jour pour un poste de relevage s'il est nécessaire. En cas de panne sur l'alimentation électrique, il faudra mesurer les éventuelles conséquences pour l'ouvrage et son environnement.

L'évacuation des eaux traitées est très dépendante du site. Même si l'infiltration est la solution la plus durable au sens de l'environnement, un rejet au milieu superficiel peut constituer un compromis technico-économique satisfaisant puisque nous avons l'assurance de rejet d'une eau traitée et non à traiter. Cette solution sera à examiner de façon systématique.

Parmi les paramètres liés au site, il est important de prendre en compte les exigences locales de performances de traitement requises par la collectivité. Un niveau de rejet des eaux usées traitées, exprimé en concentration de divers paramètres mesurables est couramment obtenu avec les petites installations d'assainissement aux performances vérifiables. Seules des filières mal maîtrisées, du type des champs d'épandage sur le sol ou des tranchées filtrantes, ne sont pas aptes à présenter de telles performances.

En zones sensibles, des exigences sur l'azote, le phosphore et éventuellement la désinfection pourront être formulées.

S'il est facile de nitrifier l'azote ammoniacal en apportant de l'oxygène en sus de celui nécessaire à la dépollution carbonée, la dénitrification reste un peu plus complexe et mérite de vérifier le procédé choisi pour être sûr d'atteindre l'objectif fixé.

Pour la désinfection des eaux usées traitées, seul un traitement tertiaire spécifique pourra permettre d'atteindre un objectif de désinfection avec un rendement obligatoire de l'ordre de 99,99999 %. Il faut en effet que le paramètre microbiologique en général descende à 100 unités/mL pour que la désinfection soit efficace.

Assurer une désinfection à 99 % revient à ne pas avoir désinfecté les eaux usées ainsi traitées.

Paramètres liés au produit PIA

Les petites installations d'assainissement sont rassemblées dans un large éventail de produits qui ne sont pas tous équivalents sur le plan des performances pour le traitement des eaux usées.

Plusieurs pays ont mis en place, en plus des conditions européennes de circulation des produits dans l'espace européen (norme harmonisée et marque CE), des contraintes réglementaires nationales pour « sécuriser » les choix des consommateurs.

Ces contraintes, basées sur un examen de dossier d'essais de marquage CE, sont très contestables et n'offrent aucune garantie aux consommateurs, ne serait-ce que parce qu'elles sont seulement basées sur 40 semaines de tests, avec des tests dont la représentativité n'est pas démontrée. Aujourd'hui, parce que les laboratoires notifiés européens prennent pour leurs tests les eaux usées dans des réseaux collectifs d'assainissement où circulent des eaux à la pollution très diluée, ces tests ne sont pas représentatifs de ceux concernant les eaux usées sortant d'une maison individuelle, qui sont en moyenne deux fois plus concentrées. À ce jour, aucun pays européen ne prend en compte cette contrainte majeure dans son agrémentation de produits.

La conséquence importante est que ni la marque CE, ni l'agrément national ne garantissent à un propriétaire le bon choix d'un produit destiné, une fois chez lui et devenu ouvrage, à traiter les eaux usées de son habitation. La comparaison des PIA avec des voitures neuves prend tout son sens : bientôt vous aurez de gros catalogues avec des performances reprises en tableaux, mais l'intérêt de chaque acheteur sera de consulter les journaux d'essais des véhicules pour vérifier ce qui dure ou pas, ce qu'il faut changer et dans quel délai, et quelles sont les performances réelles et leurs coûts réels.

Indice global : un critère de choix sur les performances

Les paramètres du projet de PIA examinés et définis, il est possible de passer à l'étape du choix. Il existe un catalogue de fiches de petites installations d'assainissement. Certaines ont été testées selon divers protocoles, d'autres ont simplement été évaluées en fonction de résultats de tests officiels ou non et de la description précise du dispositif avec le recul et la compétence acquise avec d'autres filières.

Afin de privilégier la retenue des meilleures PIA du marché, il est essentiel de s'attacher à définir les critères pertinents permettant de créer un indice global, intégrateur d'exigences sur ces installations.

Notre réflexion propose ici quatre critères majeurs : les performances, l'installation, l'exploitation et le recul de terrain sur ces PIA.

Chaque critère est calculé sur la base de propriétés définies comme pertinentes pour ces ouvrages. Des poids différents sont attribués à ces critères majeurs. L'indice global affecté à la PIA est donné sur une note maximale de 10.

Ainsi, l'analyse du tableau récapitulatif des paramètres du projet doit-elle permettre à la fois d'écarter les PIA inadaptées aux contraintes fixées et d'identifier la meilleure parmi celles qui sont possibles.

Règles de calcul d'un indice global

La définition d'un indice global applicable à la petite installation d'assainissement constitue une méthodologie de choix permettant à la fois de prendre en compte les critères utiles dans un cas précis, mais aussi de bien mettre en évidence le niveau de connaissances disponibles sur le produit examiné.

Objectifs

Cet indice est destiné à présenter rapidement un avis sur la petite installation d'assainissement proposée.

L'indice prend en compte :

- les performances de traitement de la PIA (40 % de la note) ;
- des facteurs liés à l'installation de la PIA en conditions normales (13,3 % de la note) ;
- des facteurs liés à l'exploitation de la PIA en conditions normales (30 % de la note) ;
- les retours d'expérience disponibles (17,7 % de la note).

Cet indice ne prend pas en compte :

- les surfaces requises pour l'installation des PIA ;
- les coûts des produits ;
- l'aptitude à une installation pour du neuf ou du réhabilité.

Ces derniers points peuvent faire l'objet d'indices ou d'avis complémentaires.

Définition de l'indice global

Comme souligné dans les objectifs, cet indice global a quatre composantes de poids différents.

Performances initiales (noté sur 12)

Objet

Il s'agit de traduire en cotation les performances de traitement obtenues (moyenne sur l'ensemble des séquences de test). La référence retenue pour évaluer les performances est l'une des suivantes, par priorité décroissante : le *protocole en conditions sollicitantes*® Veolia Eau, le *protocole en conditions*

Tableau 23. Cotation des performances épuratoires d'une PIA selon les protocoles de test utilisés.

	Valeurs limites des paramètres DBO_5/MeS/DCO (mg/L)				
	5/7/25	10/14/50	15/21/75	20/28/100	25/35/125
Protocole en conditions sollicitantes®	12	10	8	6	4
Protocole en conditions sollicitantes® reconstituées	10	8	6	4	3
Marquage CE (20 valeurs nominales)	6	4	3	2	1
Autres protocoles ou essais (d'au moins 20 semaines consécutives)	4	3	2	1	0

sollicitantes® reconstitué Veolia Eau, le marquage CE, tout autre protocole officiel reproduisant des essais de même nature (de type avis technique pour tous les éventuels produits très innovants ne relevant pas d'une norme en vigueur, les certifications BNQ, NSF...) ou non officiel présentant des données simplement validées par le fabricant.

Les protocoles étant réalisés sur des dispositifs neufs, il s'agit d'une appréciation qui n'est valable que sur du neuf pour le moment.

Cotation

Les quatre situations retenues peuvent être envisagées à des mêmes niveaux de performances. L'obtention de la satisfaction au protocole se résume à la conformité des DBO_5/MeS/DCO à la règle 25/35/125 (concentrations exprimées en mg/L) pour des outils testés.

Le choix de la colonne se fait par la satisfaction d'au moins deux paramètres.

Dans le cas où les trois paramètres seraient affectés à trois colonnes différentes, c'est la colonne médiane qui est retenue. La non-satisfaction ou la sur-satisfaction d'un paramètre entraîne la perte ou le gain d'un point par saut de colonne.

Deux illustrations pour mieux comprendre :

- dans le Tableau 24, on identifie la cotation de chacun des trois paramètres. Les trois cotations étant différentes, la cotation affectée à la colonne médiane doit être retenue, soit une valeur de 3 ;

- dans le Tableau 25, la cotation de deux paramètres (MeS et DCO) est de 8, c'est la base retenue à laquelle on rajoute 2 puisque la DBO_5 est en sur-satisfaction de deux colonnes. La cotation finale sera de 10.

Tableau 24. Cotation des performances épuratoires d'une PIA ayant satisfait au marquage CE.

Paramètre	MeS (mg/L)	DBO_5 (mgO_2/L)	DCO (mgO_2/L)
Valeur mesurée	18	7	65
Cotation	2	4	3

Tableau 25. Cotation des performances épuratoires d'une PIA testée avec le *protocole en conditions sollicitantes*®.

Paramètre	MeS (mg/L)	DBO_5 (mgO_2/L)	DCO (mgO_2/L)
Valeur mesurée	13	7	65
Cotation	8	12	8

Installation (noté sur 4)

Objet

Il s'agit de traduire en cotation les conditions normales d'installation. En fait, l'installation peut être résumée par un paramètre lié à la construction du dispositif selon qu'il faut l'assembler sur site à partir de matériaux épars dans le commerce, l'assembler à partir d'un kit ou mettre en place une boîte complète.

Cotation

L'assemblage sera coté de 4 à 0.

Tableau 26. Cotation de l'installation d'une PIA.

	Matériaux	Kit et matériaux	Kit complet	Boîte à raccorder
Matériaux divers à assembler	0	1	3	4

Exploitation (noté sur 9)

Objet

Il s'agit de traduire en cotation les conditions normales d'exploitation. Les paramètres retenus dans cet objectif sont :

- l'accessibilité du dispositif ;
- la fiabilité des organes du process : elle est jugée sur la continuité de fonctionnement d'un process au niveau souhaité sans intervention extérieure ; par exemple, un dispositif dont les réglages se modifient sans intervention n'est pas considéré comme fiable ;
- les fréquences obligatoires des vidanges des boues ;
- le devenir des matériaux en fin de vie : il s'agit d'apprécier le devenir des matériaux (compostage, recyclage, décharge) dans une perspective de développement durable ;
- l'obligation de recours à une source d'énergie.

Cotation

Les quatre paramètres proposés peuvent être cotés 0 ou 1, hormis la fréquence de vidange des boues cotée 0, 1 ou 2.

Tableau 27. Cotation de l'exploitation d'une PIA.

Accessibilité au système de traitement	Totale	Absente	
	3	0	
Fiabilité process	**Certaine**	**Incertaine**	
	2	0	
Vidange des boues	**Au-delà de 4 ans**	**Au-delà de 2 ans**	**Moins de 2 ans**
	2	1	0
Énergie	**Sans**	**Avec**	
	1	0	
Devenir des matériaux en fin de vie	**Compostage/ recyclage**	**Décharge**	
	1	0	

REX (retour d'expérience) (note sur 5)

Objet

- Ancienneté : il s'agit de traduire le retour d'expérience dont bénéficie le dispositif. Quatre cas sont définis : plus de 20 ans, plus de 10 ans, de 5 à 10 ans et moins de 5 ans.
- Assurance de la durabilité des performances : elle se traduit par l'absence de dégradation des performances dans le temps vis-à-vis d'exigences environnementales, ou de leur prise en compte par le remplacement du seul matériau filtrant, directement accessible.

Cotation

Tableau 28. Cotation du retour d'expérience d'une PIA.

Ancienneté	Plus de 20 ans	Plus de 10 ans	De 5 à 10 ans	Moins de 5 ans
	3	2	1	0
Assurance de la durabilité des performances	**Sans**	**Avec**		
	0	2		

Préconisations sur les ouvrages de traitement primaire

La fosse septique

La fosse septique est le terme européen utilisé pour désigner ce qu'on appelle communément la fosse toutes eaux (ou fosse septique toutes eaux dans la norme française expérimentale XP DTU 64-1 de mars 2007).

Matériau de constitution

On retrouve essentiellement deux types de fosses septiques :

- en béton ;
- en matériau plastique.

Définir le matériau que l'on souhaite pour une fosse septique ne semble pas un paramètre extrêmement pertinent. En effet, contrairement à certaines croyances peu techniques, une fosse en béton n'a aucun lestage suffisant pour être mise sans ancrage dans un sous-sol soumis à des remontées de nappe phréatique.

Toute nappe phréatique susceptible d'être présente contraint, quel que soit le matériau choisi, à un ancrage solide dans le terrain.

De même, si l'hydrogène sulfuré n'est pas l'ennemi structurel des matières plastiques, il est essentiel de faire en sorte d'éviter toute stagnation de ce gaz au sein d'une PIA, car l'hydrogène sulfuré est avant tout un puissant toxique pour l'homme.

Dimensionnement

Même lorsque le constructeur ne préconise pas de taille de fosse septique, les règles de dimensionnement conseillées sont les suivantes :

- le dimensionnement se base sur la capacité d'accueil de la maison avec un minimum à 5 personnes ;
- le volume minimal réglementaire de la fosse septique doit être de 3 m^3 pour 5 personnes et on ajoute 0,5 m^3 par personne supplémentaire. Toutefois, dimensionner plus largement, dans une même technologie choisie, une fosse septique en la passant de 3 à 5 m^3 pour une unité destinée à 5 personnes est plutôt favorable pour la qualité des eaux en sortie. Cela constitue un surcoût très faible sur le produit et son installation, pour un gain nettement plus intéressant en termes de vidanges de boues qui deviennent plus espacées dans le temps ;
- le nombre final de mètres cubes du volume de la fosse obtenu après calcul est arrondi au chiffre entier supérieur ;
- en cas de doute sur un dimensionnement d'une fosse septique, du fait de prescriptions particulières du constructeur, nous retiendrons la fosse la plus grande.

Le bac dégraisseur

La norme NF 16-603 fait état de la possibilité de mise en place d'un bac dégraisseur en amont de la filière de traitement. Hors cas exceptionnels, tels des établissements de restauration ou agroalimentaires, la présence d'un bac dégraisseur sur une installation est fortement déconseillée. En effet, l'exploitation de cet ouvrage, pour être efficace, nécessite des passages très fréquents, parfois toutes les semaines. Les fortes contraintes des bacs dégraisseur tant en installation qu'en exploitation, ajoutées au surcoût économique, font de cet ouvrage une pièce inutile voire négative dans la filière. Un surdimensionnement de fosse septique parfois appelée « toutes eaux » (preuve que des eaux graisseuses peuvent y être admises) peut utilement remplacer la présence d'un bac dégraisseur.

Un soin particulier devra être apporté au respect des pentes des canalisations reliant les eaux ménagères à la fosse septique, que ce soit dans la maison ou à l'extérieur de celle-ci (pente d'au moins 3 %), pour éviter les colmatages liés au figeage de graisses « animales » dans les canalisations (pour mémoire la température de figeage des graisses végétales est en dessous de 10 °C tandis que celle des graisses animales est de l'ordre de 25 °C, ce qui explique que les eaux usées des restaurants, grands consommateurs de graisses animales nécessitent des bacs dégraisseurs).

Le préfiltre

La norme NF 16-603 fait aussi état de la possibilité de mettre en place un préfiltre dans la fosse septique. Mais sa présence n'est pas obligatoire, bien au contraire. En effet, ce type d'obstacle à la circulation des eaux usées prétraitées ne peut entraîner que des déboires : il va nécessiter une exploitation dont la fréquence est très liée aux conditions de fonctionnement et à la nature des eaux usées. Par ailleurs, de par sa constitution même, le préfiltre permet le relargage sans prévenir de la matière accumulée ou du biofilm par paquets, dont l'effet négatif sur un filtre à matériau situé à son aval est assez prévisible. La présence de cet appareil est exclusivement conditionnée aux exigences du constructeur.

On vérifiera enfin que le préfiltre, si son utilisation est retenue, interdit toute surverse des chapeaux de boue de la fosse septique vers un filtre de traitement des eaux usées. Cette surverse de matières solides peut mettre un filtre hors service, quel que soit le matériau de filtration utilisé.

Le clapet antiretour

Cet équipement est à proscrire quelle qu'en soit la position envisagée dans la filière d'assainissement. La raison est fort simple : destiné à éviter des reflux, le clapet antiretour se bloque très facilement par un papier ou un déchet quelconque, et la fonction que l'on attend de lui n'est plus obtenue.

9

Calculer le coût d'une PIA

Si la technique est le paramètre prépondérant de notre métier de service, notamment par la définition du savoir-faire, l'aspect économique reste l'élément décisif de toute opération, et cet aspect conditionne la réalisation d'une installation de PIA.

Les petites installations d'assainissement ne peuvent échapper à cette logique. Ce constat est d'autant plus fort dans ce domaine que le propriétaire d'une installation considère que les produits qui lui sont proposés sont équivalents, et que le coût direct devient le facteur unique du choix.

C'est déjà là que se situe le point essentiel du raisonnement économique. On ne peut acheter une petite installation d'assainissement simplement en consultant le tarif du catalogue du vendeur, et sans vérifier que les performances annoncées par le fabricant correspondent aux exigences environnementales imposées localement. Une installation de PIA se réalise en fonction des contraintes spécifiques au site, et il convient toujours de vérifier dans quelles conditions le produit choisi sur catalogue peut être installé. Le coût d'installation n'est que rarement un standard, chaque unité installée est particulière, avec les coûts liés aux particularités rencontrées.

Une petite installation d'assainissement est faite pour durer un certain nombre d'années et, à côté du coût d'investissement, il faut examiner les coûts de fonctionnement. L'approche par le coût sur une durée de vie est ainsi la seule méthode qui prend en compte les véritables contraintes du produit que l'on projette d'installer, puis d'utiliser.

Mais quelle est cette durée de vie pour une installation que l'on croyait, intuitivement, éternelle ?

Ici, il convient de rappeler qu'un équipement est capable de traiter les eaux usées domestiques avec les performances annoncées lorsqu'il fonctionne à sa capacité nominale ou à son voisinage. Il s'agit du dimensionnement annoncé par le constructeur et, en principe et selon des essais réalisés, il peut absorber des pointes de pollution supplémentaires.

Il existe ensuite ce que l'on peut définir comme la réalité du terrain pour l'occupation des maisons. En 2008, les valeurs données par l'INSEE sont de 2,7 habitants pour une maison de trois pièces principales. Or, une maison de cette taille est couramment admise comme étant le lieu d'habitation potentiel de 5 personnes.

Ce constat simple fait qu'il peut exister des produits fabriqués pour lesquels le constructeur a pris cette valeur de 2,7 habitants pour calculer le dimensionnement nominal de son installation destinée à des habitations de trois pièces principales. Il conviendra de s'assurer que ce n'est pas le cas lors du choix d'une PIA, car les services à attendre d'une installation de traitement des eaux usées dimensionnée pour 2,7 personnes ne seront pas alors les mêmes que ceux espérés d'un produit dimensionné pour une occupation de 5 personnes. Dimensionner une installation est un sujet délicat pour lequel les répercussions économiques sont conséquentes.

De même, les nouvelles habitudes de vie des citoyens avec, notamment, de plus en plus de personnes qui habitent loin de leur lieu de travail, font qu'une maison peut, tout en étant occupée, se trouver vide plus de 200 jours par an entre 7 heures le matin et 19 heures le soir. Nos habitants, pour l'assainissement auront passé 40 % de leurs rejets sur d'autres systèmes de traitements des eaux usées que celui constitué par leur PIA desservant leur maison.

Enfin, et même si la Directive européenne eaux usées de 1991 définit l'équivalent-habitant (EH) comme la pollution produite par une personne et exprimée en charge organique (DBO_5) égale à 60 gO_2/j, certains fabricants ou pays peuvent prendre des charges organiques de référence différentes. Il convient donc de porter sur ce sujet une vigilance particulière. Dans des conditions nominales, les experts des petites installations d'assainissement sont unanimes, et considèrent que la durée de vie d'une installation ne peut être supérieure à 20 ans (dans les conditions nominales de fonctionnement).

Le calcul du coût d'un produit se réalise donc en prenant en compte l'investissement initial mais aussi les coûts de fonctionnement sur une durée de vie estimée à 20 ans. Ainsi, il est possible de considérer un coût annuel de référence pour une petite installation d'assainissement égal au 1/20 du total des coûts d'investissement et de fonctionnement.

Bien sûr, des règles différentes sur les durées de vie pourront être utilisées en présence de données locales précises et vérifiées. Mais le critère final reste le coût annuel de référence qui, à performances techniques égales, constitue le critère de choix pertinent d'une petite installation d'assainissement.

Le texte ci-après détaille tous les aspects constitutifs des coûts pour aboutir au coût annuel de référence de petites installations d'assainissement.

Coûts d'investissement

L'investissement pour une petite installation d'assainissement représente les sommes à dépenser pour qu'un ouvrage de traitement des eaux usées devienne opérationnel dans le cadre de la mission environnementale que l'on a décidé de lui confier. L'investissement ne se réduit pas à la seule valeur d'achat du produit, mais aussi à la dépense relative au produit devenu ouvrage sur un site donné et prêt à fonctionner.

Il faut toujours adapter les coûts d'investissement à un site précis, cette précaution étant primordiale pour les actions de réhabilitation. Par ailleurs, il conviendra de vérifier, dans chaque cas, les performances de protection des milieux environnementaux annoncées par le catalogue du constructeur, en consultant des rapports d'essais officiels et si possible agréés ou certifiés d'organismes reconnus comme des laboratoires notifiés nationaux. En cas de dispositifs nouveaux, on peut se référer à toute forme de preuves techniques (rapport de marquage CE, essais réalisés dans le cadre de certifications, tests pratiqués par les constructeurs dans des structures spécialisées, etc.).

Au moment d'investir dans une PIA, il importe de s'assurer des perspectives de sa durée de vie aux conditions nominales. En effet, s'il semble que la durée de vie de 20 ans puisse constituer une limite haute réaliste, il est possible de voir émerger sur le marché des produits dont la conception ne permettra pas de telles perspectives. Dans cette situation il sera prudent de réduire la durée de vie estimée soit grâce aux informations du constructeur, soit par une propre appréciation.

Valeur du produit

Le tarif du catalogue reste une approche faussée, une certaine tradition de marché consistant à frapper fort sur le prix catalogue pour consentir des rabais importants ensuite, en fonction de l'âpreté à négocier du client. On observe couramment que le fabricant ou distributeur fait profiter l'installateur d'un rabais de 50 % ou plus sur le tarif du catalogue.

Prise en compte des « accessoires » indispensables au produit

Il est malheureusement courant de trouver des fabricants qui livrent une petite installation d'assainissement inapte à fonctionner sans y rajouter des « accessoires », tels qu'une armoire électrique par exemple. Il convient d'être très attentif avec des produits nouveaux sur ces « accessoires » indispensables.

Ce document prend en compte un produit complet pour assurer la mission de dépollution avec, au besoin, une armoire électrique extérieure pour laquelle la ligne électrique de raccordement est disponible à l'extérieur de l'immeuble en cours d'équipement pour l'assainissement.

Estimation de l'installation

Nous avons traité dans les chapitres précédents des difficultés de mise en œuvre d'un dispositif sur un site. Il est toutefois possible de présenter un coût de base d'installation en conditions normales, c'est-à-dire de terrassement et de raccordements hors contraintes spéciales (nature du sol, arrivées multiples, protection de bâtiments proches...).

Pour l'installation, notre démarche prend en compte, outre la mise en place des éléments de l'ouvrage indispensables à sa fonction, un linéaire de canalisations total (transport vers l'ouvrage de traitement et rejet) de 10 m.

L'ouvrage de rejet n'est pas pris en compte, sauf s'il est réalisable avec les 10 m de canalisations incluses, par un rejet au milieu superficiel par exemple.

De même, le raccordement en un seul point des canalisations internes à la maison desservie est pris en compte.

De l'expérience acquise sur les chantiers, les temps de réalisation nécessaires pour réaliser les actions de terrassement, de pose des produits, de raccordement des eaux usées centralisées, de réalisation des ventilations, de raccordement électrique et de mise en service générale ont été synthétisés, par dispositif.

Ces informations sont données dans le Tableau 29.

Tableau 29. Décomposition des durées des tâches d'installation et coûts d'installation (la quantification horaire correspond à des heures d'une équipe de deux ouvriers équipés des matériels adéquats pour les installations à réaliser).

Filières	Terrassement (h)	Pose (h)	Raccords (h)	Ventilations (h)	Électricité (h)	Mise en service (h)	Total (h)	Coût HT (€)
FASV*	10,5	10,5	0,5	1		0,5	23	3 286
Filtre planté	10,5	12	0,5	1	1,5	0,5	26	3 714
Très petite**	2,5	1	0,5	1	1,5	0,5	7	1 000
Filtre 1***	4	2,5	0,5	1		0,5	8,5	1 214
Filtre 2***	4	0,5	0,5	1		0,5	6,5	929
Filtre 3***	4,5	3	0,5	1	1,5	0,5	11	1 571
Filtre 4***	5	7	0,5	1		0,5	14	2 000
Filtre 5***	7	10,5	0,5	1		0,5	19,5	2 786

** FASV : filières basées sur l'utilisation d'un filtre à sable drainé réalisé selon la XP DTU 64-1.*

*** Très petite : filières basées sur l'utilisation d'un dispositif monobloc.*

[illegible] l'utilisation de filtres faisant appel à divers matériaux filtrants et issus de fabricants différents.

Pour aboutir au coût de pose de chaque installation, la journée de 7 heures de travail est prise en compte à 1 000 € hors taxes (données 2008) de l'équipe de deux ouvriers et tous les matériels nécessaires à l'installation de la PIA.

Le Tableau 29 compare des durées et des coûts dans des conditions comparables de qualification des ouvriers sur des sites géographiquement semblables.

Récapitulatif « coût d'investissement »

Un investissement peut se réaliser dans le cadre d'une construction neuve ou d'une réhabilitation. Ces deux cas sont traités ici. En effet, l'expérience des chantiers que nous avons suivis nous a montré de façon récurrente que l'écart de réalisation, quelle que soit l'installation réalisée, correspond à 0,75 journée de travail de deux ouvriers et leurs équipements et matériels nécessaires.

Pour la suite, il est possible de récapituler selon six postes principaux les actions qui constituent le total d'une installation. Il s'agit :

- de l'étude préalable aux travaux ;
- du produit lui-même choisi ;
- des matériaux utilisés pour installer le produit ;
- de la réalisation elle-même ;
- du supplément dû à la réhabilitation par rapport à du neuf ;
- du rejet ;
- éventuellement de la remise en état du site dégradé en réhabilitation.

Chacun de ces postes mérite quelques précisions :

- l'étude préalable : elle est obligatoire autant en neuf qu'en réhabilitation. Son objectif est de permettre de connaître la nature et la perméabilité du terrain par trois mesures au test de Porchet, de connaître l'endroit global de la sortie des eaux usées (toute multiplication des sorties d'eaux usées est un supplément à prendre en compte) et de déterminer le site précis d'accueil des ouvrages choisis ;

- le produit sera complet en ordre de marche pour satisfaire aux exigences de traitement fixées mais ne comprendra pas le regard de prélèvement d'échantillons d'eaux traitées, ni le nécessaire pour un renvoi d'alarmes vers un poste central qui constituent des options ;
- les matériaux comprennent tout ce qui est nécessaire à la pose des ouvrages avec un linéaire de canalisations d'amenée ou de rejet d'eaux usées de 10 m au maximum ;
- la réalisation de l'installation est décrite dans le Tableau 29 ;
- le supplément dû à la réhabilitation par rapport à la même installation en neuf est chiffré uniformément pour tous les ouvrages à 750 €. Il est impossible de donner une valeur moyenne raisonnable sur ce point, les situations de supplément dû à la réhabilitation pouvant varier de l'ordre d'un facteur 10, voire plus. Les 750 € indiqués correspondent à toutes les eaux usées arrivant en un même point à partir duquel la filière réhabilitée est mise en place ;
- le coût du rejet est considéré en option du fait des trop grandes disparités de situations rencontrées. Seul sera pris en compte un rejet au milieu superficiel possible avec les 10 m de canalisations retenues pour l'ensemble de l'ouvrage ;
- les boîtes d'échantillonnage sont des ouvrages qu'il est possible d'intégrer dans une filière. Leur utilité est de deux ordres : tout d'abord comme leur nom l'indique, placés en bout de la chaîne de traitement, ils constituent un organe indispensable pour faire des échantillons 24 heures, seuls capables de donner une information fiable sur la qualité des performances épuratoires. Le second usage de ces boîtes peut être le comptage des eaux usées en leur adjoignant un

comptage, avec auget basculant par exemple. Dans le cas du seul échantillonnage, un coût de 200 € est à envisager, coût porté à 600 € pour la double fonction de comptage et d'échantillonnage ;

- relier des alarmes sur des équipements électriques est totalement maîtrisé par transfert des technologies utilisées en assainissement sur des réseaux ou des usines de traitement. Les centraux de gestion de ces alarmes existent dans nos agences et relayer des informations très simples de PIA n'est pas un problème technique. Selon les modes d'alarmes existants sur nos sites, cette liaison d'alarmes se chiffre entre 300 et 500 € ;
- la remise en état des abords d'une PIA neuve ou réhabilitée est un poste qu'il ne faut pas ignorer. Aucune règle ne se dégage vraiment des expérimentations vécues, si ce n'est qu'en installation neuve ce poste est nul dans l'essentiel des réalisations. Pour les réhabilitations, on conseille que l'état des lieux avant le chantier et un accord clair et écrit soient établis avec le propriétaire. Souvent, la tentation d'améliorer son environnement est forte et sincère chez un client mais implique des coûts trop élevés une fois le chantier terminé.

Ces données sont reprises dans le Tableau 30.

Le Tableau 30 présente des résultats économiques comparables du fait de leur obtention par des équipes d'entreprises semblables dans une unité géographique.

Les valeurs des produits restent indicatives, celles-ci étant très affectées par les conditions locales du marché.

Le Tableau 30, dans son principe, peut être adapté à tout cas concret souhaité en utilisant alors les données locales à disposition.

Tableau 30. Décomposition du coût d'investissement d'une installation, en neuf et en réhabilitation, en euros HT (données 2008).

Filière	Étude	Produit	Matériaux	Installation	Suppl. Réhabilitation *****	Rejet	Total installation	
							Réhabilitation	Neuf
FASV*	500	1 300	2 350	3 286	750	0	8 186	7 436
Filtre planté	500	3 000	1 445	3 714	750	0	9 409	8 659
C.F 1****	500	4 000	400	1 000	750	0	6 650	5 900
C.F 2****	500	5 150	400	1 000	750	0	7 800	7 050
C.L 1***	500	3 700	400	1 000	750	0	6 350	5 600
C.F 3****	500	6 000	400	1 000	750	0	8 650	7 900
C.F 4****	500	5 800	400	1 000	750	0	8 450	7 700
C.F 5****	500	2 220	400	1 000	750	0	4 870	4 120

Filtre 1**	500	4 120	900	1 214	750	0	7 484	6 734
Filtre 2**	500	3 690	900	929	750	0	6 769	6 019
Filtre 3**	500	4 231	1 873	1 571	750	0	8 925	8 175
Filtre 4**	500	5 359	900	2000	750	0	9 509	8 759
Filtre 5**	500	2 750	800	2 786	750	0	7 586	6 836

** FASV : filière basée sur l'utilisation d'un filtre à sable drainé réalisé selon la XP DTU 64-1.*

*** Filtre : filière basée sur l'usage d'un matériau filtrant recevant des eaux de fosse septique.*

**** C.L : filière basée sur un traitement par cultures libres.*

***** C.F : filière basée sur un traitement par cultures fixées.*

****** Supplément réhabilitation : cette valeur est indicative et doit être appréciée au cas par cas.*

Coûts d'exploitation

L'exploitation d'une petite installation d'assainissement est au plan des coûts, le paramètre le plus important à considérer. En effet, si pour un dispositif utilisé à sa charge nominale, l'impact va se faire sur 20 ans, lorsque cette unité est sous chargée l'impact « exploitation » se fera ressentir sur 30 ans ou plus. Il est donc particulièrement essentiel de faire montre d'une vigilance spécifique sur ce poste d'exploitation car son impact économique va être beaucoup plus fort sur la durée de vie de l'équipement que l'installation initiale.

L'exploitation est définie comme l'ensemble des opérations de surveillance, d'entretien et de maintenance des dispositifs constituant une PIA :

- la surveillance a pour objectif le respect des performances en lien avec les exigences du milieu. Cette surveillance donne lieu à des actions curatives ou préventives ;
- l'entretien porte sur le maintien en état de fonctionnement des dispositifs pour permettre à la PIA de remplir sa mission de traitement des eaux usées de l'immeuble ou les habitations qui lui sont raccordés ;
- la maintenance est l'ensemble des actions de prévention assurant aux parties constitutives des dispositifs les durées de vie optimales et la fiabilité de fonctionnement indispensable.

Il est possible de décomposer les coûts d'exploitation selon différents postes principaux.

La visite annuelle de surveillance

« Toute PIA doit être exploitée » et une visite de surveillance annuelle est obligatoire. Il n'existe pas de dispositif qui soit capable d'être autosuffisant pour son exploitation. Et le propriétaire du dispositif ne saurait être tenu pour l'exploitant. Une

PIA est un investissement coûteux destiné à dépolluer les eaux usées de la maison. Une chaudière doit chauffer la maison, une voiture doit transporter la famille, une PIA est l'outil de nettoyage des eaux usées, le tout pour le confort des habitants. Cette visite de surveillance annuelle est l'occasion de vérifier le fonctionnement, dans son ensemble, de la filière.

Les petites installations d'assainissement doivent être suivies en permanence pour ce qui est du fonctionnement de leurs équipements électromécaniques prioritaires. Il est ainsi primordial pour l'environnement que les dispositifs soient raccordés à un poste de surveillance central pour les alarmes prioritaires de fonctionnement (pompe d'alimentation, arrêt d'un surpresseur à fonctionnement permanent, déficience d'électrovanne...).

Pour les autres parties des équipements, tout dispositif doit recevoir une visite annuelle de surveillance dont la durée va être fonction des dispositifs considérés. Deux types de visites annuelles sont conseillés selon les filières (Tableau 31), en l'état de notre expérience :

- la visite annuelle courte (durée totale de 45 minutes dont 15 minutes de trajet, et donc 30 minutes pour l'exploitation du dispositif) ;
- la visite annuelle longue (durée totale 1 heure 15 minutes dont 15 minutes de trajet, et donc 60 minutes pour l'exploitation du dispositif).

Les tâches d'exploitation à réaliser doivent être listées dans le détail pour les filières dont on assume la charge.

L'énergie utilisée

Ce paramètre « énergie » fait l'objet de beaucoup de discussions chez les professionnels des PIA. En effet, le débat est de savoir s'il vaut mieux des unités sans énergie quitte à les payer plus cher à l'investissement plutôt que des unités avec énergie, moins chères à l'achat mais plus contraignantes et plus coûteuses dans leur durée de vie. Ce débat est d'autant plus délicat que, souvent, le particulier a du mal à prendre en compte l'exacte mesure de l'énergie qu'il va régler globalement au sein de sa facture électrique. Sur 20 ans, une facture électrique représentera de l'ordre de 2 000 à 3 000 € (soit l'ordre de grandeur du produit qui est installé) et parfois plus, cela mérite quelques instants de réflexion avant de se décider. Cependant, ce choix sans énergie est parfois impossible parce qu'une filière sans énergie n'a pas sa place. Une ou plusieurs pompes sont obligatoires du fait de la configuration topographique des lieux d'implantation des PIA. Néanmoins, il convient de noter que si une oxygénation continue par surpresseur des eaux usées à traiter nécessite de l'ordre de 1,5 à 2,5 kWh/j, une unité de pompage pour une même habitation nécessitera de 0,2 à 0,4 kWh soit de l'ordre de 8 fois moins. La nécessité de pompes de relevage d'eaux usées prétraitées ou traitées, même si elle constitue une contrainte à ne pas négliger, ne saurait être la cause d'un surcoût de fonctionnement majeur.

La vidange cyclique des boues produites

Ce sujet des boues produites concerne tous les dispositifs. Le paramètre important pour ces vidanges de boues est de considérer la fréquence avec laquelle il faut extraire les boues. Le pompage des boues est une opération d'exploitation lourde et coûteuse. En conséquence, il faut faire en sorte que cette vidange soit la moins fréquente possible. Ainsi pour des fosses septiques, augmenter le volume de 3 à 5 m^3 peut permettre de passer de 5 à 10 ans entre chaque vidange. Bien choisir sa fosse septique a aussi des conséquences sur les fréquences d'extraction des boues, car toutes les fosses septiques ne sont pas réalisées selon les mêmes principes de conception. Des décanteurs primaires de 3 m^3 sont préférables pour des unités à cultures fixées, des SBR ou des boues activées à un même ouvrage de 1 m^3 parce que la vidange passera de 4 mois à 12, 18 ou même

36 mois, selon les process. Les estimations des fréquences de vidange sont données dans le Tableau 31.

Les interventions d'urgence sur les dispositifs

Malgré les précautions déployées dans le choix des installations sur un site donné, malgré les visites annuelles de check-up des unités épuratoires, il reste possible que des interventions d'urgence soient nécessaires sur ces ouvrages. Deux cas sont pris en compte :

- le premier cas vise à considérer que pour 1 % des unités une intervention de pompage en urgence de boues sera à réaliser soit une intervention considérée à 300 €, intégrée dans le contrat de base d'exploitation pour 3 € par an et par installation. Cette fréquence d'intervention d'urgence d'1 % a été augmentée à 2 et à 4 % pour des équipements dont nous considérons que la probabilité de ces interventions d'urgence est plus forte, ce qui porte à 6 et à 12 € l'impact de ce poste ;
- le second cas est relatif à la réponse aux alertes venant des systèmes raccordés à un central d'alarmes. Nous considérons que ces alarmes toucheront 5 % des installations et correspondront à une heure d'investigation par un technicien pour résoudre le problème émergent. Ce point correspond à 300 € impactant chaque système concerné de 3 € annuels.

Les coûts d'amortissement des matériels consommables

Toutes les filières n'ont pas de matériels consommables. Cela concerne les unités de pompage, les surpresseurs d'air et les matériels de diffusion de l'air dans les cuves. Les durées d'amortissement retenues sont données dans le Tableau 31, mais il y a souvent peu voire pas de différences pour les matériels selon les dispositifs étudiés. Attention toutefois aux durées données par les constructeurs car leur valeur relèvent souvent plus du marketing que de la réalité technique.

Les analyses de surveillance des performances

Pour les analyses de performances il est pris en compte trois niveaux :

- un niveau 1 de prise d'échantillon ponctuel pour vérifier la couleur et l'odeur. Cette analyse est intégrée dans la visite annuelle de base ;
- un niveau 2 de prise d'échantillon ponctuel pour examiner la nitrification. Cette analyse est prise en compte tous les deux ans dans la visite annuelle de base ;
- un niveau 3 d'échantillonnage 24 heures, pour réaliser une analyse MeS, DBO_5, DCO voire d'autres paramètres si les exigences données pour le milieu le nécessitent. Cette analyse normalisée est réalisée tous les 8 ans et constitue une option proposée au client dans nos opérations d'exploitation.

Les coûts de renouvellement des équipements

À l'issue de sa durée de vie, tout dispositif doit être renouvelé. Prendre en compte la réalité de cette dépense est une obligation. En conséquence, la durée de vie d'un dispositif est une donnée essentielle pour saisir la réalité d'un coût sur 20 ans d'un dispositif installé. La durée de vie prise en compte considère un fonctionnement à charge nominale, soit la situation la plus délicate que l'on est susceptible de trouver sur le terrain. Cette remarque est forte puisque la majorité des dispositifs reçoit en fait de 50 à 60 % de la charge organique nominale, les maisons étant sous-habitées ou sous-utilisées vis-à-vis de leur capacité d'accueil. Si l'on acte que la charge organique traitée est proportionnelle à la durée de vie du dispositif, sous réserve que son installation ait répondu aux exigences techniques adaptées, cela signifie que la durée de vie, par exemple de 15 ans, pourra sur un site donné passer à 25 ou 30 ans. Toutefois, la projection de ce paramètre dans le temps est délicate et si l'on peut avoir une vue assez précise de la durée de vie à charge nominale, la durée de vie réelle n'est que constatée ; il faudra des enregistrements systématiques et une exploitation statistique ensuite pour en déduire une probabilité de durée de vie de X années avec Y % de chances que cela arrive. Les probabilités de durée de vie par dispositif sont données dans le Tableau 33.

Les paramètres pris en compte pour établir les coûts d'exploitation par filière prennent pour base des coûts de base d'actions ou d'opérations. Le Tableau 32 résume ces coûts des unités de base des paramètres pris en compte.

Un aspect important de l'analyse du coût d'une filière est la détermination de sa durée de vie dans un usage à charge nominale.

Cette analyse de durée de vie se base à la fois sur des dires d'experts, sur des données de constructeurs et sur des retours de terrain.

En fait, par durée de vie on entend le temps pendant lequel, à charge organique nominale appliquée, l'ouvrage de traitement des eaux usées peut respecter les exigences qui lui ont été fixées. Pour certains ouvrages, il s'agira d'une remise en état complète incluant l'enlèvement et le traitement des matériaux souillés enlevés, pour d'autres, seul le matériau filtrant de traitement sera enlevé et traité.

Tableau 31. Décomposition des paramètres pris en compte dans les coûts d'exploitation par filière.

				Durées d'amortissement (année)		
	Énergie consommée (kWh/j) **	Périodicité vidange (année)	Durée visite annuelle (h)	Surpresseur coût moyen : 300 €	Pompe coût moyen : 400 €	Diffuseur d'air coût moyen : 150 €
FASV*	0	6	0,75			
Filtre planté	0.1	6	1,25		8	
C.F 1	1,65	3	1,25	8	8	5
C.F 2	1,65	1,5	1,25	8	8	5
C.L 1	2,4	0,5	1,25	8		5
C.F 3	1,2	1,5	1,25	8		5
C.F 4	1,2	1,5	1,25	8		5

C.F 5	**1,65**	**2**	**1,25**	**8**		**5**
Filtre 1	**0**	**6**	**0,75**			
Filtre 2	**0**	**6**	**0,75**			
Filtre 3	**0,45**	**6**	**1,25**		**8**	
Filtre 4	**0**	**6**	**0,75**			
Filtre 5	**0**	**6**	**0,75**			

** FASV : filières basées sur l'utilisation d'un filtre à sable drainé réalisé selon la XP DTU 64-1.*

*** Note sur la consommation d'énergie : l'énergie électrique consommée quotidiennement varie en fonction des technologies et des charges hydrauliques appliquées. Pour des unités communément nommées « microstations » la plage de consommation journalière pour une charge organique à traiter exprimée en DBO_5 de 300 g d'O_2 par jour est de 1 à 1,8 kWh. Pour un relevage des eaux usées, quel que soit le point de la filière où il a lieu, cette consommation journalière varie entre 0,2 et 0,5 kWh.*

Tableau 32. Références des coûts des unités de base des paramètres pris en compte.

	Unité	PU
Coût horaire du TI*	Euros	60
Coût vidange	Euros	180
Coût énergie	Euros/kwh	0,15
Coût intervention urgente de vidange	Euros	300
Coût intervention urgente alarme	Euros	60
Fréquence urgence de vidange	% dispositifs	1 % à 4 %
Fréquence urgence alarme	% dispositifs	5 %

** Technicien d'investigation.*

Le Tableau 33 résume ces points, dans une situation limitée de retours d'expériences.

Tableau 33. Durées de vie des filières dans un usage à charge nominale.

	Durée de vie à charge nominale (ans)	Matériaux à changer	Éléments du produit à changer
FASV*	15	Sable	Géomembranes et drains
Filtre planté	15	Sables et graviers	Géomembranes, drains...

C.L	40	Totalité à changer	
C.F	40	Totalité à changer	
Filtre 1	12	Copeaux de coco	
Filtre 2	8	Rouleau de toile textile tourbe	
Filtre 3	12	Zéolithe	Composants du filtre
Filtre 4	10	Sable	Géomembranes

** FASV : filières basées sur l'utilisation d'un filtre à sable drainé réalisé selon la XP DTU 64-1.*

Les données du Tableau 33 permettent d'accéder à des éléments économiques sur le renouvellement des filières qui reprennent les paramètres de calculs utilisés lors des calculs des coûts d'installation de ces dispositifs.

Coût global d'une petite installation d'assainissement sur 20 ans

Si une petite installation d'assainissement doit faire l'objet d'un achat initial, si une petite installation d'assainissement n'est pas éternelle, il ne faut pas oublier qu'elle ne peut pas fonctionner sans faire l'objet d'une exploitation.

La notion de coût annuel d'une petite installation d'assainissement intégrant une part investissement et une part fonctionnement doit intégrer une notion de durée de vie. Comme nous l'avons déjà indiqué, cette durée de vie est de 20 ans.

Toutefois, il est facile de tenir compte d'autres hypothèses de durée de vie, et, ce d'autant que la durée de vie ne porte une influence que sur la partie investissement.

Ainsi, chaque dispositif étudié va aboutir à un tableau de synthèse du type du Tableau 34 qui ne prend en compte que les coûts d'investissement et d'exploitation sans aucun coût de renouvellement du dispositif en fin de vie, qu'il s'agisse de matériaux de traitement ou d'éléments d'ouvrages.

Tableau 34. Coûts globaux des dispositifs sur 20 ans établis en fonction de réhabilitations réelles pour des installations d'assainissement aptes à traiter des charges organiques journalières de 300 g de DBO_5.

	Coût investissement (€)	Coût exploitation (€)	Global sur 20 ans (€)	Années restant à vivre	Observations	Global corrigé sur 20 ans (€)
FASV	7 500	1 600	9 100	0	Filtre à renouveler	9 100
Filtre planté	8 700	3 700	12 000	0	Filtre à renouveler	12 000
C.L et C.F	5 000 à 7 900	6 600 à 12 900	11 600 à 18 500	20	L'investissement n'est pas à refaire pour 20 ans	8 500 à 16 000
Filtres compacts	6 000 à 9 000	1 600 à 3 700	9 500 à 15 500	4 à 10		8 800 à 15 000

Ces quelques exemples donnent des informations générales sur les ordres de grandeur des coûts pour quelques produits des familles de technologies les plus fréquemment rencontrées. Le lecteur se voit proposer une approche méthodologique de calcul des coûts qu'il lui appartient d'adapter à sa propre situation. Le coût d'achat et d'installation de ces dispositifs est soumis aux fluctuations locales du marché.

Il reste qu'en moyenne sur 20 ans, le coût annuel d'un dispositif PIA à partir d'opérations réalisées avoisine 450 €, coût dans lequel l'investissement peut participer pour plus de 75 %. À l'inverse, d'autres dispositifs vont montrer des coûts d'exploitation susceptibles de constituer 75 % des dépenses.

Tendre vers une gestion unique de l'ensemble de l'assainissement

De façon globale, les systèmes « fosse septique et traitement par filtration » sont chers en investissement et peu onéreux en exploitation. Pour quelques unités à cultures libres ou fixées, si les coûts annuels peuvent rester du même ordre de grandeur que ceux des filtres, la répartition des coûts est très différente puisque c'est le poste exploitation (énergie et boues) qui est déterminant.

Après avoir vérifié la similitude des performances sur les paramètres robustesse, fiabilité et pérennité entre les systèmes de traitement biologique en milieu solide ou en milieu liquide, l'avenir pour le développement du marché de ces dispositifs passe :

- pour les cultures libres ou fixées, par la recherche de solutions pour espacer les vidanges de boues ;

- pour les massifs filtrants, par une réduction des coûts d'achat des produits à installer et la simplification des contraintes de pose.

Ainsi, l'approche économique montre-t-elle toute sa cohérence avec l'approche technique et dans des conditions non complexes d'installation des produits, il reste possible d'envisager des coûts annuels pour des ouvrages en fonctionnement de moins de 400 €, calculés sur une période de 20 ans pour une habitation de 5 personnes (soit moins de 80 € par habitant et par an).

Pour ramener cette approche à une redevance assainissement payée par le client et sans prendre en compte un droit d'accès à une gestion unique de l'assainissement (qui pourrait se situer autour de 2 000 € pour l'habitation, soit un impact annuel par habitation de 10 €) pour une consommation de 100 L/j/hab, on arrive à une redevance assainissement unifiée annuelle par maison de l'ordre de 2,20 €/m^3 d'eau potable consommée.

On constate que l'ordre de grandeur de cette redevance n'a rien d'aberrant, ce niveau de redevance étant déjà parfois atteint sur des réseaux collectifs.

Enfin, les effets de moyenne dans une gestion unifiée de l'assainissement permettront de ramener une redevance par commune à des niveaux inférieurs comme on peut l'envisager dans l'exemple ci-dessous :

Prenons une commune desservie à 80 % en collectif avec une redevance actuelle à 1 €/m^3 d'eau utilisée.

Dans cette même commune où 20 % des habitants sont desservis en PIA individuelles, une redevance en « non collectif » serait à 2,2 €/m^3 d'eau utilisée.

La redevance unique d'assainissement intégrant l'ensemble de l'assainissement installé serait de 1,24 €/m^3.

Cet exemple montre que les ordres de grandeur de la redevance unique pour un assainissement pris en totalité en charge par une collectivité ne sont pas de nature à empêcher cette solution équitable sur un territoire.

L'assainissement unifié est bel et bien devenu une possibilité réaliste pour les collectivités grâce au développement de technologies adaptées aux habitations isolées ou faiblement regroupées.

L'unicité de la structure de conception, de dimensionnement, d'installation et d'exploitation est une vraie garantie d'un assainissement équitable, homogène dans ses performances, fiable dans son fonctionnement et offrant un service égal pour chacun. L'assainissement unifié marque la fin des inégalités technico-économiques actuelles pour un service indispensable pour tous, au seul motif d'un positionnement favorable ou pas sur un bassin-versant dans un territoire donné.

10

Installer des PIA

Les PIA jouissent d'une image de facilité de construction. Les personnes, souvent sceptiques sur la complexité réelle de leur installation, affirment régulièrement : « Comment se tromper lors de l'installation d'une fosse septique, il y a une entrée et une sortie qu'il suffit de raccorder ? » ou « Comment ne pas bien installer un filtre à sable puisqu'il est rustique et fait avec des matériaux communs ». Pourtant, environ une fosse septique sur trois est installée à l'envers, et sans doute moins d'un filtre à sable sur dix est mis en place sans défaut...

Le premier constat que l'on peut faire, c'est combien ni l'installateur ni le propriétaire ne sont convaincus du caractère indispensable du traitement des eaux usées. Les filières traditionnelles qui utilisent le sol comme outil de traitement ne font rien pour rendre crédible le besoin réel d'un assainissement. Il n'est pas rare d'entendre des affirmations dangereuses telles que « ce ne sont pas les rejets d'une maison qui vont polluer les nappes souterraines » ou « la pollution diffuse de l'ANC n'est pas dangereuse » dans la bouche même de spécialistes de la défense des milieux naturels.

Cette situation était exactement la même à la fin des années soixante-dix lorsque quelques « experts » défendaient la théorie de la dilution comme technique de traitement pour de grandes unités d'épuration des eaux usées ! Heureusement, l'importance de la prise en compte des flux par rapport aux concentrations est aujourd'hui consensuelle. Tout rejet d'eaux usées doit faire l'objet d'un traitement adapté au milieu dans lequel il retourne. Pour réussir cette opération, la première étape est de bien installer le dispositif adapté, c'est-à-dire bien dimensionné et bien choisi.

Il existe une explication historique à la médiocre installation des dispositifs existants : les unités de traitement des eaux usées, souvent précédées d'une fosse septique, ont longtemps pris le sol comme mode de traitement prioritaire, car cette solution relevait d'une plus grande facilité.

Exprimer les vertus épuratoires d'un sol est un concept alléchant ; il existe partout, d'autant que son utilisation est économique. On a trop souvent tendance à oublier que le sol est aussi le dernier rempart de protection de la nappe phréatique. Or, comme tout massif filtrant, le sol se colmate au fur et à mesure de l'accumulation de biomasse sous forme de boues. Au bout d'une dizaine d'années, le sol engorgé ne peut plus réaliser sa fonction de traitement des eaux usées et ne protège donc plus la ressource aquatique des impacts polluants.

Ainsi, verser de l'eau usée sur un sol pour assurer son traitement par la masse du sol va à l'encontre du développement durable. Dès lors, proposer la construction de massifs de filtration utilisant le sable comme outil d'épuration des eaux usées en tant que moyen de traitement était une excellente idée. Néanmoins, on regrette qu'aucune des descriptions réalisées de ce moyen, dans l'XP DTU 64-1 par exemple, n'évalue correctement les difficultés réelles de sa mise en place. Au final, en combinant la nécessité de réaliser un assainissement, d'une part, et l'existence d'un marché de constructeurs locaux occasionnels donc peu formés à cette tâche, d'autre part, on a réussi à faire semblant de réaliser un assainissement performant.

Vis-à-vis de l'XP DTU 64-1, il est utile de rappeler que cette norme expérimentale est un document de mise en œuvre de dispositifs et non de dimensionnement. Les dimensionnements que l'on y trouve sont donnés à titre d'exemple pour permettre l'expression concrète d'une mise en œuvre.

Enfin, force est de constater que les dispositifs décrits dans l'XP DTU 64.1 sont très délicats à réaliser pour diverses raisons parmi lesquelles :

- les matériaux à utiliser : pour les sables par exemple, il faut respecter une certaine typologie de sables et un fuseau granulométrique précis,
- les techniques de mise en œuvre : lors de la mise en place du sable dans la fouille par exemple, si les bennées sont trop importantes, les sables peuvent être déclassifiés et rendre le massif inapte pour le traitement des eaux usées,
- les temps de construction qui, trop longs, sont inadaptés à un suivi efficace des travaux,
- les coûts qu'ils engendrent pour leurs propriétaires : sur une durée de vie que les experts estiment à 15 ans et s'ils sont utilisés à leur charge organique nominale de dimensionnement, l'impact annuel de l'investissement est au minimum de l'ordre de 500 €... Cette valeur est totalement inadmissible puisque neuf fois sur dix au moins, le dispositif sera mal installé et ne fonctionnera pas correctement. En outre, il sera généralement livré à lui-même sans qu'on lui apporte un minimum de soins et d'attention.

À une époque où le développement durable est une de nos priorités, cette forme de petite installation d'assainissement trouve difficilement sa place. Non pas que le sable ne soit pas un bon média filtrant mais la réalisation *in situ* du filtre est inadaptée, pour les raisons rappelées antérieurement et soulignées par la non-conformité au trio A.M.E. : « Assurance de la réalisation d'une bonne installation/Maîtrise du fonctionnement réel de l'outil de traitement/Économie acceptable pour le propriétaire ».

À la fin du XIXe siècle, quelques ingénieurs pionniers fabriquaient leurs automobiles, lesquelles fonctionnaient sans déboires pendant quelques kilomètres. Depuis, des procédures précises sont nées et les chaînes de production voient éclore chaque minute de nouveaux véhicules prêts à l'emploi, fiables et durables. La même logique industrielle s'applique aux PIA. On trouve déjà sur le marché des kits faciles à mettre en œuvre et des produits prêts à l'installation. La finalité : concilier la standardisation des produits et la rapidité de mise en œuvre afin que l'assainissement se résume à l'installation d'un produit « neuf » prêt à traiter des eaux usées qui remplisse ses objectifs et permette de réduire les coûts pour l'usager.

Par ailleurs, toute installation doit s'achever par une réception réelle de l'équipement installé (lorsque vous recevez votre véhicule neuf vous signez une attestation au vendeur qu'il vous le remet neuf !). À ce moment, il semble primordial de pouvoir joindre au procès-verbal de réception un rapport écrit et illustré des phases les plus importantes de l'installation. En effet, ce document permettra d'attester de la réalité de détails de cette installation pour aider à la compréhension et à la résolution d'éventuels dysfonctionnements futurs. À compter de cette réception, le dispositif est réputé prêt à fonctionner, sa vraie vie démarre.

Vous l'aurez compris, installer une PIA est une affaire de professionnels spécialisés, dont le travail sera d'autant plus couronné de succès durables que les produits mis en place seront prêts à fonctionner à la sortie de l'usine. Les performances techniques et économiques de ces outils de traitement seront ainsi mieux garanties dans l'intérêt de l'usager et de l'environnement.

L'étude d'implantation : le préalable à l'installation

Installer sur un immeuble neuf permet sans doute d'accéder à un large choix de dispositifs, mais le choix final du dispositif et de son emplacement doit tout de même être défini et validé par une étude d'implantation qui doit reprendre au minimum les points essentiels : il s'agit de faire coïncider la solution de traitement envisagée avec l'usage prévu et le contexte hydrologique et géologique de la parcelle. Ensuite, la PIA est choisie en tenant compte des autres critères, illustrés dans le chapitre 8.

Localiser la nappe d'eau souterraine et sa zone de battement

Dans le terrain considéré où l'immeuble est (ou sera) construit, il est impératif d'identifier la zone de battement et le niveau maximum que peut atteindre la nappe phréatique pour les raisons suivantes :

Conséquences sur la fosse septique

La fosse septique ne doit pas être ennoyée, et on doit vérifier quelle hauteur d'eau peut supporter le modèle choisi. Il convient que la fosse septique puisse être vidée en toutes circonstances, sans risque de remontée du fait de la poussée d'Archimède. Le besoin de lestage de la fosse septique doit toujours être examiné.

En cas de niveau haut de nappe, faire le choix d'une fosse béton pour éviter d'avoir à lester n'est pas une solution fiable, car les nappes sont de nature à créer des poussées sur les ouvrages pouvant mettre leur stabilité en péril si des précautions à l'installation n'ont pas été prises. Malgré son poids, une fosse en béton peut bouger sous la poussée de l'eau.

Il ne faut pas non plus compter sur la possibilité de programmer la vidange sur des périodes de nappe basse pour s'affranchir d'une éventuelle remontée de la fosse septique car, même avec un suivi régulier, des circonstances exceptionnelles peuvent conduire à une vidange en urgence.

En conséquence, on doit prévoir un ancrage systématique de la fosse septique indépendamment de la nature de son matériau, dès lors que le niveau haut de la nappe est susceptible d'atteindre une hauteur critique pour sa stabilité. Cette hauteur critique est identifiée par le fournisseur de la fosse.

Conséquences sur le système de traitement

Si le système de traitement est installé dans une cuve étanche, les conditions d'ancrage décrites au paragraphe précédent s'appliquent.

Aucun système de traitement ne peut fonctionner pour dépolluer des eaux usées s'il est noyé dans la nappe phréatique de façon permanente ou périodique. Ainsi, la zone de battement et la hauteur maximale de la nappe conditionnent le choix d'une solution de traitement.

Par exemple, un massif filtrant drainé avec une sortie des eaux en profondeur peut se trouver ennoyé tout où partie du temps, ce qui rend ce traitement inadapté à la mission de dépollution qui lui est assignée. Si un SPANC ou un particulier, malgré les explications données, persiste dans ce choix du massif filtrant drainé, il faut alors décider d'une version étanche avec un regard de pompage pour l'évacuation des eaux traitées.

En revanche, un dispositif qui ne perd que quelques centimètres entre l'entrée des eaux prétraitées et la sortie des eaux traitées devient alors un choix intéressant ; ce dernier peut permettre d'éviter la mise en œuvre d'un poste de relevage, consommateur d'énergie de pompage et source non négligeable de soucis d'exploitation.

Conséquences sur le mode de rejet

La présence de la nappe est déterminante quant au choix du mode de rejet. La logique sanitaire incite à un rejet par infiltration dans le sol. Cette solution, pour rationnelle qu'elle est, conduit à émettre plusieurs réserves :

- d'une part, toute infiltration d'eau usée traitée ne pourra être mise en œuvre qu'avec une nappe phréatique si situant à plus de 1 m sous le niveau du rejet ;

- d'autre part, toute infiltration s'accompagne d'un phénomène de filtration qui peut être à l'origine d'un colmatage rapide si la perméabilité du terrain est inférieure à 15 mm/h (test de Porchet) pour des conditions de rejet telles que préconisées par la réglementation (MeS 30 mg/L et DBO_5 35 mgO_2/L) ;
- enfin, l'impact économique d'un rejet superficiel sera moindre pour un propriétaire que celui d'un rejet par infiltration ; les surfaces nécessaires à cette dernière solution peuvent, en fonction de la perméabilité locale, devenir importantes tout en offrant une pérennité de fonctionnement plus réduite qu'un rejet hydraulique direct en milieu naturel.

Le rejet superficiel permet de suppléer à une infiltration impossible ou problématique.

Dans le cas où ni une infiltration efficace et fiable ni un rejet superficiel ne peuvent être mis en œuvre, il convient d'examiner une solution de stockage par tunnel enterré permettant de répartir uniformément sur 24 heures le rejet journalier, et d'ainsi réaliser tout de même l'infiltration des eaux traitées dans des sols à perméabilité réduite (inférieure à 15 mm/h). Toutefois, les perméabilités inférieures à 5 mm/h ne permettent pas d'envisager une infiltration durable des eaux usées traitées, même avec des artefacts de stockage sur 24 heures des eaux usées traitées à évacuer.

Une solution de réutilisation des eaux usées traitées peut aussi être mise en place, et dans ce cas, il faut envisager la désinfection des eaux.

Connaître la nature du sol

La nature du sol comprend deux points qui le caractérisent :

Perméabilité du sol

La perméabilité est un paramètre essentiel pour évaluer la possibilité d'utilisation du sol en place comme solution de traitement par filtration des eaux usées prétraitées, et comme solution de rejet par infiltration des eaux traitées.

La perméabilité du sol est obligatoirement mesurée à l'endroit précis où il est décidé de pratiquer le traitement ou le rejet, et à la profondeur où ils sont envisagés. C'est en général la méthode du test de Porchet qui est utilisée. Trois mesures à trois emplacements différents permettent de calculer une perméabilité moyenne qui est utilisée pour dimensionner la surface de filtration ou d'infiltration. Il convient d'être très prudent avec les résultats obtenus qui peuvent s'avérer très hétérogènes. La règle que nous retenons pour le coefficient de perméabilité pris finalement en compte sera, dans le cas où trois mesures ont été faites, la moyenne des trois valeurs réduite de 25 % et dans le cas où seules deux mesures ont été faites, la moyenne de deux valeurs réduite de 50 % :

- 3 valeurs de perméabilité (Pi) :
$$\frac{(P_1 + P_2 + P_3)}{3} - \left[\frac{(P_1 + P_2 + P_3)}{3} \times 0,25\right] ;$$
- 2 valeurs de perméabilité (Pi) : $\frac{(P_1 + \ _2)}{2} - \left[\frac{(P_1 + P_2)}{2} \times 0,50\right]$.

La solution de filtration par le sol d'eaux usées prétraitées doit être exclusivement réservée à des perméabilités très favorables, supérieures à 50 mm/h. En effet, le principe même de ce traitement conduit à la formation de boues (biomasse) qui viennent obturer le milieu épuratoire et rendent rapidement cette solution inopérante. D'une façon générale, la filtration par le sol est à proscrire pour conserver au sol, chaque fois que c'est possible, la mission d'infiltration des eaux traitées.

La solution d'infiltration par le sol des eaux traitées peut conduire à préconiser des qualités de traitement supérieures à celles exigées par la réglementation. Lorsque la perméabilité, pour une solution de rejet par infiltration, est inférieure à 15 mm/h, on peut préconiser une solution de traitement offrant une meilleure qualité d'eau traitée pour éviter le colmatage du sol par développement d'un biofilm à partir de la pollution carbonée résiduelle. En ce cas, on se trouve limité à un choix réduit de technologies capables d'assurer ce meilleur traitement avec fiabilité et pérennité. Lorsque la perméabilité est inférieure à 5 mm/h, le principe du rejet par infiltration ne peut être retenu et doit être remplacé par un autre type de rejet.

Nature chimique du sol

Une eau qui s'infiltre peut réagir avec les éléments chimiques constitutifs du sol, et en dissoudre certains, comme c'est le cas avec le gypse. La conséquence est la création de cavités, voire de gouffres, pouvant occasionner des effondrements de terrain. Ce point doit être systématiquement vérifié.

Prévoir les accès au dispositif durant sa vie

Dans la mesure du possible, il faut privilégier l'installation du dispositif en façade du côté de la rue ou du chemin menant à la parcelle pour permettre l'accès à de gros véhicules, comme les camions de vidange. En tenant compte de ce type de contrainte, l'emplacement idéal du dispositif de traitement peut influencer le positionnement de la maison sur la parcelle.

Pour les dispositifs qui utilisent de l'énergie, pour du pompage ou de l'aération, il est nécessaire de penser également le positionnement des équipements par rapport aux distances maximales préconisées (pertes de charge pour l'aération par exemple). La position du point d'alimentation en électricité de la PIA hors de la maison est une donnée de terrain importante à intégrer dans la réflexion de l'installation du dispositif.

Il est préférable de prévoir une dalle de répartition sur le dispositif permettant le roulage des véhicules pour garantir son accessibilité pérenne en façade, plutôt que de remiser le dispositif au fond de la parcelle, le rendant inaccessible après la construction de la maison. Il faut se rappeler qu'une distance de 3 m doit être respectée avec les voies de passage de véhicules pour éviter toute dégradation des dispositifs lorsqu'ils ne sont pas protégés.

Penser aux pentes, aux changements de direction des canalisations

L'emplacement du dispositif doit être choisi en tenant compte des pentes naturelles de la parcelle. Les sorties de canalisation d'eaux usées brutes sont décidées dans un second temps. Cette approche permet de limiter les changements de direction et les changements de pente des canalisations, et donc les implantations de boîtes d'inspection ou de branchement.

Les pentes des canalisations dans les maisons sont au minimum de 3 cm/m (3 %). Hors de la maison, les pentes doivent être autant que possible supérieures à 2 % sur les eaux brutes.

Avant le remblaiement final du chantier avec de la terre végétale, on prend soin de placer un grillage avertisseur de couleur marron à une vingtaine de centimètres au-dessus des canalisations afin de faciliter leur repérage ultérieur.

Rendre autonome le dispositif d'un point de vue énergétique

Lorsque le système de traitement exige de l'énergie, on veille à ce que son branchement soit autonome par rapport à l'alimentation du reste de la maison. Comme pour un congélateur, on peut prendre soin de mettre en place une ligne électrique spécifique de façon à ce qu'en cas de coupure volontaire de l'alimentation de la maison, on ne coupe jamais l'alimentation électrique du dispositif d'assainissement.

Respecter les distances entre la fosse septique et la maison

Selon la norme XP DTU 64-1, une distance maximale de 10 m entre la maison et la fosse septique doit être respectée. Cette distance permet en général de s'affranchir de la pose de bac dégraisseur si les pentes des canalisations dans la maison et hors de la maison respectent les prescriptions rappelées précédemment.

Concernant la ventilation de la fosse septique (ventilation secondaire), les règles générales sont rappelées dans la norme XP DTU 64-1 : il faut de préférence qu'elle soit montée au dessus du faîtage de la toiture avec une canalisation de section Ø 100 minimum. Il faut éviter les coudes à 90°, et ne pas créer de contre-pente qui pourrait, en accumulant de l'eau de condensation,

Figure 78. Une ventilation techniquement réussie n'est pas forcément une réussite esthétique.

Préconisations sur l'installation d'une fosse septique

Géométrie de la fosse septique

De nombreux modèles de fosses septiques existent sur le marché. Des études sont en cours pour évaluer la pertinence d'une forme de fosse septique ou d'une autre, d'une géométrie ou d'une autre. L'information essentielle est qu'une fosse « X » n'a pas les mêmes performances qu'une fosse « Y », et qu'il convient d'identifier les meilleures options pour ces produits. Lorsque le fournisseur d'un dispositif de traitement biologique des eaux usées n'impose pas un modèle de fosse septique, il importe de lui faire valider l'aptitude de son traitement à fonctionner derrière la fosse septique choisie.

Fosses en parallèle ou en série ?

Lorsque la situation du site à assainir motive la mise en place de deux fosses, la question de leur position se pose : doit-on les placer en série ou en parallèle ?

La mise ne place de deux fosses septiques devra se faire préférentiellement en série, de façon à privilégier la sécurité de fonctionnement du dispositif d'épuration biologique des eaux usées situé à leur aval.

En effet, les régimes hydrauliques des rejets des eaux usées sont très variables (un facteur de l'ordre de 4 sur une période de 24 heures) et la première fosse septique aura une fonction de décantation de type tampon. La seconde fosse septique mise en série aura un fonctionnement plus souple que la première.

Dans une telle installation en série, la double fonction de décantation et de digestion anaérobie des fosses septiques n'est pas altérée.

Par ailleurs, dans le cadre d'une pose en parallèle des fosses septiques, la difficulté essentielle est la répartition homogène des débits variables entrants.

réduire voire ruiner la ventilation. Toutefois, une ventilation de fosse septique dépassant de quelques dizaines de centimètres le niveau du sol pourra être installée avec succès et en parfaite intégration environnementale sur de nombreux ouvrages. Pour prévenir d'accidentelles mauvaises odeurs, un filtre à charbon actif pourra être utilement installé sur le tuyau de ventilation.

Le système de traitement peut, quant à lui, être positionné à des distances supérieures, pour autant que soient respectées les distances requises pour éviter les pertes de charge (en cas d'aération déportée par exemple) ou les pertes de puissance électrique.

Choisir la PIA la mieux adaptée

Le choix se réalise à partir d'un catalogue de fiches de petites installations d'assainissement. Certaines ont été testées selon divers protocoles, d'autres ont simplement été évaluées en fonction de résultats de tests de performances (officiels ou non) et sur la description précise du dispositif avec le recul et la compétence acquise avec d'autres filières.

Afin de privilégier la retenue des meilleures PIA du marché, il convient de s'attacher à définir les critères pertinents permettant de créer un indice global, intégrateur d'exigences liées aux activités de service qu'elle projette de réaliser sur ces installations. La description de l'indice global se trouve dans le chapitre 8.

Préparer le chantier

Le savoir-faire en matière de préparation d'un chantier de mise en place d'une petite installation d'assainissement est la vraie force d'une entreprise spécialisée dans ce travail. La durée d'un chantier peut être facilement doublée du fait d'une préparation non méticuleuse.

Installer une PIA rapidement, c'est être apte à gérer tous les détails avant le chantier.

Définir les machines adaptées pour installer les composants de l'ouvrage, apprécier les espaces de circulation, évaluer les évacuations de matériaux avec les possibilités de stockage sur site, optimiser une installation à deux ouvriers pour tenir compte de l'exiguïté des zones de chantier, approvisionner en bennes les ingrédients et mettre en bennes les excédents de matériaux (de terrassement par exemple) permettront des manœuvres précises, des économies sur les matières et un repli propre rapide, autant de facteurs qui feront la rapidité et la qualité d'une installation. Les conséquences économiques tant sur la marge finale de l'installateur que sur le montant de la facture du propriétaire seront directes et source de satisfaction pour chacun.

Vérifier les altimétries

Sur tout chantier qui débute il faut reprendre les altimétries de l'arrivée générale des eaux usées et du rejet final afin de vérifier la faisabilité du projet. Cette information, relevée lors de l'étude préalable, évitera toute mauvaise surprise liée, par exemple, à des modifications dans l'environnement de l'habitation entre le début du projet et le chantier d'installation de la PIA.

Contrôler les distances entre les différents éléments de la PIA et de la maison

S'il est nécessaire d'éloigner le traitement de la maison, il est impératif de maintenir le prétraitement (la fosse septique) au plus près de la maison (une distance de moins de 10 m permet de s'affranchir totalement de bac dégraisseur). Il est ensuite plus facile de transporter des eaux prétraitées entre la fosse septique et le système de traitement. On doit tout de même s'assurer que la distance entre la fosse septique et le traitement reste raisonnable, et en tout cas compatible avec les éventuels équipements (tenir compte de la perte de charge pour les systèmes d'aération notamment) et les ventilations qui doivent être montées en toiture pour garantir leur efficacité.

Respecter les pentes des canalisations

L'installation des canalisations depuis la maison desservie jusqu'au dispositif de traitement des eaux usées doit respecter une pente de 3 cm/m environ et ne jamais descendre en dessous de 2 cm/m. La raison technique est assez simple : la pente est l'énergie des écoulements des eaux usées et si une vitesse d'autocurage d'au moins 1 m/s n'est pas atteinte, les matières lourdes vont s'arrêter dans la canalisation avant d'arriver à la PIA.

Un centimètre de perdu sur la pente, ce sont des heures à prévoir pour déboucher les canalisations.

Déroulement du chantier

Respecter à minima le guide d'installation du constructeur

À part les dispositifs dont la mise en œuvre est décrite dans des documents spécifiques auxquels on devra se référer, les constructeurs mettent en règle générale des notices de pose à disposition des installateurs. Ces notices sont primordiales.

On ne peut qu'inciter les installateurs à suivre les formations proposées par les fabricants de produits car rien n'est jamais simple dans une mise en place de PIA ; chaque détail compte lorsqu'on installe une unité de traitement des eaux usées pour des dizaines d'années.

Mettre en œuvre une organisation de chantier adaptée

Installer une PIA est une activité spécifique qui nécessite une organisation spécifique. L'entreprise de travaux publics qui réalise le chantier d'installation de l'ouvrage d'assainissement ne peut travailler comme elle le fait dans une rue, une place, au cœur de l'espace public. La propriété sur laquelle les travaux se réalisent n'est pas conçue pour supporter des charges lourdes, la présence de zones de manœuvre pour les engins est exceptionnelle, les possibilités de dépôt de matériaux et de matériels très souvent impossibles. Le choix des engins de chantier utilisés doit intégrer les contraintes de chaque chantier. L'immobilisation de matériels roulants comme de gros camions de transport est très coûteuse et grève inutilement la facture des travaux.

Dans de telles conditions, il est important d'avoir recours à l'utilisation de bennes déposables pour amener ou replier des matériaux et des matériels, libérant de ce fait les gros camions qui peuvent assurer simultanément l'approvisionnement de plusieurs chantiers. Cette organisation a pour autre avantage, en fin de chantier d'avoir à nettoyer ou à remettre en état une surface minimale du terrain venant de recevoir la PIA.

Assurer la sécurité sur le chantier

Il est impératif de veiller à ce que la réglementation en matière de sécurité soit respectée pour toutes les phases du chantier.

Cet aspect sécurité est insuffisamment pris en compte pour ces chantiers qui se déroulent le plus fréquemment en domaine privé et il est indispensable que cette situation change.

La signalisation du chantier vis-à-vis des personnes aptes à circuler en proximité de jour et de nuit, les mesures de non-décompression des sols lors de fouilles, le port des protections individuelles pour les ouvriers sont autant de points auxquels il convient de prêter une attention continue durant l'installation d'une PIA.

En cas d'appel à de la sous-traitance, ces obligations de sécurité doivent être intégrées, et l'établissement d'un plan de prévention concrétisera cette dynamique de sécurité.

On rappelle ici la nécessité de mise en place d'un blindage en cas de terrain boulant ou sableux, protection indispensable pour tout travail en tranchée étroite. Pour une fouille dont la hauteur dépasse 1,3 m, si cette hauteur est supérieure aux deux-tiers de la largeur de fouille, elle doit être munie d'un blindage. Le blindage est de même obligatoire, cette fois-ci sans limites de hauteur, pour des conditions de chantier particulières, du type proximité de murs ou de voies de circulation, dégel, etc.

Suivre le chantier dans sa réalisation

Suivre le chantier, ou selon les cas, suivre à minima ses étapes essentielles

Le suivi du chantier est indispensable. Le temps passé sur le chantier pour son suivi, dès lors que tout se passe comme prévu, peut apparaître comme du temps perdu mais il n'en est rien. En effet, l'expérience montre que tout relâchement du suivi de chantier entraîne de façon inexorable la multiplication des malfaçons. Le suivi de chantier impacte donc directement sur la pérennité de l'ouvrage. Une excellente organisation de chantier facilitera son suivi sans pouvoir permettre de s'en dispenser.

Il est possible, selon le type de dispositif installé, de se focaliser sur les étapes clés du chantier qui méritent une attention particulière car elles ne sauraient accepter de malfaçons.

Établir des plans

Le suivi de chantier permet d'établir des plans cotés précis en trois dimensions, complétés de photos. Ces documents sont remis au propriétaire sous forme d'un rapport d'installation. Ces documents vont suivre le dispositif toute sa vie et, associés à la maison, permettre de conserver ces informations lors des changements de propriétaire.

Réaliser la réception des travaux

La réception de travaux est un acte officiel qui permet la remise par un entrepreneur d'un ouvrage à son client. Cette réception de travaux est datée, et c'est à partir de cette date que court la garantie décennale de l'ouvrage.

Le procès-verbal de réception des travaux doit être délivré par un organisme tiers qui s'engage par cette action sur la conformité de ce qui est réalisé par rapport à ce qui devait l'être. Des écarts de conformité peuvent être constatés, ils sont notés sur le procès-verbal de réception et doivent être corrigés dans un délai donné par l'entrepreneur. Toute réception de travaux doit être conduite, autant que possible, avant la mise en service de l'ouvrage. Des anomalies majeures constatées sur l'ouvrage peuvent conduire au refus de prise en charge de l'ouvrage jusqu'à résorption des défauts constatés, toutes les conséquences liées à ces défauts restant de la responsabilité de l'entrepreneur.

Une réception de travaux est un acte indispensable qui ne peut être remplacé par un contrôle de bonne installation mentionné dans certaines réglementations nationales.

Le procès-verbal de réception des travaux est l'acte de naissance de la PIA.

Laisser l'endroit du chantier aussi près de l'état qu'il avait en arrivant...

À la fin du chantier, le terrain sera aplani au niveau du sol adjacent. Il n'est pas habituel, lors d'une installation de PIA neuve, d'avoir à réaliser des travaux de végétalisation ou d'aménagement paysager, sauf opération programmée avec le propriétaire.

Il faut veiller, lors de cette remise au propre des abords du chantier d'installation, à ce que les engins de travaux publics des entreprises qui seraient encore sur le chantier de la maison ne roulent pas sur les dispositifs installés, ou sur les zones sous lesquelles sont enterrées les canalisations qui ne sauraient supporter leur poids sans dommage. Notamment, il ne peut être question de régaler le terrain à la surface d'un filtre à sable avec un engin lourd de chantier.

Les couvercles d'ouvrages, les boîtes d'inspection et les regards de visite doivent être dégagés de tout terrassement et mis à la cote du terrain naturel en essayant d'anticiper les tassements inévitables et leurs systèmes de fermeture seront accessibles.

Figure 79. Sans déranger, l'assainissement s'est coulé dans le paysage.

11

Contrôles et diagnostics

La petite installation d'assainissement, dimensionnée pour l'usage auquel elle est destinée, conçue pour répondre aux contraintes spécifiques de son utilisation supposée sur un terrain donné, choisie pour répondre aux exigences imposées au meilleur coût pour son acheteur, installée selon les directives de son fabricant ou selon les règles d'installation validées par l'expérience est maintenant en place, prête à accueillir ses premières eaux usées issues de l'immeuble ou du groupe d'habitations qu'elle dessert.

Déjà, il est l'heure de parler de contrôles et de diagnostics.

Contrôles et diagnostics

Mais d'abord, il est utile de savoir de quoi on parle avec les mots « contrôle » et « diagnostic ».

Le contrôle établit les écarts entre une référence reconnue et la réalité constatée. Il est possible d'avoir différents niveaux de contrôles, mais chacun d'eux utilisera un référentiel particulier.

Le diagnostic commence par le contrôle, mais ne s'y limite pas. Le concept de diagnostic est plutôt associé aux activités médicales. Il nous est devenu plus familier depuis qu'existent les contrôles techniques automobiles. Vous présentez votre voiture dans un centre agréé, des experts l'examinent, établissent un état des défauts par rapport à leur référentiel de base et inscrivent sur un procès-verbal final des points d'intervention assortis d'un délai, voire des immobilisations de véhicules dès lors que des expositions fortes à des dangers ont été identifiées. Le diagnostic qu'il serait plus exact d'appeler « contrôle diagnostique » est un contrôle « approfondi » qui doit initier une conduite à tenir spécifique à l'ouvrage diagnostiqué. À partir de ce contrôle diagnostique, le propriétaire du véhicule peut décider de son action, abandonner son épave de véhicule sans la réparer pour en prendre un nouveau, réaliser les réparations immédiates pour éliminer les risques importants identifiés ou programmer les actions indispensables pour acquitter les défauts liés à des risques plus faibles, soit dans un délai fixé, soit à son initiative. À une fréquence régulière fixée par la réglementation, le propriétaire devra à nouveau se présenter à un nouveau contrôle technique pour le suivi de son véhicule.

Le contrôle diagnostique est à la fois un constat factuel des écarts par rapport à un référentiel donné et un suivi de l'élimination de ces écarts selon une grille établie en fonction de l'acuité des risques encourus.

Les petites installations d'assainissement répondent exactement à la même logique que celle appliquée aux véhicules pour les contrôles techniques.

Pourquoi doit-on contrôler les PIA ?

Cette question simple mérite une réponse précise.

En effet, s'il ne viendrait à personne l'idée de réaliser une habitation sans installer un système d'évacuation des eaux usées, l'unanimité s'effrite dès lors que l'on parle du traitement de ses eaux usées.

Pourtant, chacun connaît ses rejets, chacun sait que de l'eau est salie par ses activités, chacun de nous sait qu'il est producteur de pollution. Pourquoi donc cette forme d'ignorance environnementale dès lors qu'il est question de séparer la pollution des eaux usées pour rendre à la nature une eau de qualité telle qu'elle ne sera plus une source de dégradation pour l'environnement ?

Pourquoi considérer que pour une maison un traitement des eaux usées est inutile, luxueux voire sans impact environnemental, alors qu'il s'agit seulement d'appliquer à une forme particulière d'habitat ce qui est reconnu naturel dès lors que l'habitat est dense ? La dilution n'est jamais une solution de traitement des eaux usées. L'impact d'une pollution sur l'environnement se mesure avec des flux et toute pollution non traitée est un flux supplémentaire que l'environnement devra traiter avec ses propres moyens.

Comment comprendre qu'alors, que, de façon constante depuis plus de 85 ans, la réglementation française demande, y compris pour la maison individuelle, après un traitement primaire un abattement de la pollution carbonée avec si possible une nitrification, on puisse entendre de façon régulière que cet assainissement est négligeable, sans impact et quasiment sans intérêt ?

Le danger fécal existe partout où les populations se concentrent si l'assainissement existe peu ou pas. Les hygiénistes français ont été, il y a près de 150 ans, les premiers à mettre en évidence et à donner des solutions pour combattre ce fléau sanitaire, en particulier par l'éducation des populations et la mise en œuvre de l'assainissement.

L'assainissement est un droit pour chaque être humain et trouver des raisons pour ne pas faire réaliser par des « pauvres » leur assainissement n'est pas acceptable. Cet équipement indispensable à la vie de tous les jours doit être considéré comme un service de première nécessité au même titre que l'eau pour boire ou se laver, ou l'énergie pour s'éclairer voire se chauffer à la mauvaise saison.

Quand doit-on contrôler sa PIA ?

La réponse au « quand » est contenue dans la mission dévolue à la PIA. Ce dispositif est mis en œuvre pour traiter les eaux usées issues d'une habitation et pour les remettre dans l'environnement au niveau de qualité défini pour ne pas altérer le milieu naturel. Le contrôle régulier de la réalisation de traitement des eaux usées est une nécessité absolue. Ce contrôle doit être proportionné à la fiabilité des petites installations d'assainissement installées.

Cette PIA a, comme tout ouvrage, une durée de vie. Au plan technique la durée de vie d'un ouvrage est liée directement au travail de dépollution qu'il lui est proposé d'accomplir. Il est admis communément une durée de vie pour les petites installations d'assainissement comprise entre 15 et 25 ans pour un usage à capacité nominale, la durée de vie étant aussi liée au process utilisé et à l'exploitation faite de l'ouvrage.

Contrôler la bonne mise en œuvre…

Le premier contrôle de la PIA porte sur la vérification de sa bonne installation, juste au moment où elle va être mise en service. Il ne viendrait à l'idée de personne d'acquérir une voiture neuve et d'en prendre possession alors que deux portières seraient enfoncées, dans ce cas le vendeur devra trouver un autre véhicule neuf et sans défaut pour le remettre à son client.

Pour une PIA, la phase de réception est comme pour la voiture une phase essentielle. Pourtant, curieusement et alors que c'est une obligation commune dans les marchés de travaux, cette phase de réception de travaux est absente de la majorité de réalisations de PIA. La réglementation fait état d'un contrôle de bonne réalisation de travaux confié aux SPANC mais jamais de réception de travaux.

La réception de travaux est pourtant un acte essentiel dans une réalisation puisqu'à partir de cette date courent la garantie et l'affectation des responsabilités. L'essentiel des mauvais fonctionnements de dispositifs a pour origine une réalisation défectueuse vis-à-vis des exigences du fabricant ou de la norme de mise en œuvre XP DTU 64.1 lorsqu'il s'agit d'une filière traditionnelle. Cette réception doit porter en priorité sur ce qui permet dans le dispositif le traitement des eaux usées.

Une fois encore, les détracteurs de la réception des travaux d'installation arguent du coût de cette réception. Est-il cohérent de combattre un acte essentiel de protection du propriétaire vis-à-vis de vices originels qui représente moins de 2 % du coût total de son installation ?

Un suivi continu du fonctionnement...

Par la suite, notre PIA est « en service », elle traite des eaux usées et les eaux traitées doivent être conformes au niveau de qualité qui a été fixé dès la conception de l'installation. Ceci implique, obligatoirement, d'avoir accès à cette eau usée traitée. C'est un non-sens environnemental que de réaliser des installations sur lesquelles on ne peut, à aucun moment, accéder à l'eau traitée. Le contrôle de fonctionnement par un suivi continu sur une PIA, c'est la vérification du respect de ses engagements environnementaux.

De même que l'individu passe régulièrement chez le médecin réaliser des bilans de santé, une PIA doit être suivie par des professionnels à même de détecter les dysfonctionnements et les signes éventuels de très prochaines pannes.

La nécessité de son suivi est indispensable. Cette auscultation porte à la fois sur les parties essentielles du traitement des eaux usées, mais aussi sur tout ce qui touche à la sécurité des personnes du voisinage de l'installation, qu'il s'agisse de risques accidentels mécaniques (chutes dans les ouvrages dues à des couvercles défectueux), de risques électriques ou de risques sanitaires parce que des eaux usées traitées mais non désinfectées sont à portée de mains d'enfants ou d'adultes. Cette visite de suivi de fonctionnement pour les PIA doit, à minima, se faire annuellement. Il doit être adapté à la réalité du process, à sa fiabilité ainsi qu'aux exigences des eaux usées à traiter. Le suivi de fonctionnement constitue une garantie efficace contre les méfaits environnementaux et sanitaires des dysfonctionnements.

Le contrôle diagnostique d'état et de fonctionnement...

À intervalles réguliers, et sans doute variables en fonction des procédés de traitement des eaux usées utilisés, l'installation doit faire l'objet d'un check-up de santé. La PIA est alors mise sous écoute approfondie pour contrôler son état physique et son fonctionnement.

Ce contrôle qu'il faut appeler « contrôle diagnostique » consiste à avoir des informations factuelles par rapport à un référentiel de diagnostic portant à la fois sur l'état de l'installation et son fonctionnement. Dans quel état est l'outil PIA et comment remplit-il sa mission de traitement des eaux usées sont les questions auxquelles le contrôle diagnostique doit permettre de répondre sans ambiguïté.

Ce référentiel de contrôle diagnostique doit prendre en compte ce qui doit être examiné lors des investigations sans se soucier des moyens à mettre en œuvre pour y arriver. Il est certain que pour une majorité de dispositifs, ce référentiel va montrer que beaucoup d'installations sont impossibles à contrôler au niveau de leur fonctionnement. Ne soyons pas surpris de cette situation puisque les filières françaises traditionnelles sont conçues pour qu'il ne soit pas possible d'accéder au résultat de leur action de traitement des eaux usées. Ne demandons pas non plus pour ces filières lors d'un « diagnostic immobilier » que l'agent chargé du contrôle diagnostique de la petite installation d'assainissement réponde sur la qualité de son état et de son fonctionnement s'il ne dispose pas des moyens d'investigation pour le faire. Ces moyens vont se mettre en place dès lors que la réalité de leur besoin s'exprimera, c'est la loi du marché, soyons en convaincus.

Le contrôle diagnostique doit apporter des informations fiables, directes et vraies sur le traitement des eaux usées. S'il s'agit par exemple d'un filtre, il faut pouvoir ausculter le matériau filtrant pour connaître ses caractéristiques en place (granulométrie, taux de fines, circulation hydrique, etc.) réelles en divers points en surface mais aussi en profondeur. S'il s'agit d'un système de type microstation, on sera amené à regarder les performances du surpresseur, l'état des supports bactériens, les performances d'une recirculation.

En conclusion, il s'agit lors de ce contrôle diagnostique d'une véritable évaluation de l'état de notre dispositif pour en retirer une appréciation générale des capacités de performances et en apprécier la durée de vie potentielle. Cette durée de vie pourra être définie dans des conditions de fonctionnement adaptées à la réalité de la vie de l'immeuble desservi, c'est-à-dire par application de la charge organique constatée lors du contrôle diagnostique réalisé.

Une fréquence de contrôle adaptée par PIA...

En fonction du constat de l'état et du fonctionnement d'une PIA, l'agent du SPANC préconise le délai maximal au bout duquel doit être réalisée la visite suivante.

De façon pratique, des tableaux guides de fréquence de visite dépendant des anomalies ou des caractéristiques principales mesurées ou détectées sont établis pour permettre des approches techniques communes sur un même territoire.

Il est contre-productif d'investir dans des contrôles précis, détaillés et performants aboutissant à des constats factuels solides, si cette demande n'est pas prolongée par un suivi de la correction des anomalies selon un calendrier adapté au site diagnostiqué.

Ne repasser sur une installation défectueuse que tous les 4 ou 10 ans pour vérifier qu'un dispositif a été corrigé pour en améliorer le fonctionnement revient à laisser à penser au propriétaire que l'assainissement n'est pas si important. Ainsi, au lieu de faire sa remise en bon état et en bon fonctionnement de son dispositif rapidement, il se dira « j'aurais pu éviter de gaspiller mon argent dans une PIA » et, 4 ou 10 ans plus tard, rien n'aura bougé.

Lors d'une mutation immobilière, le certificat de bon état et de bon fonctionnement...

Le dispositif d'assainissement est une partie vitale des équipements de la maison et lors d'une mutation de propriété il est indispensable que l'acheteur soit informé avec précision de l'état véritable de cet équipement.

Concernant les « diagnostics » demandés par des notaires de par la loi sur l'eau, les certificats qui leur sont fournis ne sont basés qu'accidentellement sur des données certaines puisque, d'une part, les filières traditionnelles imposées par la réglementation ne peuvent jamais être réellement vérifiées sur leur aptitude à traiter les eaux usées conformément aux exigences qui leur sont imposées. Et d'autre part, pour les autres dispositifs, l'appréciation de l'état de l'équipement n'est pas régie par une méthodologie précise appliquée uniformément sur notre territoire. L'exigence des textes réglementaires n'est pas réalisable et les certificats émis par l'agent du SPANC, en toute certitude de bonne foi de la part de son auteur, ne valent que pour ceux qui y croient.

Cette situation ne peut durer. La crédibilité de la réglementation et des professionnels en charge de son application est en jeu. Il faut à la fois avoir le courage de dire jusqu'où existe la capacité à réaliser un contrôle et avoir la hardiesse de mettre en place des outils aptes à fournir les informations indispensables.

En fait, la réalité de la situation française est que : nul ne connaît le nombre de PIA de moins de 20 habitants, nul n'est capable de donner une répartition par typologie des dispositifs existants, nul n'est apte à fournir une approche de la qualité de fonctionnement de telle ou telle famille de procédés. Pourtant, on demande à des citoyens de payer des contrôles mais établis sur quelles bases, appliquant quels référentiels et apportant quel service réel au propriétaire ?

La mauvaise appréciation nationale de l'état et du fonctionnement des petites installations d'assainissement est une constante dans les pays européens, car cet assainissement a fait depuis peu ses preuves techniques et son image dans le public reste celle d'un sous-assainissement offert à ceux qui ne verront jamais arriver le tuyau collectif d'assainissement.

Le certificat de bon état et de bon fonctionnement réclamé lors de toute mutation immobilière est un moteur puissant d'évolution des PIA et il est essentiel d'accompagner cette formalité réglementaire des outils indispensables à sa professionnelle réalisation.

Les collectivités, à juste raison, ne supporteront pas de voir leur responsabilité mise en cause du fait de certificats établis sans que les preuves de l'état et du fonctionnement du dispositif « certifié » aient été établies.

Le suivi des dispositifs non conformes...

Nous l'avons dit, depuis 1925 et de façon constante, l'assainissement réclame en France un traitement primaire et un traitement secondaire. Tout dispositif incomplet, avec par exemple une seule fosse septique est soit antérieur à 1925, soit en état de non-conformité réglementaire.

Il n'est pas utile d'insister sur le fait que des installations quasi centenaires restent exceptionnelles. Ainsi, lorsqu'il n'existe pas de traitement secondaire, le dispositif est non-conforme au plan réglementaire.

Le souci pour l'environnement est donc de faire en sorte que les travaux nécessaires puissent être déclenchés le plus tôt possible dans l'intérêt premier des habitants du lieu.

Dans ce contexte, la masse annuelle des subventions est si faible qu'elle ne pourra pas, avant plusieurs siècles, contribuer à rénover les dispositifs non conformes.

Bien au contraire, les illusions véhiculées par ces subventions comme par les prêts à taux zéro sont dangereuses. Ces deux hypothèses ne permettent pas de régler les situations de propriétaires désargentés, ceux-ci ne pouvant ni donner les 50 % restant à leur charge pour les subventions, ni rembourser le capital d'un prêt à taux zéro. Traiter des cas sociaux doit être laissé à l'initiative des collectivités. Des systèmes de préfinancement peuvent être envisagés, sachant qu'une maison aura toujours plus de valeur que son dispositif d'assainissement et plus de valeur si elle est bien assainie que si elle ne l'est pas. Ces cas de familles en difficulté doivent donc être traités au niveau social dans le même esprit que ceux qui ne peuvent payer l'eau ou l'énergie.

Pour tous les autres, il faut avoir un suivi régulier des situations qui démarre à la mise en demeure systématique de tout dispositif non conforme. Le client propriétaire doit être informé que son dispositif non conforme va faire l'objet d'une surveillance dans un délai fixé. Cette pression responsable exercée par les agents du service public des collectivités s'avère incitative dans de nombreux cas. Les effets « tâche d'huile » vont s'intensifier sur les communes et l'état sanitaire et environnemental va progresser sûrement.

Il n'est pas réaliste de penser rendre tous les dispositifs d'assainissement conformes à la réglementation sous 5 ou 10 ans ; il faudra 30 à 40 ans comme cela a pu être le cas pour l'assainissement collectif. Le suivi des installations, outre la facture même minime que le propriétaire devra régler, va permettre une prise de conscience progressive des propriétaires et de leur famille. Les dangers sanitaires, les dangers environnementaux ne sont pas des fables, leur réalité n'est pas contestable. En faisant preuve de pédagogie dans la mise à disposition des connaissances sur les vrais risques sanitaires et environnementaux, il est assez aisé de prévoir que les personnes propriétaires décideront assez vite de faire les travaux nécessaires pour peu que des offres attrayantes et pratiques soient mises à leur disposition. C'est de la qualité de leurs conditions de vie dont il est directement question.

Le suivi des dispositifs non conformes doit permettre d'accompagner le particulier, de lui expliquer et de l'aider. La contrainte brutale est le meilleur moyen de n'arriver à rien et l'aspect juridique ne doit intervenir que pour traiter d'une quantité infinitésimale de cas.

Un bref résumé...

Afin que les contrôles et diagnostics soient pleinement efficaces, il importe que :

- soient créés des référentiels pour tous les contrôles et diagnostics souhaités, permettant à chaque contrôleur de comparer ce qu'il trouve, à une référence identique pour tous ;
- la réception des travaux d'installation devienne un acte systématique par un organisme tiers qui engage sa responsabilité ;
- le bon fonctionnement soit contrôlé sur trois points au moins : la qualité des eaux traitées et rejetées, l'absence de risques pour la sécurité des personnes, l'absence de risques sanitaires par contact avec des eaux usées même traitées (sauf exception, elles ne sont jamais désinfectées) ;
- l'état et le fonctionnement d'un dispositif fassent l'objet d'un contrôle régulier, plus fréquent à mesure que l'âge du dispositif augmente ou que des anomalies sont détectées. Ce contrôle diagnostique doit être identique à celui qui est demandé par les notaires lors des mutations immobilières.

Voir au cœur des filtres sans les détruire : INVESTIG'+®

Veolia Eau, le Cemagref et le Laboratoire de génie civil de l'Université de Clermont-Ferrand ont réalisé INVESTIG'+® pour lequel existe un brevet européen.

INVESTIG'+® est un outil d'investigation au cœur des milieux filtrants apte, sans destruction, à réaliser à la fois un diagnostic d'état et de fonctionnement de ces installations.

INVESTIG'+® établit par exemple pour un filtre à sable :

- ses caractéristiques d'état : dimensions, nature des couches de matériau, épaisseur des couches et paramètres du sable (d_{10}, CU (coefficient d'uniformité) et % de fines) ;
- ses caractéristiques de fonctionnement : saturation en eau, oxygène, colmatage et coefficient de perméabilité.

INVESTIG'+® est un outil innovant qui ouvre la voie à des investigations précises et fiables sur les filtres de traitement des eaux usées. Les réceptions d'ouvrages, les expertises techniques et judiciaires, les diagnostics immobiliers constituent le champ d'actions d'INVESTIG'+®.

Figure 80. INVESTIG'+® un outil maniable et performant : ici, lors du diagnostic du filtre à sable du refuge du lac de la Valmasque, après un acheminement des outils par hélicoptère.

12

Réhabiliter des PIA

La réhabilitation d'un assainissement existant dans un immeuble ou un bâtiment ne peut être comparée à la mise en œuvre d'un assainissement neuf dans une habitation.

De même, la réhabilitation qui inclut la mise en place d'un assainissement totalement neuf dans un immeuble existant, qui jusqu'alors en était dépourvu, est une installation différente de celle d'un immeuble neuf.

Réhabiliter, c'est travailler à un assainissement sur un bâtiment déjà habité. Le fait que des ouvrages ou parties d'ouvrages soient intégrables ou pas dans le système d'assainissement final ne change rien sur le fond, l'opération « assainissement » sera bien une réhabilitation.

Réhabiliter est une tâche délicate car elle s'opère dans le contexte d'un site que les habitants se sont approprié. Que l'environnement soit mal protégé par la solution d'assainissement existante n'y change rien, une réhabilitation nécessite pour les habitants d'accepter une situation nouvelle dans leur espace quotidien, espace devenu au fil des ans leur cadre de vie.

C'est là que se situe toute la différence avec une installation d'assainissement neuve qui vient « finir » une construction et remplir une mission obligatoire. Qui plus est, mis en place en extérieur, cet assainissement n'intéresse pas vraiment notre propriétaire puisque l'intérieur de l'habitation neuve est sa préoccupation majeure. Quant aux espaces extérieurs, il faudra les aménager et l'assainissement sera tout naturellement intégré dans son futur paysage quotidien.

Cette intégration est pour le propriétaire l'image d'une réhabilitation réussie ou échouée. Ce résultat final va être l'aboutissement d'une démarche longue et complexe qui constitue « l'art » de la réhabilitation. Chaque site est un espace de vie avec ses spécificités paysagères et ses contraintes techniques ; il faut savoir se projeter dans « la réhabilitation terminée de l'assainissement » pour proposer dans la majorité des cas de terrain, ni la solution techniquement idéale, ni la solution économiquement la plus basse (même si dans certaines situations l'une ou l'autre de ces hypothèses sera une priorité absolue pour le propriétaire) mais la solution la mieux intégrée permettant d'atteindre les exigences environnementales réglementaires locales.

La réhabilitation représente la partie la plus délicate du nouveau métier touchant aux petites installations d'assainissement. À la réalité du marché des produits disponibles, à la nécessité d'études techniques de la parcelle d'accueil de l'habitation existante, à la compétence du bureau d'études chargé de mettre en place une solution technique « qui marche », à l'écoute du propriétaire en situation de devoir faire quelque chose pour l'environnement, il faut ajouter une sensibilité d'intégration environnementale permettant de mettre tous ces paramètres en perspective pour réussir cette réhabilitation. Nous sommes très loin de ces collectivités qui réhabilitent par dizaines des installations sur un modèle unique de solution, sauf peut-être à constater que tous les environnements d'habitations ne sont pas enviables !

Cette analyse de la situation conduit naturellement au constat que ces petites installations d'assainissement constituent un vrai métier nouveau, qu'il n'est pas possible d'aborder sans préparation spécifique, en ayant seulement pratiqué les métiers de l'eau potable ou de l'assainissement collectif.

Ce métier nouveau de technicien d'investigation est un lien personnalisé entre le citoyen au sein de l'environnement et l'environnement lui-même. Dans les domaines de l'eau assurés collectivement, le propriétaire est assez peu au contact des professionnels, mais pour les petites installations d'assainissement, le contact est obligatoire et continu. Faisons en sorte, nous tous les professionnels de ce domaine, que cette appréciation de nos qualités soit positive aussi souvent que possible.

La spécialité de technicien de petites installations d'assainissement

L'assainissement est une science à part entière dans le domaine de l'eau. Elle s'intéresse à tout ce qui est relatif à l'eau usée pour faire en sorte que l'environnement n'ait pas à pâtir des souillures.

Vouloir considérer qu'il existe plusieurs « assainissements », parce qu'on y traite des eaux différemment souillées ou parce que les modes de gestion utilisés sont différents, n'a aucun sens technique.

L'assainissement nécessite de connaître la manière dont on collecte, transporte, traite et rejette les eaux usées dans le souci de protection de l'environnement et de ceux qui y vivent. Ces connaissances nécessaires sont les mêmes, qu'il s'agisse de dispositifs qui desservent des villes entières ou des maisons individuelles.

Tout au plus est-il possible de considérer, au sein du domaine de l'assainissement, des spécialités différentes et celle des PIA nous intéresse ici plus particulièrement.

Les chapitres qui précédent montrent combien ce petit assainissement présente des spécificités sur lesquelles il convient de s'attarder pour réussir à dépolluer les eaux polluées de façon pérenne, fiable, performante et durable.

Les petites installations d'assainissement, si elles obéissent aux règles générales de l'assainissement, présentent aussi des particularités qui nécessitent des réponses finement adaptées.

L'assainissement a pour moteur la topographie du site de sa mise en œuvre, et pour contraintes à la fois les cotes de sortie des rejets d'eaux usées des habitations, la qualité des terrains d'implantation et la protection esthétique des abords des immeubles qu'il dessert.

L'assainissement vit caché ; il doit être efficace sans se montrer, il protège avec discrétion, c'est un vrai service intégré dans l'environnement qu'il doit apporter pour être réussi.

Réhabiliter des ouvrages : une spécialité de l'assainissement

Dans un tel contexte, la partie la plus délicate de l'assainissement est sans aucun doute la réhabilitation des dispositifs existants. Reprendre des ouvrages anciens devenus inefficaces, rendre sa totale efficacité à la fonction assainissement dans le respect des abords d'habitations qui ne l'ont quasiment jamais pris en compte, nécessite de la part des professionnels de l'observation, du goût, de la créativité et la soif de relever ce défi.

Réussir une réhabilitation de PIA c'est tout à la fois remuer des mètres cubes et occuper des mètres carrés, et faire en sorte qu'en quittant le théâtre du traitement des eaux usées, le paysage de l'habitation desservie soit restitué à son état originel. Clairement, c'est à ce respect d'intégration paysagère que se reconnaissent les compétences des spécialistes des petites installations d'assainissement.

L'émergence d'un nouveau métier : le technicien des PIA

C'est dans l'esprit une vraie révolution culturelle dans le domaine de l'assainissement à laquelle nous assistons. De l'aspiration des propriétaires d'immeubles à avoir un branchement pour aller au réseau d'assainissement, il faut chercher aujourd'hui la meilleure solution d'assainissement qui peut amener à une solution individuelle. Le technicien des PIA est ce nouveau spécialiste chargé d'aider à la découverte et à l'acceptation de la solution technique qui soit le meilleur compromis technico-économique.

Cette spécialité de technicien des PIA est aujourd'hui en cours de mise en place. Elle sera au cœur des entreprises spécialisées qui vont venir remplacer les faiseurs autodidactes ou les entrepreneurs occasionnels.

Savoir apprécier rapidement ce qui va pouvoir s'intégrer dans le site en tant que dispositif, savoir envisager traitement et rejet des eaux usées dans une globalité topographique, savoir apporter une solution d'hygiène sans détruire les acteurs chlorophylliens ou les sources de plaisir des propriétaires, c'est tout cela être un technicien dans la spécialité des petites installations d'assainissement.

Réhabiliter les PIA : une action continue

La réhabilitation des dispositifs d'assainissement est une action récurrente, car aucun dispositif n'est là pour l'éternité. On doit considérer un renouvellement des installations de l'ordre de 3 à 4 % chaque année, ce qui correspond à des durées de vie d'environ 25 à 35 ans prenant en compte que la majorité de ces dispositifs ne reçoivent pas durant leur vie leur charge de pollution organique nominale. Il est important que ces travaux soient soigneusement faits et de ne pas attendre plusieurs années pour que la nature reprenne ses droits vis-à-vis des équipements de traitement des eaux usées.

Réhabiliter une installation, c'est faire progresser ses performances, et ces performances doivent être garanties par le savoir-faire de ceux dont c'est la mission : les techniciens des PIA. Ce spécialiste ne se contente pas d'enregistrer les insuffisances hydrauliques manifestes ou les pollutions visuelles ou olfactives intolérables et de déclarer des dispositifs non conformes. Il agit parce que la pollution des eaux usées est inacceptable. Nos collègues allemands considèrent « qu'avec 7 % de leurs habitants desservis par ces petites installations d'assainissement, 44 % de l'azote résiduel trouvé dans les nappes phréatiques leur est imputable ». Cela mérite réflexion.

La réhabilitation des PIA : des travaux en plein développement

Enfin, cette forme d'assainissement des eaux usées par petite installation d'assainissement n'est pas une solution en voie d'extinction dans l'attente des réseaux de collecte et de transport des eaux usées vers de grandes unités de dépollution. Pour s'en convaincre, il suffit de regarder le développement des métropoles américaines où la part de ces PIA a évolué de 20 % des habitants desservis vers 40 % en une dizaine d'années. L'heure est donc aux dispositifs de qualité, performants et pérennes, bien adaptés aux zones qu'ils desservent. Les PIA concernent tout autant les maisons individuelles que les regroupements de plusieurs dizaines d'habitations dans la recherche du meilleur compromis technico-économique.

Toujours trouver le meilleur assainissement dans un site donné

Ce spécialiste n'œuvre pas, non plus, dans un autre assainissement que l'assainissement dit collectif ; il n'y a qu'un seul assainissement pour la satisfaction duquel une palette de solutions est disponible. La collectivité doit pour son assainissement s'interroger de façon permanente sur la meilleure solution à retenir pour un site donné pour une protection durable de l'environnement.

Un assainissement de qualité exige l'action de professionnels.

Enfin, dans cette réflexion, la collectivité doit prendre conscience que les habitants ne pourront jamais être des professionnels de tout ce qui est fondamental pour l'harmonie de leur cadre de vie (chauffage, eau, énergie, assainissement...) et qu'elle doit prendre en charge l'assainissement des petites tout comme des grandes installations d'assainissement. Le confort sanitaire des populations est à ce prix.

Qu'est donc ce métier de technicien des PIA ?

On peut tenter de le définir comme le barycentre de contraintes imposées par le sol, l'habitation à desservir, la parcelle disponible, le rejet envisageable, les filières possibles et les exigences de l'usager. Mais, il est aussi celui qui détient le savoir-faire et de bon sens apte à transformer la contrainte d'assainissement en une réalisation adaptée, intégrée, performante et durable. Il est tout à la fois le serviteur des PIA, spécialiste des diagnostics techniques préalables à des opérations de réhabilitation, respectueux de la technique tout autant que des milieux et du cadre de vie de l'usager. C'est un professionnel respectueux de l'environnement et de ceux qui y vivent. Intégrateur de contraintes, puits de savoirs, toujours guidé par le souci de l'efficacité et le bon sens, le technicien des PIA c'est tout cela à la fois...

Ce spécialiste a une vision globale de chaque situation pour en dégager la solution d'excellence pour chaque cas. Avec pour outils des connaissances précises sur les procédés, un bagage unique de retours d'expériences, utilisant des appareils d'investigation de dernière génération comme INVESTIG'+®, un brevet Cemagref/LGC Clermont-Ferrand/Veolia Eau pour voir au cœur des matériaux l'état de fonctionnement d'un filtre, ce technicien des PIA permet au petit assainissement d'entrer dans une nouvelle dimension.

Grâce à une démarche assise sur des technologies performantes réfléchies « développement durable », grâce à un souci d'équilibre permanent entre protection des milieux, respect du cadre de vie des personnes, pérennité de la solution proposée, recherche de la meilleure performance économique sur toute la durée de vie du dispositif proposé, ce technicien des PIA est reconnu comme le garant de la protection des hommes et de leur environnement contre les risques sanitaires et environnementaux.

Bien concevoir, bien installer, exploiter avec intelligence, assainir tout aussi discrètement qu'efficacement, sont des objectifs clairs pour les femmes et hommes qui embrassent cette carrière nouvelle.

Totalement inconnue il y a peu de temps, cette spécialité de technicien des PIA sera demain un des fleurons des métiers liés à l'assainissement.

Méthodologie pour le choix de la filière de réhabilitation

Choisir une petite installation d'assainissement pour une situation donnée nécessite une démarche précise afin de trouver la filière la mieux adaptée pouvant être facilement installée et exploitée. La démarche de choix s'avère plus délicate quand elle est réalisée dans le cadre d'une réhabilitation. En effet, une réhabilitation doit toujours être faite en minimisant les nuisances pour l'environnement de l'habitation ou du groupe d'habitations et de leurs occupants.

Réhabiliter, c'est à la fois diagnostiquer, concevoir, installer et réceptionner une petite installation d'assainissement. Chacune de ces étapes, décrites dans les chapitres précédents, demande d'autant plus d'expertise que l'on se trouve, en réhabilitation, dans un terrain déjà aménagé qui est la source d'imprévus.

L'étude préalable à la réhabilitation est par conséquent d'une importance essentielle. Elle est indispensable pour identifier toutes les contraintes de l'existant, et l'objectif sera d'essayer de valoriser un maximum de ces contraintes dans le choix de la nouvelle PIA.

Dans le cadre d'une réhabilitation, ces contraintes sont plus nombreuses que lors d'une installation nouvelle sur une habitation neuve, car elles sont non seulement liées à des paramètres classiques (paramètres environnementaux, mode d'occupation de l'habitation…) mais aussi à des paramètres plus spécifiques, liés à l'âge de la maison, l'organisation de l'espace, les aménagements réalisés au fil des années…

Une fois l'étude préalable réalisée, le choix de la PIA doit « récupérer » au mieux l'existant.

Faire le meilleur choix nécessite de considérer les quatre étapes de l'assainissement que sont la collecte, le transport, le traitement et l'évacuation des eaux usées.

Alors que la collecte et le transport sont des actions aisées dans le cas d'installations neuves, elles nécessitent une attention particulière dans le cadre des réhabilitations. Ainsi, le raccordement de sorties d'eaux usées, la séparation entre les réseaux d'eaux usées et d'eaux pluviales et d'autres actions de reprises de pentes, de coudes et d'autres sujétions particulières sont des interventions courantes en réhabilitation.

Le système de traitement choisi doit satisfaire aux exigences requises par la sauvegarde du milieu naturel. Ces dernières concernent l'abattement de la pollution carbonée mais aussi, en fonction de la sensibilité du milieu et des usages de l'eau, l'abattement des pollutions azotées, phosphorées ou microbiologiques.

Il faut répéter la différence entre la filtration, qui consiste justement à abattre une charge organique par un traitement biologique et l'infiltration, qui consiste à utiliser la nature du sol pour évacuer des eaux traitées. Ce mode d'évacuation par infiltration est privilégié par les réglementations nationales pour garantir la diffusion dans le sol des eaux usées traitées sans risque sanitaire. Toutefois, pour des raisons économiques, il faut rappeler qu'un rejet en milieu superficiel comme dans un fossé sec peut être une excellente solution d'évacuation, sous réserve de ne pas rejeter à l'air libre directement mais après diffusion des eaux usées traitées après un trajet de quelques mètres sous quelques dizaines de centimètres de gravillons ou de graviers.

Enfin, la phase d'installation de la PIA choisie doit tenir compte de toutes les contraintes identifiées auparavant. Elle doit être supervisée de manière à pouvoir, comme en neuf, réaliser une réception de travaux de la PIA.

Réhabiliter une PIA est donc une tâche complexe, qui fait appel à un savoir faire spécifique nécessitant une formation adaptée.

En conclusion ; le technicien des petites installations d'assainissement est un spécialiste, acteur d'un métier nouveau avec des ouvrages nouveaux dans une nouvelle approche environnementale.

Ce qui paraît simple en assainissement est toujours complexe, seul un vrai spécialiste peut réaliser une installation simple et efficace.

L'étude préalable à la réhabilitation

Il s'agit d'un véritable travail d'investigation qui permet de choisir la PIA et de limiter au maximum les imprévus lors des chantiers.

Récupération des ouvrages existants

Il faut dans un premier temps identifier les ouvrages d'assainissement déjà existants et évaluer s'il est possible de les récupérer pour la nouvelle petite installation d'assainissement. Ces ouvrages concernent les quatre étapes de l'assainissement que sont la collecte, le transport, le traitement et l'évacuation des eaux traitées.

Collecte et transport des eaux usées

Il est indispensable, lors de l'étude préalable, d'identifier l'ensemble des sorties d'eaux usées et de vérifier leur raccordement au système d'assainissement existant s'il y en a un.

S'il est exact que le propriétaire est le seul responsable de l'identification des rejets de son immeuble, les ennuis d'installation concernent l'installateur et l'équilibre économique du chantier de pose des ouvrages.

Le propriétaire doit déclarer tous ses points de rejet d'eaux usées, des rejets non connus lors de l'étude préalable pouvant remettre en question les choix technologiques effectués par la suite. Il convient de reconnaître que dans des maisons anciennes ces vieilles canalisations non repérées sont impossibles à « deviner » et parce que des points de rejets sont souvent oubliés, il est recommandé de parcourir la maison de la cave au grenier avec le propriétaire pour s'assurer que tous les rejets seront bien pris en compte.

Selon les situations, les rejets de l'habitation peuvent être regroupés en un point, auquel cas il faudra vérifier qu'aucun rejet n'a été oublié, ou en différents points. Cette étude permet aussi d'apprécier la séparation des canalisations d'eaux usées et d'eaux pluviales qu'il faudra mettre en œuvre lors du chantier le cas échéant. Si nécessaire, en cas de doute, des tests à la fumée ou aux colorants peuvent être effectués pour identifier les différents circuits d'eaux usées domestiques et d'eaux pluviales.

Cette identification amont des réseaux est majeure puisqu'elle peut permettre d'éviter jusqu'à 50 % des surcoûts observés sur les chantiers de réhabilitation par rapport à des chantiers concernant des installations de PIA pour des habitations neuves où toutes les sorties d'eaux usées sont connues et maîtrisées.

Ouvrages de traitement

La réhabilitation est une tâche qui consiste à mettre en place une nouvelle petite installation d'assainissement qui intègre les contraintes externes et valorise au mieux les ouvrages de traitement des eaux usées existants. L'étude préalable doit permettre d'identifier et de caractériser ces ouvrages, s'ils existent, de manière à pouvoir les prendre en compte dans la réflexion sur le choix de la PIA (présence d'un dispositif ou non, présence d'une fosse seule, détermination de son volume, identification d'autres ouvrages...).

En outre, la localisation de ces ouvrages influence le choix de les récupérer ou non. Le maintien en place d'un ouvrage désaffecté crée dans tous les cas une contrainte supplémentaire par rapport au choix de la localisation des nouveaux ouvrages, qu'il convient d'analyser.

La fiabilité du diagnostic technique destiné à statuer sur une intégration possible d'ouvrages existants dans la solution retenue est essentielle, car le coût final d'une réhabilitation, si l'on « change tout », sera toujours supérieur à ce qu'il aurait été pour équiper une construction neuve.

Mode d'évacuation des eaux traitées

L'évacuation des eaux traitées est très dépendante du site. Même si l'infiltration est la solution la plus durable au sens de l'environnement, un rejet au milieu superficiel peut constituer un compromis technico-économique satisfaisant puisque nous avons l'assurance de rejet d'une eau usée traitée satisfaisant aux exigences locales de protection de l'environnement. Cette solution de rejet superficiel doit donc être systématiquement examinée.

Le choix du mode de rejet doit se faire en fonction du rejet existant et des études de sol qu'il faut réaliser pour évaluer notamment la perméabilité du sol et donc, sa capacité à infiltrer les eaux usées traitées. Même si d'autres paramètres, comme sa texture, peuvent être considérés, la détermination de la perméabilité, même affectée d'une grande incertitude, reste le paramètre « le plus pratique » pour le technicien spécialiste des PIA.

Dans certains cas, d'autres solutions que le rejet par infiltration dans le sol ou par évacuation dans un milieu superficiel seront envisagées : création de massifs d'infiltration, puisards, etc. Par ailleurs, en présence de perméabilités médiocres, inférieures à 30 mm/h, la qualité du rejet exprimée en MeS et en DBO_5 doit préférentiellement atteindre des niveaux de 15 mg/L plutôt que les 30 et 35 mg/L demandées par la réglementation. En effet, dans ces conditions de perméabilité, les risques de colmatage du sol existent en présence d'eaux insuffisamment traitées.

Site d'implantation de la future PIA

Paramètres à prendre en compte

Lors de l'étude du site d'implantation de la future PIA, il convient de définir si le site actuellement utilisé peut être récupéré ou s'il est plus judicieux de déterminer un nouveau site, en fonction des diverses contraintes qui sont identifiées.

Pour cela, il convient dans un premier temps d'analyser l'espace dans sa globalité et de s'imprégner de son aménagement : localisation de la ou des habitations, surfaces disponibles pour l'implantation potentielle d'une unité, aménagement de l'espace, présence d'une source d'eau potable, voies de circulation, aménagements futurs, servitudes particulières... Tout doit être pris en compte pour identifier un ou plusieurs lieux qui pourraient accueillir la PIA.

La localisation de la PIA doit permettre, en prenant en compte toutes les contraintes existantes, de répondre au mieux au besoin d'accessibilité de la PIA durant son exploitation, en se souvenant que lors de l'exploitation, des camions viendront chercher des boues plusieurs fois au cours de la vie de la PIA. Par ailleurs, une vérification régulière des ouvrages nécessitera d'ouvrir des regards d'accès annuellement et divers contrôles nécessitant de l'eau, de l'énergie ou un peu de place qui seront indispensables.

Pour ces mêmes raisons, la mise en place en façade est à privilégier. La protection d'une fosse par une dalle de répartition pour permettre une circulation de véhicules sera préférable à l'option de circulation occasionnelle d'un lourd engin sur le demi-périmètre de l'habitation tous les 5 à 10 ans.

L'identification du ou des sites d'implantation éventuels permet aussi d'anticiper les démolitions ou les mises « hors service » qu'il faudra réaliser lors du chantier : constructions à supprimer, végétation à déplacer, arbre à abattre, etc.

L'intervention d'un spécialiste de l'aménagement paysager sera conseillée au propriétaire ; il sera ainsi à même de décider, en toute connaissance de cause, de la solution la meilleure, tant pour sa technologie que pour son coût prenant en compte les conséquences de l'installation d'un ouvrage de près de 10 m^2 de surface et nécessitant de remuer près de 30 m^3 de terrain en place.

Enfin, il est nécessaire de se rappeler, au moment de la visualisation des surfaces disponibles, qu'une distance généralement égale à 3 m doit être respectée entre les ouvrages et les voies de passage de véhicules, sauf à prendre des précautions de génie civil particulières.

De même, des précautions spéciales, notamment de blindage de fouille des ouvrages installés, devront être mises en œuvre lorsque les ouvrages d'assainissement sont réalisés à proximité des fondations d'habitation. Cette précaution est d'autant plus importante en présence de bâtiments anciens dont la nature et la qualité des fondations restent mal connues.

Pentes et altimétries

L'étude préalable doit relever les altimétries à la sortie de toutes les eaux usées, sur le terrain là où les ouvrages pourront être implantés et au niveau de l'exutoire, de manière à vérifier les pentes, lesquelles, pour rappel, doivent être d'environ 3 %. Le problème des pentes des canalisations est d'autant plus important que les eaux usées transportées sont brutes donc chargées de matières aisément décantables. Des eaux usées prétraitées pourront circuler dans des canalisations dotées de pentes plus faibles jusqu'à 1 % sans risque de colmatage ou de stagnations de matières, génératrices de fermentations non maîtrisées et donc de mauvaises odeurs.

Étude de sol

L'étude de sol est souvent aussi appelée « étude à la parcelle ». Elle peut comprendre différents niveaux de précision selon les objectifs pour laquelle on la réalise. Outre des informations sur la nature du sol et la profondeur de la roche, on doit y trouver les informations essentielles décrites ci-dessous.

Cette étude de sol est indispensable si l'on veut réaliser une PIA de qualité durable.

Les paramètres examinés lors d'une étude de sol peuvent être déclinés comme suit :

Hauteur mini/maxi de la nappe

À minima, l'étude à la parcelle doit permettre d'estimer la hauteur de la nappe (hauteur mini, mais surtout hauteur maxi) et la présence ou non de roche au lieu de l'implantation de l'unité, ces paramètres ayant des implications en terrassement non négligeables qu'il faudra prendre en compte pour préparer le chantier et réaliser le devis de l'installation.

La difficulté d'identifier clairement, à certaines saisons, les zones d'hydromorphie entraîne des incertitudes fortes sur les hypothèses de battement des nappes phréatiques. On gardera en mémoire, qu'au-delà des soucis d'infiltration liés aux hauteurs variables de nappes, ces nappes sont de nature à créer des poussées sur les ouvrages pouvant mettre leur stabilité en péril si des précautions à l'installation n'ont pas été réalisées, par des ancrages par exemple.

Perméabilité du sol

Dans le cas où l'évacuation des eaux traitées par infiltration dans le sol est envisagée, l'étude à la parcelle doit mesurer la perméabilité du sol à l'endroit supposé de l'infiltration (localisation et profondeur sont à prendre en compte).

C'est en général la méthode du test de Porchet qui est utilisée, à trois emplacements différents, de manière à calculer ensuite une moyenne de perméabilité, utilisée pour dimensionner la surface d'infiltration si celle-ci s'avère possible.

Il convient d'être prudent avec les résultats obtenus qui peuvent s'avérer très hétérogènes. La règle retenue pour le coefficient de perméabilité pris en compte est, dans le cas où trois mesures ont été faites, de réduire la moyenne des trois valeurs de 25 % et dans le cas où seules deux mesures ont été faites, de réduire la moyenne des deux valeurs de 50 %.

Il est important que le test soit non seulement réalisé au lieu de la future infiltration, mais aussi à sa future profondeur. Ainsi, il faut vérifier la pertinence des valeurs dont on dispose en fonction du lieu de l'infiltration et de sa profondeur estimée. En cas de décalage entre le niveau réel du rejet et son estimation antérieure, une nouvelle mesure de la perméabilité doit être réalisée.

Une perméabilité se mesure là où sa connaissance est utile pour l'infiltration, et non pas là où elle est la plus facile à réaliser tant en lieu qu'en profondeur.

Autres paramètres à vérifier lors du diagnostic amont

Ventilations

L'habitation doit être équipée de deux types de ventilations, la ventilation primaire et la ventilation secondaire :

- la ventilation primaire est obligatoire, quels que soient le type d'habitation et son niveau d'équipement en matière d'assainissement. Son obligation de mise en œuvre est en général décrite par une réglementation nationale ; il est parfois utile de la faire connaître au particulier qui ne possède pas de ventilation primaire, de manière, d'une part, à le tenir informé et, d'autre part, à éviter d'être accusé de l'apparition de mauvaises odeurs suite au chantier, qui pourraient être dues à l'absence d'une ventilation primaire, ou de son insuffisance. On rappelle que la « ventilation primaire » est la colonne d'évent qui sert à décompresser les conduits d'évacuation des eaux, pour éviter toute aspiration éventuelle des siphons lorsque l'on tire une chasse d'eau ou que l'on vide une baignoire. Cette ventilation est au moins en diamètre 100 mm et ne doit pas être dotée d'un clapet, ce qui ruinerait la ventilation ;
- la ventilation secondaire est obligatoire dès lors qu'un système d'assainissement complet est mis en œuvre. Elle doit être placée à l'aval de la fosse septique s'il y en a une, et être soit remontée au-dessus du toit soit réalisée au niveau du terrain. Mais dans les deux cas, cette ventilation doit permettre une aspiration des gaz de fermentation à ce niveau. Éloigner les mauvaises odeurs des lieux de vie grâce à la ventilation secondaire est une fonction de confort. Mais il est une autre fonction essentielle pour les fosses septiques en béton, celle de prévenir la corrosion du béton.

Dans le cas où une fosse septique existe déjà, il faut vérifier l'existence de la ventilation secondaire et sa conformité (diamètre de 100 mm). Le cas échéant, il est nécessaire de prévoir avec le particulier son emplacement, tout en privilégiant les contraintes

Ventilation et corrosion des bétons : la responsabilité de l'hydrogène sulfuré

La fosse septique est un ouvrage de traitement primaire qui fonctionne en anaérobiose. Une résultante des fermentations qui ont lieu en son sein est la transformation des sulfates, présents naturellement dans les eaux usées, en sulfures.

Les sulfures sont des molécules volatiles[1], responsables d'odeurs particulièrement nauséabondes, qualifiées « d'œuf pourri » avec un seuil de détection olfactif très faible, de l'ordre de 1 ppm. L'hydrogène sulfuré, gaz de fermentation, est aussi un puissant toxique, qui peut être létal lorsqu'il se concentre dans les endroits confinés comme peuvent l'être certains réseaux d'assainissement.

Le passage de l'état soluble dans l'eau à l'état gazeux est très rapide, une simple agitation de l'eau le permet. On passe alors des formes solubles $S^{=}$ (HS- ou H_2S selon le pH de l'eau usée) à la forme H_2S_{gaz}. Mais l'hydrogène sulfuré n'est pas un gaz corrosif. Une autre transformation a lieu.

L'hydrogène sulfuré gazeux se condense sur les parois humides de la partie émergée l'ouvrage. Il en résulte une baisse du pH, favorable au développement d'une microflore bactérienne spécialisée (thiobacilles acidophiles : *Neopolitanus* puis *Concretivorus*), susceptible de transformer la solution d'hydrogène sulfuré de nouveau dissous, en acide sulfurique corrosif (H_2SO_4).

$$H_2S_{gazeux} + 2O_2 \rightarrow H_2SO_4$$

L'acide sulfurique ainsi formé va dissoudre l'hydroxyde de calcium et les carbonates de calcium contenus dans le mortier du ciment provoquant une destruction du matériau.

La ventilation doit être suffisamment performante pour à la fois diluer les gaz de fermentation, et pour les exporter afin d'éviter la condensation puis l'oxydation de l'hydrogène sulfuré.

1 Le caractère volatil est une propriété qui permet le passage de molécules d'un état soluble (dans l'eau) à un état gazeux (dans l'air). Les conditions qui favorisent ce changement d'état sont variables selon les molécules, et pour ce qui concerne l'H_2S il s'agit essentiellement du pH.

techniques (distance minimale avec le dispositif et mise en place au-dessus du faîtage lors d'un positionnement en toiture).

La réalisation négligée de ventilations peut être la source d'odeurs nauséabondes dans le voisinage du dispositif. Toutefois, les mauvaises odeurs constatées à l'intérieur d'une habitation sont souvent causées par des désamorçages de siphons d'appareils sanitaires dont la cause est aussi très souvent le diamètre insuffisant de ventilations primaires (diamètre minimal conseillé de 100 mm).

La mise en place d'une cartouche de charbon actif sur une ventilation secondaire mal placée ou mal dimensionnée, résout le problème de façon satisfaisante tant que la cartouche de charbon actif (ou de matériau équivalent comme du compost organique par exemple) est encore efficace. Toutefois, cette astuce pour limiter les mauvaises odeurs ne doit pas ruiner l'efficacité de la ventilation installée.

Présence de réseaux et d'ouvrages enterrés sur les parcelles d'implantation

Réseaux publics

Il arrive que des réseaux publics enterrés d'eau potable, d'énergie... traversent des parcelles privées. C'est pourquoi il est recommandé de demander à la commune un zonage des réseaux, de manière à identifier si les parcelles où auront lieu les travaux sont concernées ou non. Dans le cas positif, il faut adresser une demande de renseignements généraux aux exploitants de ces réseaux. Dans le cas où la parcelle est effectivement concernée, il convient d'adresser une demande d'intention de commencement des travaux (DICT) aux exploitants des réseaux au minimum 10 jours avant le début des travaux.

Réseaux privés

Bien que les particuliers ne connaissent pas toujours eux-mêmes l'existence de réseaux enterrés dans leur terrain, il convient de leur demander cette information au moyen d'un document signé de leur main, afin de mieux sensibiliser les propriétaires à l'importance de ces informations et à les prendre en compte pour une préparation efficace des chantiers.

Disponibilité en énergie

Cette donnée est fondamentale pour faire le choix de la filière de traitement mise en place, certains dispositifs ne fonctionnant pas sans énergie. Il est donc important de se renseigner auprès du particulier pour savoir si un raccordement énergétique est possible ou si, dans le cas où il n'est pas possible de faire autrement, il faut envisager de se raccorder à une source d'énergie externe (solaire ou éolienne par exemple).

Disponibilité de transmission d'informations

Le suivi à distance du bon fonctionnement de la PIA suppose deux conditions :

- que la PIA comprenne un élément que l'on puisse suivre à distance. Le plus souvent, il s'agit d'un élément nécessitant de l'énergie électrique pour fonctionner (surpresseur, pompe de relèvement…). Le suivi à distance consiste alors en la transmission d'alarmes pertinentes ou de valeurs de contrôle et de mesures indispensables ;
- qu'un moyen de communication puisse être utilisé pour transférer les données. La connaissance de la présence d'une couverture GSM ou de la possibilité d'utilisation de la ligne téléphonique du propriétaire est indispensable dès lors qu'une transmission d'alarmes ou de mesures relatives au fonctionnement du dispositif installé sera envisagée.

Le diagnostic de l'existant doit permettre d'identifier toutes les contraintes liées au terrain et à l'ancienne installation d'assainissement. Les données recueillies lors de cette phase guideront le choix de la filière et permettront de mieux préparer les chantiers, et d'éviter ainsi des surcoûts liés à des imprévus, nombreux en réhabilitation.

Choisir la nouvelle PIA

Paramètres liés aux exigences de traitement

Exigences de traitement liées à la sensibilité du milieu

Les prescriptions européennes édictées sous forme de directives ou de règlements et complétées par des réglementations nationales obligent à ce que les milieux aquatiques retrouvent dès 2015 et puissent conserver « leur bon état écologique » ; ce dernier est défini au travers de différents indicateurs, plus ou moins nombreux et dont les niveaux sont plus ou moins sévères, en fonction de la sensibilité exacte du milieu considéré.

En 2011, la situation n'est pas homogène au plan européen pour l'application des exigences de traitement liées à la sensibilité des milieux.

De fait, il est par exemple anormal de constater sur un territoire national que les performances de traitement des eaux usées d'une petite installation d'assainissement puissent être contrôlées avec respect de seuils physico-chimiques pour les dispositifs nouveaux ; ou qu'elles puissent aussi être décrétées satisfaisantes sans contraintes de respect de seuils pour des dispositifs historiquement plus anciens « ainsi favorisés » alors que la réalité de leurs performances n'est pas du tout établie.

Face à de telles situations qui ne sauraient être que provisoires, il est responsable de faire le choix de privilégier des performances vérifiables issues de filières testées ayant fait preuve de leur réelle capacité à traiter des eaux usées de façon compatible avec les exigences environnementales. Une autre démarche consiste à harmoniser les mêmes types et niveaux de contrôle pour l'ensemble des PIA chargées de protéger les milieux aquatiques.

Exigences de traitement liées aux objectifs de réutilisation des eaux traitées par le particulier.

Bien que la réutilisation des eaux traitées soit encore très limitée dans le monde, elle existe et il convient de la prendre en compte dans la définition du système de traitement des eaux usées.

Il est nécessaire d'envisager, avec le propriétaire qui compte réutiliser les eaux traitées, l'usage qu'il veut en faire (arrosage, stockage, irrigation…). Il faut identifier s'il y aura contact ou non avec les personnes, de manière à le conseiller au mieux, notamment pour réduire les risques sanitaires liés à des eaux usées non désinfectées et mises au contact des personnes.

On peut, dans certains cas par exemple, proposer au particulier la mise en place d'un traitement tertiaire par filtration complémentaire ou tout autre process adapté.

Enfin, il convient de vérifier sur ce sujet les exigences de la réglementation nationale, s'il en existe.

Réutiliser les eaux usées traitées est un concept attractif pour lequel les solutions restent rares et coûteuses.

Paramètres liés à la maison

On se reportera pour l'examen de ces paramètres liés à la maison au chapitre 8.

Paramètres liés au mode d'occupation

Un immeuble est occupé par des personnes, lesquelles sont la source des eaux usées domestiques à traiter dans la petite installation d'assainissement. Lors du dimensionnement, une question de terrain récurrente est de savoir si la filière peut être dimensionnée à partir du nombre d'occupants de la maison.

Il est trop tôt pour pouvoir répondre avec certitude à cette question ; cependant, il est d'ores et déjà possible par le choix de technologies, modulaires notamment, de proposer des solutions aptes à s'adapter à des occupations variables dans le temps des immeubles desservis par la PIA.

Connaître le mode d'occupation habituel de la maison est toujours un paramètre utile qui va permettre d'aider à choisir un équipement. « La maison fait-elle l'objet de fréquentes occupations de fin de semaine ou de vacances ? », voilà une question pertinente lors de toute réhabilitation de PIA. L'objectif est de définir une pointe d'utilisation pour intégrer cette donnée dans le choix du dispositif d'assainissement.

Enfin, la recherche d'une activité artisanale éventuelle, même pratiquée en « hobby » ne sera pas oubliée, cette dernière pouvant impacter sur les volumes et les qualités des eaux usées à traiter.

Tous ces paramètres aident à déterminer les dispositifs possibles. C'est ensuite la réalisation des devis qui permettra de prendre la décision finale de manière à ce que le meilleur compromis technico-économique soit respecté.

Choix de la petite installation d'assainissement

Les paramètres du projet de PIA étant examinés et définis, il est possible de passer à l'étape du choix. Le choix se réalise à partir d'un catalogue de fiches de petites installations d'assainissement. Certaines ont été testées lors d'essais divers conduits selon des protocoles différents, d'autres ont simplement été évaluées en fonction de résultats de tests officiels ou non et sur la description précise du dispositif avec le recul et la compétence acquise avec d'autres filières. Des essais de longue durée d'ouvrages de traitement des eaux usées dans des conditions de vie réelle fournissent des informations essentielles pour un choix pertinent du dispositif PIA.

Afin de privilégier la retenue des meilleures PIA du marché, le chapitre 8 du présent ouvrage propose des critères permettant d'utiliser un indice global, intégrateur d'exigences liées à ces installations.

Choix du mode d'évacuation des eaux traitées

En fonction du mode de rejet existant et des résultats des études de sol réalisées, donnant des informations sur la perméabilité du sol, on choisira entre un :

- rejet par infiltration ;
- rejet superficiel ;
- rejet spécial.

Le chapitre 3 donne des éléments permettant de dimensionner l'ouvrage d'infiltration des eaux usées traitées.

Pour rappel, cette solution n'est envisageable que si la moyenne des coefficients de perméabilité corrigée est supérieure à 15 mm/h. On veillera par ailleurs à des dimensions « larges » pour ne pas ajouter un sous-dimensionnement à des conditions de perméabilité peu favorables. En situation de réhabilitation, il faut parfois choisir le mode de rejet le moins mauvais puisque l'assainissement est une obligation pour la maison déjà existante.

Dans le cas où il serait envisagé de garder le mode de rejet existant, il est important de vérifier la conformité de l'utilisation de ce mode de rejet. Par exemple, si les eaux sont rejetées dans un fossé au moment de l'étude amont, il est nécessaire de vérifier l'appartenance de ce fossé au client ; le cas échéant, des autorisations devront être obtenues.

Réalisation des devis pour chaque solution technique envisagée

Le devis doit prendre en compte le coût du dispositif mais aussi celui de sa mise en œuvre, dont le coût pourra varier de plus de 30 % en fonction des particularités liées à chaque chantier et des imprévus, qu'on aura tenté de minimiser grâce à l'étude préalable. Le devis doit prendre en compte :

- le coût du produit ;
- le coût estimé du chantier, en prenant en compte les particularités identifiées liées au terrain (nappe haute, roche affleurant) ou à la mise en œuvre du système (curage d'un fossé, paysagiste, travaux sur les canalisations...) ;
- le coût lié aux accessoires (dispositif de gestion automatique à distance, regard de prélèvement, etc.) ;
- le coût estimé de l'exploitation : comparer des solutions avec ou sans énergies, avec des fréquences de vidanges plus ou moins grandes...

Des données sur ces coûts sont disponibles dans le chapitre 9. Avec ces éléments économiques, le choix de la PIA est dorénavant possible. Il doit être présenté au client et des facilités de financement doivent être proposées dans les cas où elles existent (subventions, mise en relation avec des organismes bancaires...).

La solution retenue, l'heure est à la signature du contrat avec le client. Un contrat d'exploitation de sa filière sera proposé au client.

Mettre en œuvre l'installation de la réhabilitation de la PIA

La préparation du chantier

La petite installation d'assainissement choisie, en fonction d'un ensemble de paramètres, l'heure est à la réalisation du chantier de réhabilitation, lequel sera facilité s'il est très bien préparé.

Il est temps de mettre à profit l'ensemble des informations collectées durant la phase d'analyse et de diagnostic des ouvrages existants. Ces informations sont utiles pour déterminer et coordonner l'ensemble des interventions nécessaires sur le chantier (terrassiers, électricien, paysagiste, constructeur...). Communiquées au chef de chantier, ces informations lui permettent d'organiser son équipe et de structurer le chantier (préparation des matériaux, matériels et engins nécessaires) pour en optimiser sa durée.

Les tâches à effectuer lors de cette étape peuvent se résumer comme suit.

Informations à fournir au particulier

Le particulier est responsable de certaines tâches à effectuer pour la mise en œuvre de son unité de traitement, qu'il convient de lui communiquer ou de lui rappeler suffisamment en avance pour qu'il ait le temps de les réaliser. Ainsi, dans le cas de la mise en place d'une unité nécessitant de l'énergie pour fonctionner, le particulier doit, le jour de l'installation, mettre à disposition une prise de courant indépendante de 220 Volts (V) avec mise à la terre et doit protéger son circuit électrique par un fusible de 6 Ampères (A) minimum. Il convient de le prévenir de cette nécessité pour qu'il puisse prendre les mesures et contacter son électricien. On ajoute que l'unité devant être autonome, il est recommandé d'isoler son alimentation du reste de l'alimentation générale de la maison comme on pourrait le faire pour un congélateur.

Par ailleurs, outre le respect de ses « obligations », le particulier peut grandement faciliter le déroulement d'un chantier, ou au contraire, le compliquer même involontairement. La coopération active du propriétaire est à rechercher absolument. Pour cela, on veillera à lui communiquer au plus tôt les dates de chantiers prévues et les risques liés au chantier pour qu'il prenne les mesures nécessaires de sécurité pendant sa durée (par exemple, on conseillera à un particulier ayant des enfants de veiller à ce que ses enfants ne jouent pas dans le jardin au moment du chantier). Attention, la sécurité du chantier reste de toutes les façons de la responsabilité de celui qui réalise la mise en œuvre des ouvrages d'assainissement.

En prenant connaissance du déroulement du chantier, le particulier peut souvent apporter des solutions simples à des questions se posant lorsque, par exemple, le passage des véhicules est difficile à cause de l'étroitesse des chemins ou de la présence d'un arbre, ou encore, lorsqu'on ne sait pas où décharger la terre enlevée, etc. Il est toujours indispensable de s'accorder avec lui sur la possibilité d'aménager le terrain en fonction des besoins (abattage d'un arbre, enlèvement de végétation...). Ces informations sont communiquées au chef de chantier de mise en place de la PIA.

Choix de l'entreprise réalisatrice de l'opération

Elle doit être choisie en fonction de la manière dont elle répond à notre cahier des charges de choix de l'entreprise réalisatrice d'une installation de PIA. On retrouve, parmi les paramètres pris en compte, les agréments d'installation donnés par les constructeurs des dispositifs quand ils existent, la connaissance de l'expérience des travaux publics que l'entreprise possède, ses qualifications, les références qu'elle possède sur des chantiers antérieurs similaires... Dans tous les cas, elle doit être spécialisée dans ce type de travaux.

Informations à fournir à l'entreprise de terrassement

La préparation du chantier permet de l'optimiser si elle implique le chef de chantier qui pourra, en fonction des besoins liés aux spécificités de chaque situation, organiser son équipe au mieux.

Figure 81. **Lors d'une réhabilitation, l'action d'une entreprise spécialisée ne laisse aucune place à l'improvisation.**

En effet, selon les circonstances, l'équipe de terrassement amènera des outils ou des engins particuliers, qu'elle doit prévoir à l'avance ; les informations sur la présence d'une roche en superficie ou d'une nappe induisant l'ancrage des ouvrages seront donc communiquées au chef de chantier afin d'éviter de perdre une journée, voire plus, pour l'acheminement non prévu d'un brise roche, d'une pompe à eau, la nécessité d'aller s'approvisionner en matériels non prévus, etc. La prévision des matériels susceptibles d'être utilisés coûtera toujours moins cher que les conséquences nées de leur imprévision.

La présentation du chantier sur un plan faisant figurer les altimétries, la topographie du terrain, ses aménagements et la localisation des éléments existants et à installer permet au chef de chantier de mieux anticiper l'emprise des terrassements et la faisabilité du projet ; elle permet aussi d'éviter les erreurs de chantiers déjà observées sur le terrain, comme l'implantation d'une ventilation à un mauvais endroit, etc.

Les éléments primordiaux à connaître pour la préparation du chantier sont la localisation des réseaux pluviaux et d'assainissement, le lieu d'implantation des ouvrages, la localisation de la nouvelle ventilation...

Il faut aussi s'assurer que le responsable du chantier possède la notice de pose. Une discussion rapide avec le chef de chantier permet de s'assurer de sa compréhension de ce qu'il a à faire.

Enfin, chaque installation comporte ses risques même si la probabilité d'occurrence d'un accident reste faible. Les consignes de sécurité à respecter sont répertoriées dans les notices de pose des différentes PIA. Il est important de s'assurer que les équipes en ont pris connaissance afin qu'ils prévoient les équipements nécessaires à leurs interventions. L'élaboration par l'entreprise d'un plan de prévention des risques, en principe exigé par les réglementations nationales, est indispensable.

Intervenants à coordonner

Dans le cas où la présence de fosses, puisards, bacs dégraisseurs..., a été identifiée lors de l'étude préalable et dès lors que ces ouvrages ne sont pas récupérés dans la nouvelle PIA, la réhabilitation doit intégrer leur mise hors service.

Une vidange des matières contenues dans cette ancienne fosse est nécessaire et l'intervention d'un vidangeur est à programmer.

La réalisation de fouilles pour les ouvrages et de tranchées pour les canalisations induit des terres à évacuer (penser au coefficient de foisonnement de l'ordre de 1,3). Lors de l'étude préalable, soit le propriétaire a donné son accord pour régaler la terre sur son terrain, soit l'évacuation est prise en compte.

Quel que soit le chantier, il est important, pour que le client soit satisfait du travail réalisé, que le terrain soit laissé dans un état similaire à celui qui était le sien avant la réalisation du chantier.

Selon l'emprise du chantier et l'état initial de la parcelle, les remises en état sont plus ou moins compliquées et coûteuses à réaliser, certaines nécessitent l'intervention planifiée d'un paysagiste.

Enfin, rappelons-le, la délivrance, par le constructeur, d'un procès-verbal de réception des travaux, est la seule manière d'activer la garantie décennale des ouvrages installés. Il faut l'organiser avec le constructeur que l'on préviendra des dates d'installation de son produit pour qu'il prévoie le moment de sa visite et qu'il réceptionne le dispositif. Cette réception des travaux peut être réalisée par un organisme tiers accrédité pour cette tâche.

Le jour du chantier

Comme pour tout travail réalisé en extérieur, la possibilité de démarrer le chantier dépend directement des conditions climatiques. Le chantier ne pourra démarrer qu'une fois que la portance climatique des sols aura été jugée convenable, sous la responsabilité de l'entreprise réalisatrice des travaux d'installation de la PIA.

Ensuite, la disponibilité de tous les éléments prévus pour l'installation de la filière doit être vérifiée (manchons de raccordement de diamètres différents – 100/110 –, rehausses de boîtes d'inspection ou de branchement, armoire électrique, câblage…). La préparation du chantier est à ce titre le point majeur d'un chantier rapide et de bonne qualité.

Enfin, on contrôle le bon état des organes majeurs de la filière à installer sur le terrain à leur arrivée, pour ne pas découvrir, lors de la pose par exemple, des fissures sur la fosse septique ou autres dégâts qui conduiraient à devoir remplacer le dispositif, voire à le changer après l'installation, pour des causes de mauvais fonctionnement qui auraient pu être identifiées lors de cette étape initiale.

Le chantier démarre par les opérations de repérage des ouvrages et des canalisations existantes et de sondages nécessaires.

Pendant le chantier

Comme rappelé dans le paragraphe précédent, la vérification de la conformité et du bon état des matériels, matériaux et ouvrages (état des cuves...) avant de les poser dans le sol permet d'éviter que des installations soient mal réalisées et donc, fonctionnent mal par la suite.

Lors de l'installation d'un filtre à sable, un échantillon de sable est prélevé systématiquement pour vérifier, si besoin, que sa granulométrie est conforme avec celle de la courbe fournie par l'entreprise.

Souvent, le respect des règles de sécurité n'est pas la priorité des équipes de terrain qui ne les ont pas forcément intégrées dans leurs habitudes de travail. Il est toujours indispensable de les leur rappeler et de veiller à ce que les mesures de sécurité identifiées comme nécessaires en fonction des risques liés au chantier soient mises en œuvre.

De même, tout ce qui n'est pas forcément considéré comme important par les équipes de terrain et qui aurait tendance à être oublié, doit être vérifié en temps réel pour que l'installation finie soit conforme.

La mise en place d'un lit de pose et d'un grillage avertisseur pour les canalisations doit être systématique. Il faut aussi veiller à ce que, comme présenté au chef de chantier avant le démarrage du chantier, une boîte d'inspection ou de branchement lors d'un changement de direction, de pente ou d'un raccordement de tuyaux soit installée.

On contrôle également que l'équipe de chantier fasse attention à respecter les pentes, de 3 % pour les canalisations d'eaux usées brutes, de 1 % au moins pour les canalisations entre la fosse septique et l'ouvrage de traitement secondaire.

Enfin, le levé topographique altimétrique (en côte Z) réalisé par l'entreprise doit être vérifié par nos soins lors du chantier dans chaque boîte de branchement ou d'inspection par rapport à un point zéro sur une sortie d'eaux usées de l'habitation pour vérifier ces pentes.

Pour élaborer le rapport d'installation remis à la fin du chantier au particulier et pouvant servir pour la réception de l'installation, un plan de récolement, basé sur le levé topographique en Z réalisé, ainsi qu'un reportage photos des étapes essentielles sont réalisés. Ce sont les éléments de ce rapport qui vont ensuite servir à l'exploitation de la filière et pour répondre à des problèmes éventuels dans son fonctionnement.

Enfin, l'avancement du chantier en temps réel permet de programmer plus précisément l'intervention des différents professionnels éventuels sur le chantier (paysagiste, électricien, vidangeur, constructeur...).

À la fin du chantier

Une fois le chantier terminé, le bon fonctionnement de la filière est vérifié. Cette vérification consiste dans un premier temps en une vérification d'un bon fonctionnement hydraulique et quand nécessaire, d'un bon fonctionnement électrique. Le bon fonctionnement des ventilations peut être vérifié grâce à un essai à la fumée (avec des cartouches fumigènes).

L'ouvrage ne pourra être considéré comme réceptionné qu'au moment où le fabricant (ou l'organisme désigné pour ce faire) délivrera un procès-verbal de réception des travaux, document activant la garantie décennale. C'est pourquoi il est impératif que cette réception de l'ouvrage se fasse au plus vite après la fin du chantier car si un problème survenait, il pourrait être imputé à l'installateur responsable de la mise en œuvre de la PIA, même bien réalisée...

Une photographie de fin du chantier, prise sous le même angle qu'une photo, avant chantier de la parcelle d'implantation de l'unité devra être prise. Intégrée au rapport d'installation, celle-ci permettra de contrôler la remise en état du terrain.

Figure 82. Le choix de la position de l'ouvrage nécessite l'accord des propriétaires.

Figure 83. Une fois installé, l'ouvrage a sa place dans le paysage reconstitué.

13

Exploiter une PIA

Faut-il exploiter une petite installation d'assainissement ?

Cette question, chaque propriétaire, chaque technicien se la pose, même en 2011.

En France depuis plus d'un siècle, l'assainissement, y compris celui concernant les maisons individuelles, doit être constitué d'un traitement primaire et suivi d'un traitement secondaire. Toutefois, afin d'éviter au maximum tout danger sanitaire, la France a privilégié les techniques « enfouies » sur lesquelles aucune action n'est possible.

Motivées à l'origine par une confiance très mesurée dans l'aptitude des propriétaires à exploiter leur petite installation d'assainissement, ces technologies dites aujourd'hui « techniques traditionnelles » ont conservé cette inaccessibilité qui rend non seulement tout contrôle délicat mais qui fait aussi que ces dispositifs polluent sans que leurs propriétaires en soient vraiment conscients.

Vous viendrait-il à l'idée de ne pas faire vérifier régulièrement le fonctionnement du freinage de votre voiture, de ne pas assurer l'entretien de ses organes mécaniques ou la maintenance de votre courroie de distribution ? Bien sûr votre réponse est non, mais si, au lieu de votre voiture, nous parlions de votre petite installation d'assainissement ?... L'assainissement, ce n'est pas pareil !

Tout se passe comme s'il existait une forme d'inconscience. L'assainissement n'est pas issu d'un heureux hasard mais constitue une réduction concrète de la pollution du sein d'une eau usée. La première cause de la non-exploitation d'une PIA est l'ignorance totale de son fonctionnement. Pour beaucoup, soit cela reste une fosse que l'on vide, une fois remplie, soit on utilise le sol ou le sable des tranchées, des épandages ou des éléments naturels sans réelle technologie contrôlable. Et même si les mentalités changent, combien de propriétaires attendent, le « tuyau collectif » ?

L'histoire moderne des PIA a commencé avec l'apparition de la fosse, laquelle, soyons précis, se vidange et ne s'exploite pas. Aujourd'hui, cette même fosse de stockage est devenue un outil de traitement primaire placé en amont d'un traitement complet protégeant le milieu naturel. Mais, inconsciemment, on continue à penser qu'il suffit de vider la traditionnelle fosse et que le reste, qui traite les eaux usées, vit seul, enfoui pour l'éternité au fond du jardin. Au mieux, « les héritiers s'en occuperont ».

Cette image est nourrie par la notion de « rusticité » déployée pour développer l'assainissement. En effet, le mot d'ordre très politiquement correct, passé au monde scientifique chargé de travailler sur cette forme d'assainissement, était clair : « trouvez une solution qui s'adapte à nos campagnes... ». Ainsi a-t-on vanté sans limites l'usage simple et naturel du sol comme outil de traitement, l'inutilité de l'exploitation grâce à des « coefficients de sécurité totalement illusoires », les mérites d'équipements « simples et rustiques »... L'assainissement est un savoir, un savoir-faire, et la qualité du service qu'il rend est liée à la qualité de sa conception, à son installation et à son exploitation.

Les mentalités ont évolué et la préoccupation environnementale est croissante chez le citoyen. Cela est d'autant plus vrai qu'on observe aujourd'hui un retour vers les campagnes, où, à l'écart des concentrations urbaines, le citoyen retrouve une meilleure qualité de vie et des capacités économiques lui permettant de participer concrètement à un environnement durable. Pour ces personnes soucieuses de la protection des milieux, le discours scientifique politiquement correct ne suffit plus ; il faut pouvoir offrir des solutions et des services techniques opérationnels de manière à réellement traiter les eaux usées tout en protégeant l'environnement.

Oui, une PIA doit toujours être exploitée. La rusticité prétendue d'un équipement utilisant ou reconstituant un sol est un leurre dangereux, d'autant que ses règles de conception interdisent souvent tout contrôle ultérieur de son fonctionnement. L'histoire des PIA doit se poursuivre et ne pas stagner à une époque comparable à la préhistoire alors que l'âge moderne a débuté... L'heure est à l'utilisation d'outils de traitement des eaux usées plus simples que les dits « rustiques », car rusticité n'est pas synonyme de fiabilité.

L'exploitation réfléchie et ciblée assure des performances plus sûres et une durée de vie allongée pour un fonctionnement satisfaisant aux contraintes exigées par le milieu naturel. La science des PIA a évolué et peut se nourrir aujourd'hui, plutôt que de certitudes, de preuves partagées et irréfutables sur l'obligatoire nécessité d'exploiter les PIA.

Qu'est-ce que l'exploitation d'une PIA ?

Généralités

L'exploitation est une somme d'actions réalisées pour atteindre des objectifs fixés. La qualité d'un service d'exploitation se mesure par sa capacité à satisfaire à ses obligations de continuité et de durée du service dans les meilleures conditions économiques.

Comme présentées dans le diagramme de la Figure 84, les actions d'exploitation sont de trois types et sont complémentaires :

- les actions de surveillance visent à s'assurer que la mission d'un ouvrage est remplie ;
- les actions d'entretien visent à réaliser toutes les actions nécessaires pour que l'ouvrage fonctionne de façon continue ;
- les actions de maintenance visent à optimiser l'équilibre technico-économique du fonctionnement de l'ouvrage.

Quel que soit l'objet de l'exploitation, cette description selon trois axes complémentaires est toujours valable.

L'objectif principal de l'assainissement : protéger le milieu naturel.

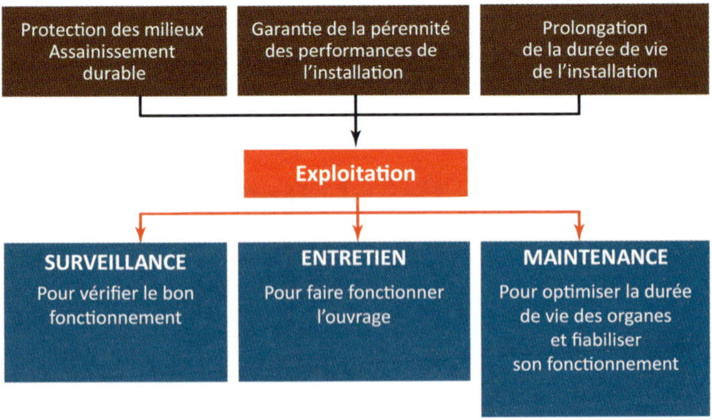

Figure 84. Opérations d'exploitation.

Notons d'ores et déjà que pour permettre un maximum d'efficacité lors des interventions des professionnels, les PIA doivent présenter des accès et des aménagements adéquats pour les opérations d'exploitation à conduire. Cela doit être pris en compte dès leur conception et mis en œuvre lors de l'installation.

Exploiter : une affaire de professionnels

Il serait inexact de prétendre qu'un client ne peut assurer l'exploitation de sa petite installation d'assainissement. De la même manière que certaines personnes averties réparent leur véhicule, ramonent leur cheminée ou repeignent leur maison plutôt que de faire appel à des professionnels, d'autres pourraient réaliser les opérations d'exploitation des petites installations d'assainissement qui, dans la majorité, ne sont pas d'une complexité extrême. Toutefois, quelle que soit la situation, la différence essentielle entre l'action d'un client et celle d'un professionnel réside dans le savoir-faire alimenté par la spécialisation continue, les retours d'expériences et les progrès réalisés dans le domaine concerné.

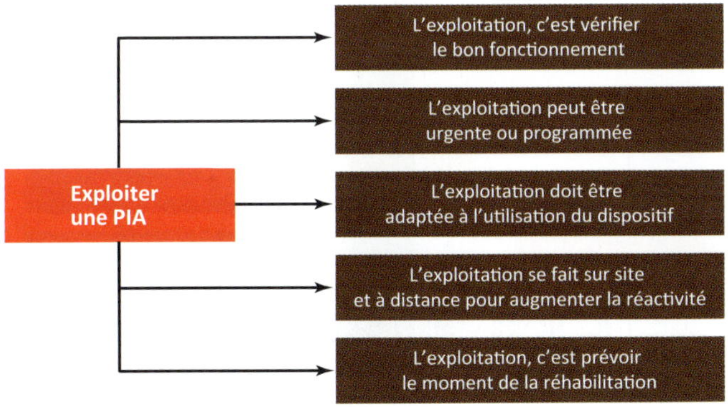

Figure 85. **Description des étapes essentielles de l'exploitation.**

D'autres avantages sont liés à l'action de professionnels, tels que les effets de la mutualisation des actions favorisant une surveillance à distance des dispositifs, la possibilité d'interventions en urgence pour assurer une continuité de service, l'enregistrement de données permettant d'anticiper sur des opérations à conduire comme une réhabilitation. Ajoutons à tout cela une optimisation d'échelle des coûts pour le client, paramètre masqué par un client averti puisqu'il ne comptera pas ses heures lors d'interventions.

La transparence et la traçabilité en exploitation

L'exploitation puise son efficacité dans une dynamique structurée de gestion du présent, de prise en compte du passé et d'anticipation du futur. Cela lui permet de toujours devancer les événements pour ne pas avoir à les subir, vus tous les désagréments techniques, économiques et de rupture de service que cela entraînerait.

La condition *sine qua non* pour accéder à ce niveau opérationnel performant est de garder une trace précise et transparente de tout ce qui est réalisé. Il n'existe pas d'actions secondaires ni de

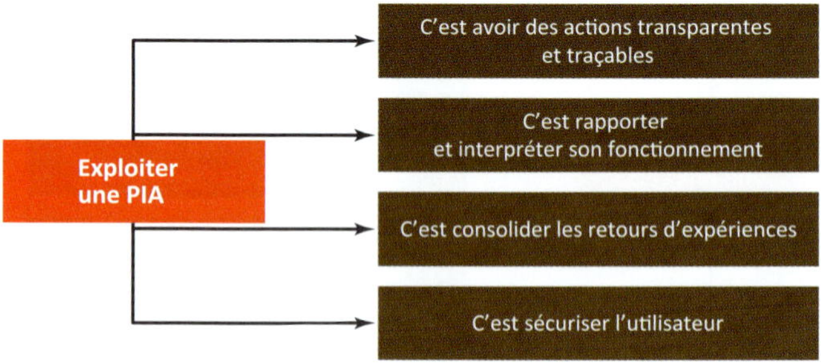

Figure 86. **Les actions d'exploitation.**

consignation d'événements dont l'on peut se dispenser. Tout doit être pris en compte, même ce qui pourrait paraître futile. Tout doit être enregistré pour pouvoir être exploité. C'est par l'interprétation d'anomalies constatées, l'enregistrement de défauts, même en première approche peu importants, qu'on arrive à comprendre, corriger et améliorer le service rendu par les PIA

Ainsi conduite, toute exploitation permet d'améliorer le service rendu au client, non seulement par une continuité des performances, mais aussi par une longévité accrue des dispositifs de traitement des eaux usées, directement en lien avec une économie dans le temps pour le client.

L'exploitation : des actions obligatoires pour toutes les PIA

Tout dispositif d'assainissement est constitué d'ouvrages qui remplissent les missions indispensables :

- la collecte et le transport des eaux usées ;
- le traitement des eaux usées, en plusieurs étapes :
  - un traitement primaire (fosses, décanteurs) : c'est le début de l'épuration par décantation-digestion ;
  - un traitement secondaire (massif filtrant, cultures fixées, boues activées...) : c'est une étape de dépollution biologique aérobie ;
  - un traitement tertiaire (phosphore, azote, désinfection) : c'est une étape mise en œuvre en présence de milieu ou d'usages sensibles ;
- l'évacuation des eaux usées traitées : rejet superficiel, infiltration.

Tous ces ouvrages assurant les fonctions décrites nécessitent d'être exploités (surveillés, entretenus, maintenus) pour pouvoir garantir leur bon fonctionnement et leur assurer une durée de vie optimisée. Or trop souvent, les personnes, même issues du monde professionnel du petit assainissement, utilisent indifféremment le terme vidange pour désigner l'entretien et inversement... Pomper la fosse est une image réductrice de l'exploitation de la petite installation d'assainissement qui explique aussi où la marge de progrès est la plus forte pour ces installations.

L'exploitation de la filière complète dans le respect des règles d'hygiène et de sécurité fait appel à des compétences variées telles que :

- le process ;
- l'électromécanique ;
- l'instrumentation ;
- les analyses de terrain ;
- la sécurité.

Outre les actions spécifiques à mener sur chaque filière, un certain nombre d'actions liées à la fonction de chaque étape de l'assainissement sont communes. Nous considérons que, de la même manière qu'on entretient annuellement une chaudière, il est nécessaire de réaliser les actions d'exploitation chaque année. Certaines actions comme le renouvellement d'éléments électromécaniques, du matériau filtrant ou la vidange des boues seront appréciées annuellement, mais peuvent avoir lieu à des périodicités supérieures.

Différents types d'interventions d'exploitation sont possibles :

- l'intervention « curative » qui se réalise suite à une demande du client ou à l'observation d'une dérive de fonctionnement. On cherche dans ce cas à trouver des solutions à une crise ou à un problème identifié ;
- l'intervention « préventive » qui s'inscrit dans une démarche systématique programmée de maintenance et vise à

augmenter la pérennité du fonctionnement du dispositif. Cette maintenance préventive permet de réduire les interventions d'urgence.

Il est essentiel de garder une traçabilité des interventions. Pour cela, il convient de faire un rapport circonstancié après chaque intervention, si possible accompagné de documents photographiques.

Un dossier par dispositif doit permettre de retracer l'historique des conditions de fonctionnement propre à chaque équipement.

Organiser les interventions d'exploitation

L'exploitation des petites installations d'assainissement diffère essentiellement de l'exploitation des plus grandes, car nous intervenons dans le domaine privé, ce qui implique une préparation spécifique. Par ailleurs, la durée très limitée de ces interventions implique de mettre en place une organisation très pointue pour optimiser les interventions dans une même journée.

Intervenir en domaine privé

Il convient de se dégager des clichés ridicules souvent mis en avant du chien-loup qui vous attend derrière le portail pour tester la résistance de vos muscles fessiers. Quelle qu'en soit la raison, on n'arrive pas chez les gens sans prévenir. Exploiter une PIA implique d'avoir organisé votre venue. Le cas de l'intervention « préventive » est plus simple, car elle fait partie de la visite annuelle, dont le jour et l'heure auront été préalablement déterminés avec le client. Dans le cas d'une intervention « curative » pour répondre à l'actionnement d'une alarme reliée au central général, il convient de ne pas oublier, malgré la situation d'urgence, de prévenir au moins par un appel téléphonique, votre client de l'obligation d'intervenir dans la journée pour réparer son système d'assainissement.

Intervenir en domaine privé, c'est aussi être conscient de l'obligatoire respect d'un cadre de vie et d'habitudes. Garer sa voiture sur les zones prévues à cet effet et non sur la pelouse, même si vous la jugez suffisamment rustique, rouler à vitesse très lente sans faire voler des graviers en prenant un virage dans la cour du client visité sont des exemples simples de témoignage de respect.

S'organiser à l'amont de l'intervention

Comme souligné plus haut, une visite annuelle dure entre une demi-heure et une heure ; tout imprévu pourra perturber le respect du planning du jour. En conséquence, l'organisation de tournées de visites est essentielle pour aboutir à une exploitation économiquement équilibrée. Ces tournées sont planifiées en essayant de regrouper des dispositifs à visiter de même nature, cette précaution permettant de disposer plus facilement des outils spécialisés indispensables pour certains dispositifs. Il convient de rassembler dans l'ordre prévu des interventions les rapports d'intervention d'exploitation vierges, de manière à ce qu'ils soient prêts dès le démarrage de la journée de visites. L'envoi d'un questionnaire simple au client préalablement à la visite annuelle, lors de la prise de rendez-vous par exemple, permet de connaître l'appréciation du fonctionnement d'une PIA par son utilisateur. Ces renseignements sont de nature à orienter vers des organes à vérifier prioritairement.

Faire preuve d'une excellente éducation

Dire bonjour en arrivant, dire au revoir en partant, c'est évident et c'est poli... ajoutons que c'est parfois si peu courant qu'on le remarque lorsque nos contacts le pratiquent. Établir un contact positif avec le client est une façon agréable d'optimiser son action d'exploitation.

Dans un contexte d'assainissement par réseaux et stations d'épuration, la journée de travail peut se dérouler sans rencontrer des usagers avec qui échanger. Dans le contexte des petites installations d'assainissement, la situation est très différente. Le contact avec le client est quasi systématique, et il constitue un point majeur où l'excellente éducation contribuera fortement à la qualité de ce service.

Réaliser les interventions d'exploitation

L'intervention d'exploitation consiste à :

- procéder à la reconnaissance des ouvrages, canalisations, équipements électromécaniques et de contrôle ;
- réaliser l'analyse critique de fonctionnement au fil de l'eau ;
- réaliser les opérations « préventives » et/ou « curatives » nécessaires.

Toute intervention doit se réaliser après la prise en compte du fonctionnement global du dispositif. La source réelle des dysfonctionnements doit être recherchée pour éviter des rechutes pour le dispositif considéré.

Les opérations d'exploitation communes à toutes les filières

Toutes les petites installations d'assainissement doivent être exploitées. Cette exploitation consiste en l'enregistrement de données par la vue, l'audition et l'odorat. L'exploitant analyse ces données pour réaliser des corrections éventuelles des conditions de fonctionnement. Les opérations d'exploitation sont à réaliser à tous les niveaux du traitement avec une fréquence annuelle.

La surveillance de la filière de traitement s'effectue par la vérification de son fonctionnement en examinant par exemple la

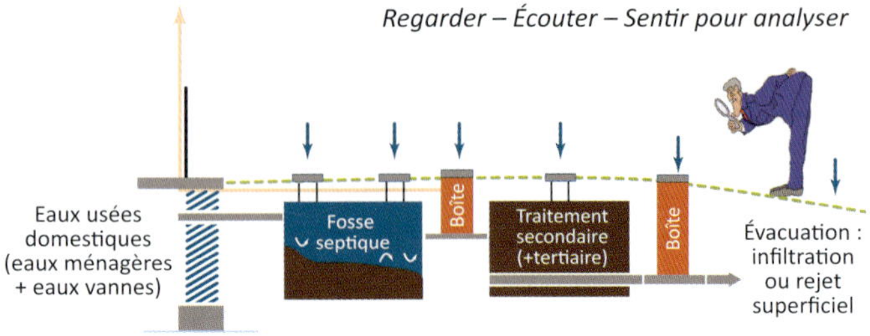

Figure 87. L'exploitation : des données simples à analyser.

qualité de l'eau traitée. Cette situation ne concerne aujourd'hui que les PIA qui ont un rejet au milieu superficiel. L'incapacité à pouvoir vérifier la qualité d'un traitement dans la majorité des situations de terrain est incompatible avec une gestion responsable de l'environnement.

L'ouvrage est ensuite examiné pour définir les opérations d'entretien nécessaires pour atteindre la continuité de fonctionnement recherchée. Ces opérations sont différentes selon les filières.

Enfin, les actions de maintenance programmées sont exécutées pour atteindre à l'optimum technico-économique pour la PIA.

Contrôler les ouvrages de collecte

L'ouvrage à considérer est la boîte de collecte des eaux usées de la maison. L'opération d'exploitation est le constat de son état physique et de traces éventuelles de mise en charge. Si une dégradation physique est constatée, la réparation nécessaire est signalée pour être réalisée. En présence de traces de mise en charge ou d'encrassement, l'origine du problème est à rechercher à l'aval du système de collecte.

Tout ce qui concerne les canalisations internes à l'habitation n'est pas inclus dans les opérations d'exploitation d'une PIA.

Il n'est pas toujours possible de vérifier que les eaux usées domestiques arrivent bien au niveau des boîtes de collecte, soit en raison de l'inaccessibilité de la boîte, soit parce qu'il est impossible à l'instant de la visite d'exploitation de faire couler de l'eau dans les canalisations d'assainissement de la maison.

Contrôler les ouvrages de transport et de distribution

En général, les ouvrages de transport sont courts pour ces installations, et les interventions d'exploitation se limitent à la vérification :

- du bon écoulement des eaux usées en versant de l'eau dans la boîte de collecte ;
- de l'absence d'encrassement dans la canalisation ;
- du bon état des boîtes d'accès.

Les interventions correctrices sont les mêmes que celles identifiées au niveau des ouvrages de collecte.

Parfois, même si cette solution n'est pas forcément à recommander, la filière de traitement peut être alimentée par un poste de pompage.

Des graisses ou des matières solides peuvent s'accumuler et perturber le fonctionnement de la pompe et de ses poires de niveau. Dans ce cas, ces postes de relèvement des eaux usées brutes doivent être nettoyés au jet d'eau.

Une accumulation de graisses sur les poires de niveau peut engendrer un dysfonctionnement sur le déclenchement des séquences de marche-arrêt de la pompe.

Pour tous les équipements électromécaniques, on distingue principalement les tâches suivantes à réaliser :

- vidanger le poste ;
- vérifier, nettoyer et remplacer les organes.

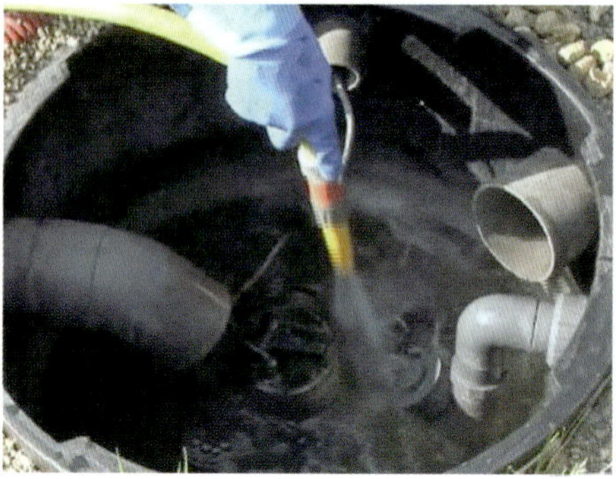

Figure 88. Nettoyage d'un poste de pompage.

Les accumulations anormales de déchets sont portées à la connaissance du propriétaire de façon à ce qu'il en fasse cesser leur utilisation par les occupants. Par exemple, jeter des lingettes dans les toilettes est un acte à proscrire.

Lorsque la filière est alimentée par un auget ou une chasse, son entretien est obligatoire pour que sa fonction soit maintenue durablement.

Contrôler les ouvrages de traitement

On vérifie en premier lieu la planéité des terrains dans le voisinage de l'ouvrage de traitement. Constater un mouvement du terrain peut mettre en alerte sur l'éventualité de fuites sur les ouvrages. L'horizontalité de l'installation doit donc systématiquement être vérifiée au moyen d'un niveau à bulle.

Le prétraitement

Le prétraitement est réalisé par les séparateurs de graisses ou bacs dégraisseurs.

Hors cas exceptionnels tels des établissements de restauration ou agroalimentaires, il est fortement déconseillé la mise en place d'un bac dégraisseur sur une installation. En effet, l'exploitation de cet ouvrage, pour être efficace, nécessite des passages très fréquents pour son exploitation, parfois toutes les semaines. Les contraintes d'exploitation très fortes font de cet ouvrage un élément à proscrire dans la filière dans le cadre de la desserte d'une habitation.

Cependant, si un bac dégraisseur est déjà en place, on proposera au propriétaire la suppression de cet équipement. Il n'est pas, rationnellement possible d'intervenir sur l'ouvrage à la fréquence nécessaire (de l'ordre de la semaine) pour garantir son fonctionnement satisfaisant. Dans cette situation de non-exploitation, le bac dégraisseur devient une source polluante par les matières qu'il accumule et qui y fermentent.

Le traitement primaire

Le traitement primaire a pour fonction d'éliminer une grande partie de la pollution particulaire de l'eau usée. La séparation solide/liquide est réalisée dans la fosse septique ou dans une cuve de décantation primaire selon les dispositifs.

Il se produit également dans cet ouvrage un phénomène de liquéfaction des boues et des flottants par le biais d'une fermentation qui est assurée par des bactéries anaérobies. Cette digestion anaérobie est essentielle au bon fonctionnement de la fosse.

Tâches d'exploitation

Les principales opérations d'exploitation consistent à :

- vérifier que le dispositif de verrouillage du couvercle du tampon est opérationnel, car la sécurité pour les personnes doit pouvoir être assurée en permanence ;
- constater à l'ouverture du tampon de l'ouvrage :
  - l'état général de la fosse : s'il n'est pas possible au seul examen visuel de se prononcer sur l'étanchéité d'une fosse, la présence de fissures ou de fractures dans le matériau constitutif de la fosse peut être constatée ;

- pour les fosses en béton, on doit vérifier si le béton est friable ou non, car le béton est sensible à la corrosion due à l'acide sulfurique formé lors de la remise à l'air de l'H_2S (hydrogène sulfureux). Cette corrosion du béton est le signe d'une ventilation insuffisante ;
- la présence d'odeurs importantes et nauséabondes peut être également le signe d'une ventilation insuffisante. Dans cette situation, on procède à la vérification de la présence d'odeurs dans la maison qui pourrait indiquer d'éventuelles obstructions des conduites de ventilations. Concernant les odeurs dans la maison, après avoir vérifié que des siphons équipent bien tous les appareils sanitaires, ces odeurs viennent d'une mise en communication de l'air de la maison avec le système d'assainissement. Si l'occupant des lieux constate des mauvaises odeurs par bouffées, on est en présence de surpressions dans le système d'assainissement. La surpression, en faisant refluer les eaux du siphon vers l'intérieur des ouvrages qu'ils protègent, permet le rééquilibrage des pressions avant que les eaux ne reprennent leur place d'origine. Dans le cas de sous-pression dans le système d'assainissement, on constate des odeurs continues, car une fois aspirées par le réseau les eaux ne remplissent à nouveau le siphon que lors d'un usage de l'eau dans l'appareil sanitaire desservi ;

- mesurer la hauteur de boues. La mesure de ce paramètre « hauteur de boues » dans une fosse septique ou dans une cuve de stockage permet :
  - d'apprécier la vitesse de l'accumulation des boues dans l'ouvrage entre deux visites ;
  - de déclencher la vidange de l'ouvrage lorsqu'elle est nécessaire.

L'opération de vidange est à envisager lorsque la hauteur de boues atteint 50 % de la hauteur utile de l'ouvrage. Selon les ouvrages, la hauteur limite de fonctionnement peut être différente, elle est alors précisée dans les fiches spécifiques des filières.

Techniques pour la mesure du voile de boue

Quelques techniques employées pour la mesure du voile de boues sont listées ci-dessous.

Les sondes ou détecteur de voile de boues par ultrasons

Il en existe une multitude sur le marché. L'appareil de terrain détecte le voile de boues grâce à un capteur optique infrarouge. Lorsque la zone de transition entre la phase boues et la phase eau claire est détectée, l'appareil émet un avertissement sonore ou lumineux.

Cet appareil est pratique et léger. On peut toutefois rencontrer des difficultés à traverser certains chapeaux particulièrement épais, qu'il faudra alors « crever » avec un ustensile quelconque avant d'effectuer la mesure.

Les périscopes à boues

Le périscope est un instrument optique permettant de mesurer le niveau de boues dans la fosse.

Un rayon lumineux est émis par le système. Cette lumière est réfléchie vers l'observateur grâce au système de miroir à 45 °. Ce système permet à l'observateur de visualiser le moment où le rayon n'est plus réfléchi, c'est-à-dire lorsque le voile de boues est atteint.

L'inconvénient de ce système est la position corporelle que doit avoir l'opérateur du début jusqu'à l'atteinte de niveau du voile de boues au point bas. La précision de la mesure dépend de la capacité visuelle de l'opérateur.

Le tube de mesure gradué

Ce système simple permet de réaliser un « carottage » des boues contenues dans la fosse. Le niveau de boue mesuré et la hauteur utile peuvent être visualisés directement grâce aux graduations du tube.

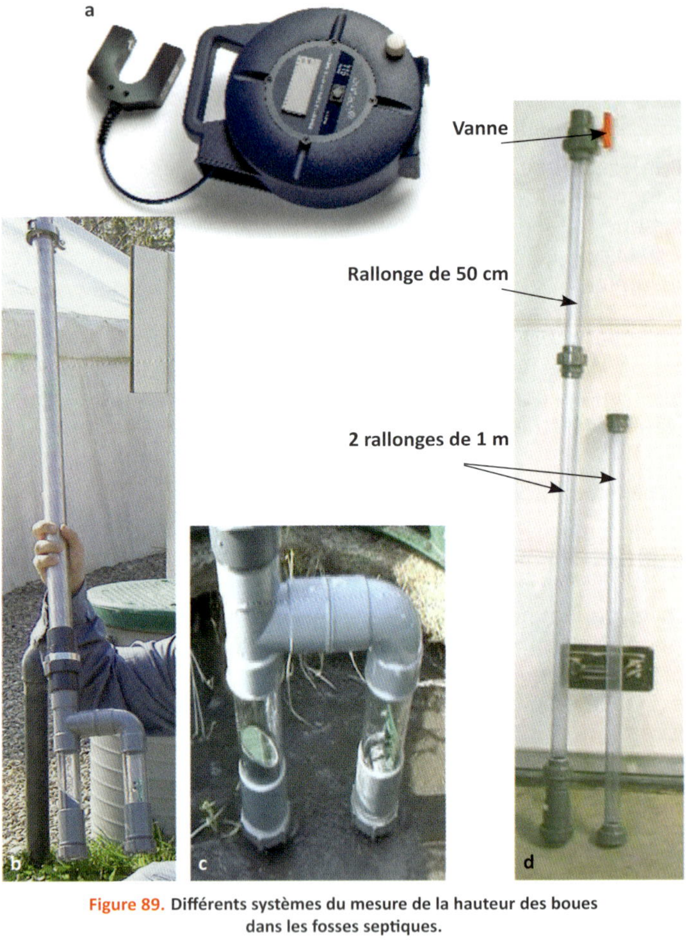

Figure 89. **Différents systèmes du mesure de la hauteur des boues dans les fosses septiques.**

a. Détecteur à ultrasons, b et c. périscope à boues, d. tube de mesure gradué.

Nous préconisons l'utilisation de la détection par ultrasons en raison de sa précision de mesure et de son usage aisé. L'impact économique sur la mesure d'une hauteur de boues n'est que de quelques centimes d'euros, et le coût d'achat de cet instrument ne constitue pas un frein à son utilisation.

Préfiltre

Il n'est pas utile d'équiper une fosse septique d'un préfiltre ; les inconvénients nés de sa présence lorsque son exploitation est irrégulière avec les chapeaux de boue notamment qui le franchissent lors de son obstruction, sont de conséquences plus néfastes au fonctionnement de l'ouvrage que ceux nés de son absence.

Dès lors que le préfiltre existe, son exploitation est nécessaire.

Le préfiltre est un accessoire destiné à retenir des particules de façon à protéger de colmatages éventuels l'ouvrage situé à son aval (ceci ne vaut donc que pour des traitements par massifs filtrants dans lequel les MeS s'accumulent et peuvent provoquer un colmatage).

Avant de décider de la mise en place d'un préfiltre, il faut donc examiner si le process qu'il est censé protéger le nécessite vraiment ou pas. En effet, un préfiltre sera toujours un organe apte à faciliter le développement d'un biofilm pouvant se détacher aléatoirement et venant réduire l'efficacité du traitement par encrassement. Cependant, nous conserverons le préfiltre s'il fait partie des préconisations du constructeur pour garantir le fonctionnement de son dispositif.

L'opération d'exploitation consiste à nettoyer le préfiltre au jet d'eau claire. Dans la mesure du possible, le nettoyage est réalisé en entrée de fosse, de telle sorte que les boues détachées du lavage ne soient pas entraînées vers le système de traitement en aval.

Il faut pouvoir obturer la sortie de la fosse pendant l'enlèvement, le nettoyage et la remise en place du préfiltre pour éviter d'envoyer des boues en aval. Dans ce cas, on veille à retirer l'obturateur après avoir terminé l'opération.

L'opération de nettoyage d'un préfiltre préfabriqué est illustrée figure 90 ci-dessous :

Préfiltre en pouzzolane | **Préfiltre en cloisonyles** | **Préfiltre en plastique**

Figure 90. **Opérations de nettoyage de différents préfiltres.**

Règle de déclenchement de la vidange

L'opération de vidange d'un ouvrage de traitement primaire est déclenchée selon la valeur obtenue lors de la mesure du voile de boues. Souvent, le constructeur préconise une hauteur maximale de boues accumulées dans l'ouvrage comme valeur décisionnelle.

Figure 91. **Opération de pompage des boues de fosse septique par camion hydrocureur.**

- Pour les fosses septiques, la vidange sera déclenchée par l'atteinte de la hauteur de boues maximale fixée par le constructeur ou par toutes autres informations issues de l'expérience.
- Les ouvrages de décantation primaire doivent être vidangés quand la hauteur de boues cumulées devient supérieure à la hauteur de boues fixée par le constructeur, en général 50 % ou plus de la hauteur de l'ouvrage de décantation. Selon les ouvrages considérés et leurs charges réelles d'alimentation, les vidanges doivent intervenir entre 4 et 36 mois, ce qui interdit de conseiller *a priori* une fréquence pertinente de vidange pour un ouvrage d'un type donné. De même, vidanger la fosse septique ou le décanteur à des hauteurs de boues plus faibles ne sert à rien d'autre qu'à faire croître les factures pour les clients et à polluer notre environnement en faisant circuler inutilement des camions de vidange.

Que ce soit pour les fosses septiques ou les décanteurs primaires, une périodicité fixe de vidange pour un ouvrage ne peut constituer un critère pertinent, car le remplissage et l'accumulation dépendent de la charge réellement reçue par l'ouvrage. Seule la mesure de hauteur de boue doit être prise en compte.

Le traitement secondaire

On identifie comme tâche d'exploitation à réaliser :

La prise de photographies lors des interventions

Elle permet d'apprécier la traçabilité des actions d'exploitation exécutées. De plus, les points de prises de vue bien identifiées dès le départ permettront de tracer l'évolution de l'environnement de l'unité de traitement, d'apprécier l'état des organes d'épuration dans le temps et d'analyser leur évolution objective.

Le contrôle de la qualité des eaux

Le contrôle de la qualité des eaux traitées fait partie des actions communes à toutes les filières dès lors qu'une possibilité d'accès aux eaux usées traitées existe. Ce contrôle, sauf exception, ne saurait être pertinent qu'en sortie des dispositifs.

Le contrôle de la qualité des eaux en sortie

- Analyses visuelles et olfactives : à chaque visite annuelle, la première vérification de la qualité des eaux traitées se réalise par le constat de paramètres simples tels que l'aspect et l'odeur. Une eau traitée de qualité ne doit pas présenter d'odeurs et doit être claire (non turbide). Lorsqu'un doute persiste, un test par colorimétrie doit être réalisé.
- Tests colorimétriques : systématiquement tous les 2 ans, un test colorimétrique de la concentration en azote ammoniacal (NH_4^+) est réalisé lors de la visite annuelle. Cette méthode de terrain donne des informations sur l'état de la nitrification dans le dispositif de traitement. En effet, même s'il ne s'agit pas pour ces dispositifs d'apporter des performances pour la nitrification de l'azote ammoniacal, la vérification d'une transformation même partielle en nitrate constitue une vérification du bon fonctionnement de la filière.

Regarder la couleur et sentir **Test terrain NH_4 par colorimétrie**

Figure 92. **Analyses de terrain.**

- Analyses normalisées : tous les 8 ans, des bilans 24 heures sont réalisés et envoyés à un laboratoire accrédité pour des analyses normalisées de sept paramètres physico-chimiques : pH, DBO_5, DCO, MeS, NH_4^+, NO_3^-, PO_4^{2-}. Pour ces prélèvements, l'utilisation de flacons jetables en matière plastique est largement répandue à un prix compétitif. Le volume de prélèvement dépendra de la nature de l'analyse à vérifier, le volume moyen est d'environ 70 mL par paramètre. En conséquence, l'échantillon à prélever est d'au moins 0,5 L. Ce bilan analytique sera réalisé par un laboratoire accrédité pour faire cette analyse.

Le contrôle du fonctionnement « process »

Dans certains cas, l'utilisation de sondes de mesures portatives permet de mieux apprécier le fonctionnement process de l'unité de traitement : pH, redox, oxygène dissous, turbidité. Toutefois, sur des dispositifs de cette taille, ces pratiques seront très exceptionnelles et toujours liées à des particularités du process. L'objectif de l'exploitation n'est pas de mesurer l'inutile pour une autojustification.

Figure 93. **Sonde multiparamètre.**

Préconisations pour l'échantillonnage

Les échantillons prélevés en vue d'une analyse doivent être étiquetés et conservés dans un lieu réfrigéré et dans l'obscurité avant d'être transmis au laboratoire sous 48 heures. Les informations concernant l'échantillon sont recensées : date et heure de prélèvement, origine du prélèvement, température de l'échantillon, remarques éventuelles, couleur et odeur constatées.

Les équipements de prélèvement des eaux :

- pour les vérifications ponctuelles process, la récupération d'un volume d'eau peut se faire à l'aide d'une perche de prélèvement ;
- les mesures agréées doivent être réalisées sur un échantillon moyen à l'aide d'un préleveur automatique paramétrable sur le temps.

Perche de prélèvement

Préleveur programmable

Figure 94. **Différents modes de prélèvements.**

Contrôler l'évacuation des eaux traitées

Cas d'un rejet superficiel

Dans le cas d'un rejet superficiel, le bon écoulement des eaux traitées par l'installation se vérifie par constat visuel à l'exutoire.

Pour localiser l'exutoire, l'usage de colorants est un moyen simple, peu onéreux et efficace.

Cas d'un rejet par infiltration

Dans le cas d'une évacuation par infiltration, il faut vérifier le non-engorgement en surface du massif d'infiltration.

Exploiter : des actions spécifiques à chaque PIA

Comme rappelé antérieurement, l'exploitation est une somme d'actions visant à surveiller, entretenir et maintenir la petite installation d'assainissement pour garantir la pérennité de ses performances, prolonger sa durée de vie et ainsi protéger l'environnement.

Certaines actions sont communes à toutes les filières, nous venons de les parcourir. D'autres sont spécifiques à chacune d'entre elles, et des fiches spécifiques validées par les constructeurs doivent les qualifier et les quantifier. Nous ne pouvons décrire dans cet ouvrage des opérations propres à chaque dispositif.

Visites d'exploitation

Une visite d'exploitation doit être réalisée annuellement pour remplir correctement ses objectifs.

Quelle que soit la filière, on estime à une demi-heure le temps minimal moyen nécessaire pour réaliser les différentes tâches d'exploitation, communes et spécifiques sur une PIA relative à une maison individuelle. De façon générale, le temps d'exploitation sur site ne doit pas excéder une heure dans le cadre d'une visite annuelle.

On définit deux types de visites selon les dispositifs :

- la visite annuelle courte : d'une durée totale moyenne de 45 minutes dont 15 minutes de trajet ;
- la visite annuelle longue : d'une durée totale d'1 heure 15 minutes dont 15 minutes de trajet.

Le temps de la visite de surveillance annuelle dépend du type de dispositif installé.

Figure 95. Pour tout ouvrage, une intervention d'exploitation annuelle est indispensable.

Figure 96. L'exploitation nécessite l'intervention d'engins imposants, dans le respect de l'environnement des habitations. Dès l'installation, l'accessibilité des ouvrages doit être prise en compte.

14

Et maintenant... partout l'assainissement ?

L'histoire nous rapporte que la longévité humaine et l'assainissement sont directement liés. C'est en sachant vaincre les épidémies, par des mesures collectives de mise en place des premiers évacuateurs de pollution sous les voies des grandes cités et par des mesures individuelles d'hygiène de lavage de mains, que l'homme peut vivre mieux et plus longtemps.

Il existe encore dans les seuls pays où l'assainissement est déjà très avancé des îlots de résistance pour contester, de fait, ces évidences. Ces derniers ne contestent pas les gains humains et environnementaux dus à l'assainissement, mais se basent sur des coûts jugés démesurés et font mine de contester l'urgence à réaliser les équipements indispensables.

En réalité, le constat est simple, les citoyens veulent d'un assainissement qui ne leur cause pas de tracas, c'est-à-dire dont ils n'ont pas à se charger. La solution de gestion collective leur convient totalement puisqu'ils « n'ont rien à faire ».

Quel que soit le pays, dès lors qu'une solution d'assainissement arrive pour répondre à une réelle exigence de santé publique, il ne se trouve aucune voix pour contester l'installation et la gestion de cet outil. Ceci nous montre combien la réaction des individus perd de vue l'intérêt essentiel d'un tel service, dès lors que le risque sanitaire est moins virulent grâce aux mesures déjà en place.

Mais le combat contre la pollution, contre les épidémies n'est jamais totalement gagné et aussitôt que les citoyens baissent la garde et reprennent de mauvaises habitudes sanitaires, les virus, parasites et autres bactéries repartent inlassablement à l'assaut de notre confort. Ces organismes vivants vivent à côté de nous, avec nous et nous ne pouvons que réguler leur activité. Pire, nous avons besoin de ces « petites bêtes » pour notre propre équilibre.

L'environnement est d'abord un système en équilibre que l'homme a fortement perturbé au cours de ces dernières décennies. Les concentrations humaines dans les espaces urbains, les vides humains dans les espaces ruraux, les réalisations industrielles gigantesques à proximité immédiate des concentrations d'individus sont autant d'exemples de fragilité environnementale. Dans son domaine, l'assainissement doit répondre à ces démesures.

Le défaut principal de l'assainissement réside dans son manque de souplesse, l'énergie de transport est apportée par la pente des canalisations et les paramètres amont d'un système d'assainissement impactent les paramètres aval. Ainsi, on réalise un assainissement pour une perspective d'évolution d'une urbanisation et celle-ci a un horizon de l'ordre de quelques dizaines d'années.

Les structures collectives d'assainissement les plus anciennes datent d'environ un siècle, si l'on accepte de considérer les quelques collecteurs de la Grèce ancienne ou de la Rome antique comme d'intéressantes innovations sans lendemain immédiat.

L'assainissement collectif doit relever le difficile défi de l'expansion brutale des espaces urbains. Il est toujours possible de mettre en place des postes de relèvement pour faire venir des eaux usées de toujours plus loin, mais il n'est pas possible de « gonfler » les canalisations en place pour leur donner un diamètre plus important. Les temps de transport ont un effet direct sur les caractéristiques des eaux usées et leur traitement ultérieur s'en trouve complexifié. Les ouvrages de traitement eux-mêmes prennent des tailles si importantes que le moindre dysfonctionnement constitue un souci majeur pour l'environnement.

Dans un tel contexte, les PIA trouvent naturellement leur place pour répondre différemment à la nécessité d'assainissement grâce à une grande souplesse de taille, à une grande variété de solutions technologiques de traitement et à de nombreuses options possibles d'installation.

Les PIA complètent la palette de l'offre d'assainissement depuis la solution pour la maison individuelle isolée jusqu'à des groupements de plusieurs centaines d'individus.

Les PIA proposent des niveaux de traitement pour les eaux usées en tout point aussi performants que ceux des solutions collectives de traitement.

La fiabilité, la robustesse et la pérennité de ces ouvrages sont aujourd'hui maîtrisées, et ce mode d'assainissement est une solution égale et complémentaire à celle du collectif traditionnel.

Les PIA constituent une solution intégrée d'assainissement qui associe ceux qui en bénéficient. Elles représentent une évolution notable par rapport à un assainissement collectif traditionnel que l'on pourrait qualifier de « solution rejetée » dans la mesure où aucun utilisateur ne se soucie de ce qui se passe après son branchement, le « tout à l'égout » étant d'abord une « mise au trou » de ses miasmes et de ses rejets sans autre réaction qu'un « ouf » de soulagement.

Une PIA, c'est moins de tuyaux et plus de proximité pour les utilisateurs ; une PIA, c'est un traitement mieux adapté au site où l'on est avec une participation citoyenne plus directe.

Une PIA est un outil urbanistique moderne permettant le rendu d'un service d'assainissement complet dans une économie proportionnée au service rendu immédiat.

Les PIA introduisent de la souplesse dans l'extension urbaine, de la responsabilité chez les citoyens aboutissant à une plus grande efficacité environnementale.

Mais comme pour toute solution d'assainissement, les PIA abandonnées sont inaptes à remplir leur mission. Une PIA doit être surveillée, doit être entretenue, doit faire l'objet d'une maintenance, en un mot doit être exploitée. Il n'existe rien qui puisse fonctionner sans vieillir, sans devoir recevoir des soins attentifs.

Ces investissements ont une durée de vie au-delà de laquelle ils doivent être renouvelés en totalité ou en partie.

Il n'existe pas en assainissement de vérité unique, pas de produit miracle adaptable et d'une égale efficacité en tout lieu.

L'assainissement, ce n'est pas fournir un produit. C'est le rendu d'un service, et ce service est toujours différent d'un lieu à un autre. Par l'extrême diversité de son offre, la famille des PIA répond à une réalité de terrain ; elle est de nature à satisfaire toute demande, aussi exigeante soit-elle.

La gestion unique de l'ensemble de l'assainissement sur un territoire est la seule réponse réaliste à l'obligation de fiabilité et d'efficacité de ce service qui a en charge notre protection face aux dangers sanitaires, environnementaux et de sécurité. La redevance unique pour cet assainissement optimisé sur un territoire est la solution équitable et pragmatique pour ce service public de première nécessité.

Bien sûr, les règlements nationaux et les normes ont beaucoup de difficultés à « coller » à un monde de technologies de l'assainissement qui évolue vite pour satisfaire la réalité d'un besoin de l'environnement et des êtres qui y vivent. À l'échelle du temps, ce constat reste un détail. Il est certain que les solutions vraies, faites de performances, de fiabilité, de robustesse et de pérennité émergeront et dureront sans difficulté.

Les quelques tentatives de protectionnisme enregistrées de-ci de-là, les réticences à la mise en œuvre de tests de produits plus en lien avec des réalités de fonctionnement avec des rejets d'eaux usées issus d'une vraie vie, seront très vite balayées par la vérité des retours de terrain, dans l'intérêt de chacun de nous.

C'est une très belle histoire que celle d'une nature capable toute seule de répondre à ses besoins d'assainissement, mais cela reste un mythe dès que les hommes choisissent de vivre plus près les uns des autres.

Le sol, les végétaux ne savent répondre seuls à tous les excès liés à l'expansion de l'homme, et l'assainissement doit être assisté d'outils intégrés dans l'environnement pour faire face sans dommage aux usages parfois extrêmes de l'eau.

Les PIA répondent à ce besoin en constituant une assistance environnementale adaptable au plus près des sources de pollution.

Grâce aux PIA et à leurs évolutions technologiques, grâce aux spécialistes qui les portent, pour les citoyens du monde qui en bénéficient ou vont en bénéficier, on peut affirmer que l'assainissement partout, oui c'est possible !

Figure 97. Sur le site de ce relais de chasse royal, pousse le lys. Est-ce une raison suffisante pour conserver ce monument historique de l'assainissement ? Gageons que, très bientôt, les PIA apporteront au site de Notre-Dame des Fenestres une solution d'assainissement digne de ce paysage grandiose.

Table des matières